A. Schmidt

Zur Blutlehre

A. Schmidt

Zur Blutlehre

ISBN/EAN: 9783743425996

Hergestellt in Europa, USA, Kanada, Australien, Japan

Cover: Foto ©berggeist007 / pixelio.de

Manufactured and distributed by brebook publishing software (www.brebook.com)

A. Schmidt

Zur Blutlehre

ZUR

BLUTLEHRE

VON

ALEXANDER SCHMIDT.

LEIPZIG,
VERLAG VON F. C. W. VOGEL.
1892.

Inhaltsverzeichniss.

a *

Einleitung.

Seit ich mich mit der Faserstoffgerinnung beschäftigt habe, bin ich der Überzeugung gewesen, welche sich mehr und mehr in mir gefestigt hat, dass sie nicht als eine, die Funktionen der betreffenden gerinnbaren Körperflüssigkeiten nicht weiter berührende, Reaktion der letzteren gegen fremdartige, ihrem Wesen nach zufällige, äussere Einflüsse zu betrachten ist, sondern dass sie die uns wahrnehmbar werdende Consequenz eines stetigen inneren Geschehens in dem Organismus darstellt, und dass deshalb das Studium derselben uns die Fäden an die Hand geben dürfte, welche in dieses innere Geschehen hinüberleiten. Was ich, von dieser Voraussetzung ausgehend, ermittelt habe, soll in dem Nachfolgenden zusammengefasst werden. Ich sehe freilich jetzt, wo ich im Begriff bin eine langjährige Arbeit abzuschliessen, dass ich mit der Lösung derjenigen Aufgaben, welche mir von Anfang an vorschwebten, mich noch ganz im Anfange befinde.

Wer sich aber mit der Analyse der Blutgerinnung beschäftigt und ihre „Ursachen" festzustellen sich bemüht, der strebt implicite zugleich auch danach, den permanent flüssigen Aggregatzustand des cirkulierenden Blutes zu verstehen, denn es ist klar, dass in dem Augenblicke, in welchem wir das Phänomen der Faserstoffgerinnung in seinem ursächlichen Zusammenhange begriffen haben, auch zugleich die Frage, warum dieser Process innerhalb des lebenden Organismus n i c h t eintritt, ihre Beantwortung gefunden hat.

Für diejenigen, welche meine Überzeugungen in Betreff des Fibrinfermentes theilen, ist die Frage nach dem flüssigen Aggregatzustande des cirkulierenden Blutes in diesem Sinne, wenigstens bis zu einer gewissen Grenze, bereits erledigt; denn wer sagt, die Faserstoffgerinnung beruht auf der Wirkung eines im Aderlassblute (also erst a u s s e r h a l b des Organismus) auftretenden specifischen Ferments, der sagt damit zugleich auch, dass das cirkulierende Blut flüssig bleibt, weil ihm dieses Ferment fehlt. Freilich befindet er sich hier-

bei nur in den Anfängen der Erkenntniss, denn nun erhebt sich, ganz
abgesehen von dem Chemismus der Fermentation und den sie begleitenden und beeinflussenden äusseren Umständen, die weitere Frage:
was veranlasst das Auftreten des Fermentes im Aderlassblute, aus
welchem Material entsteht es, woher stammt das Substrat der Faserstoffgerinnung u. s. w., und die Beantwortung jeder einzelnen dieser
Fragen wird, indem sie unsere Einsicht in den Gerinnungsvorgang
vertieft, uns auch den flüssigen Aggregatzustand des cirkulierenden
Blutes von Stufe zu Stufe verständlicher machen, ja ihn uns zuletzt
als nothwendig und selbstverständlich erscheinen lassen.

In Bezug auf die letzten Ursachen der Blutgerinnung ergiebt
aber die einfachste Überlegung, dass es sich hierbei zunächst nur
um die folgende Alternative handeln kann:

Entweder es wirken gewisse äussere Bedingungen auf das dem
Körper entzogene Blut ein, wie Berührung mit den Bestandtheilen der
atmosphärischen Luft, mit dem Material des Gefässes, Temperatur-
wechsel u. drgl., welche irgendwie den Chemismus der Gerinnung erzeugen; zu diesen äusseren Bedingungen zähle ich auch die durch die
Berührung mit der atmosphärischen Luft eröffnete Möglichkeit der Gasdiffusion, insbesondere mit Beziehung auf das Entweichen der Kohlensäure.   Läge aber in diesen Einwirkungen die Ursache der Blutgerinnung, so brauchten wir uns über das Flüssigbleiben des Blutes im
Organismus keine weiteren Gedanken zu machen, dasselbe wäre
eben an sich gerinnungsunfähig und wir hätten nur zu ermitteln,
in welcher Weise jene äusseren Einwirkungen das Blut, resp. einen
seiner Bestandtheile, angreifen und so verändern, dass der schliessliche Effekt die Faserstoffgerinnung ist.

Oder es handelt sich um den Wegfall gewisser innerer Bedingungen, die im Organismus wirken und welchen das Blut durch
den Aderlass entzogen wird.

Was die erste Seite dieser Alternative, das Hinzutreten gewisser
äusserer Bedingungen, anbetrifft, so hat es zwar Zeiten gegeben, wo
man äussere Agentien, insbesondere die oben genannten, nach einander als Ursachen der Blutgerinnung hat ansehen wollen; ich glaube
aber nicht, dass sich gegenwärtig, nachdem ihre völlige Irrelevanz bei
diesem Process als erwiesen erachtet werden kann, noch Vertreter
dieser Anschauung finden lassen werden.   Die durch die Berührung
mit der atmosphärischen Luft ermöglichte Gasdiffusion, speciell das
Entweichen der Kohlensäure begünstigt allerdings die Gerinnung; denn
diese Säure stellt, wie wir sehen werden, ein relatives Gerinnungshinderniss dar, dessen Wirkung bei erschöpftem, heruntergekommenem

Blute sehr augenfällig werden kann; aber das Entweichen der Kohlensäure ist ebensowenig die Ursache der Blutgerinnung, wie der Gehalt des Blutes an diesem Gase die Ursache seines Flüssigbleibens im Organismus ist.

Aber wenn wir schliessen, die Blutgerinnung ist nicht die Folge irgendwelcher äusseren Einwirkungen, sondern beruht auf dem Wegfall gewisser innerer Bedingungen, welche das Blut flüssig erhalten, so sagen wir damit zugleich, dass es eine andere Summe von inneren, in dem Blute selbst liegenden, Bedingungen geben muss, welche, sofern sie allein zur Geltung kommen, wie das in dem Augenblicke der Fall ist, in welchem das Blut den Körper verlässt, mit Nothwendigkeit die Faserstoffgerinnung herbeiführen. Der Complex aller im Organismus wirkenden inneren Bedingungen ist entscheidend für den flüssigen Zustand des Blutes und damit auch für seine Lebensthätigkeiten; das Fortfallen eines Theiles derselben und das einseitige Fortwirken des anderen Theiles führt die Faserstoffgerinnung als einen Process herbei, der eine veränderte Richtung resp. einen anders gearteten Abschluss der Vorgänge im cirkulierenden Blute anzeigt.

Und als eine nothwendige und unausbleibliche Consequenz der Zustände und Vorgänge im cirkulierenden Blute tritt uns ja auch thatsächlich die Faserstoffgerinnung entgegen. Es ist gewiss richtig zu sagen, je besser das Blut sich im Organismus seine normale Beschaffenheit erhält, je gesunder und lebensthätiger es ist, desto sicherer wird es sich auch seinen flüssigen Aggregatzustand daselbst bewahren und die Erfahrung lehrt zugleich, dass, je mehr dies der Fall, desto grösser zugleich seine Gerinnungsenergie nach der Entfernung aus dem Körper ist. Wir können das Blut auf verschiedene Weise krank machen; solches Blut ist geneigt zur Thrombenbildung und solches Blut gerinnt zugleich ausserhalb des Körpers immer sehr mangelhaft. Die Störung in den normalen Verhältnissen des Blutes prägt sich eben aus sowohl in den Vorgängen innerhalb des Organismus, als in ihren Consequenzen ausserhalb desselben.

So bequem hat es die Natur uns gewiss nicht gemacht, dass wir nach einer speciellen Ursache fragen dürften, welche das Blut flüssig erhält, wie uns z. B. die schwefelsauere Magnesia diesen Dienst leistet. Auch der Inhalt der absterbenden, also der unter veränderten Bedingungen fortlebenden Muskelfibrille gerinnt. Wir fragen aber nicht, welche specielle Ursache hindert den Eintritt der Gerinnung, der Starre, in dem im Zusammenhange mit dem lebenden Organismus befindlichen Muskel, sondern wir sagen zunächst, sie ist hier unmöglich, weil er lebt, und suchen die Bedingungen seines Lebens

auseinanderzulegen. In dem Maasse, als uns dies gelingt, würden wir
einsehen, dass von einer Gerinnung in der lebenden Muskelfibrille gar
nicht die Rede sein kann, wir würden aber auch begreifen, dass und
warum sie unter veränderten Bedingungen eintreten muss. Wir
würden, entgegengesetzt dem Wege, welchen die Forschung bisher
gegangen ist, aus den Zuständen des l e b e n d e n Muskels oder Blutes
deren Gerinnung als selbstverständliche Folge ihrer Abtrennung vom
übrigen Organismus ohne Weiteres ableiten.

Jedenfalls sind wir berechtigt auch das Blut als ein lebendes
Gewebe zu betrachten, zwar als ein flüssiges und bewegliches Ge-
webe, aber immerhin als ein lebendes; mit den Lebensthätigkeiten
dieses flüssigen Gewebes wird wohl auch die Unmöglichkeit seiner
Gerinnung innerhalb des normalen Organismus zusammenhängen. Als
Centra dieser Lebensthätigkeiten werden selbstverständlich die zelligen
Elemente anzusehen sein, aber nicht bloss die im Blute schwimmen-
den Zellen, die wir gewohnt sind als die eigentlichen, womöglich
alleinigen, Blutelemente anzusehen, sondern ganz ebenso auch die
Zellen, welche die Uferflächen und Ufermassen dieses strömenden Gewebes bilden und mit welchen dasselbe in innigstem Verkehr und Austausch steht, so gut wie mit den in ihm suspendierten Zellen. Der
flüssige Zustand des cirkulierenden Blutes als der normale, mit seinen
Lebensthätigkeiten zusammenhängende, wird deshalb wohl auch ebenso
eine Funktion d i e s e r Zellen, wie der eigentlichen Blutzellen, sein.
Ja, wenn es anatomisch leicht ist, das Blut von den übrigen Geweben
zu trennen, so ist es physiologisch schwer, wenn nicht unmöglich.
Welche Bestandtheile des Blutes, insbesondere der Blutflüssigkeit, gehören specifisch dem Blute selbst an und welche den übrigen von
ihm durchtränkten Geweben, oder von welchen kann man behaupten,
sie stammten nicht aus den letzteren? ich werde Gelegenheit haben
nachzuweisen, dass die faserstoffbildenden Bestandtheile der Blutflüssigkeit ganz vorzugsweise aus den Parenchymzellen der vom Blute
durchströmten Organe und nur zum kleinsten Theil aus den Blutzellen, und zwar nur aus den farblosen, stammen. Inwiefern könnten
unter solchen Umständen die rothen und farblosen Elemente als die
einzigen Lebensherde des Blutes betrachtet werden und von welchen
funktionellen Leistungen desselben, wenn wir etwa von der Fesselung
des Sauerstoffes durch die rothen Blutkörperchen absehen, wären wir
in der Lage zu behaupten, dass sie n u r von den im gewöhnlichen
Sinne als Blutzellen bezeichneten farbigen und farblosen Elementen
abhängen? Hierin liegt ein grosser Unterschied zwischen dem cirkulierenden Blute und dem Aderlassblut; letzteres ist kein volles und

ganzes Blut, kein Blut, welches sich von dem cirkulierenden nur dadurch unterscheidet, dass es sich in einem Gefäss von Glas oder Holz befindet, sondern es ist Blut, welches seinen in jedem Kreislauf immer wieder sich erneuernden Zusammenhang mit den übrigen Elementen des gesammten Organismus verloren hat, es ist zerrissenes Blut, ein abgerissener Theil des ganzen Gewebes, welcher deshalb absterben muss, gerade wie der Muskel, und dies unter der Begleiterscheinung der Gerinnung thut, eben auch wie dieser. Auch auf diesem Wege gelangen wir also zum Schlusse, dass der Wegfall gewisser innerer Bedingungen des Blutlebens die Faserstoffgerinnung zur nothwendigen Folge hat.

Wenn ferner der flüssige Zustand des Blutes in letzter Instanz als eine Zellenfunktion erscheint, so gilt dies, nach dem Gesagten, von dem, nur eine veränderte Richtung in den Vorgängen des cirkulierenden Blutes anzeigenden, Gerinnungsprocess nicht minder, aber da es sich hierbei gewissermassen nur um einen Rest von Bedingungen, jedenfalls um einfachere Verhältnisse handelt, so wird er auch leichter erfasst und begriffen werden können, als der flüssige Zustand des Blutes im Organismus. Deshalb ist es mir und meinen Schülern schon vor Jahren gelungen, die Faserstoffgerinnung als eine Zellenwirkung darzustellen und dass die betreffenden Arbeiten hierbei im Allgemeinen das Richtige getroffen haben, hoffe ich durch meine weiteren Mittheilungen erhärten zu können. Hier will ich nur auf die eminent coagulierende Wirkung hinweisen, welche jede Art von Protoplasma auf die zellenfreie Blutflüssigkeit, wie ich sie durch Filtrieren von auf 0^0 abgekühltem Pferdeblutplasma gewinne, ausübt.

Viel schwieriger wird es sein den complicierten Zellenwirkungen nachzugeben, welche unter den im lebenden Organismus herrschenden Bedingungen dem Blute den flüssigen Zustand wahren. Aber wir brauchen vor einer Analyse derselben doch nicht zurückzuschrecken; denn wir können im Voraus annehmen, dass auch hier ein Unterschied sich herausstellen wird zwischen wesentlicheren und unwesentlicheren Zellenwirkungen und die Erkenntniss nur einer der wesentlichen Wirkungen wird uns auch um eine Stufe der Lösung der Frage näher bringen.

Die Annahme, dass sowohl das Flüssigbleiben des Blutes innerhalb, als auch seine Gerinnung ausserhalb des Organismus Zellenfunktionen darstellen, involviert, wie ich glaube, keinen Widerspruch, vielmehr scheint mir ein Zusammenhang zwischen beiden geboten zu sein, der Art, dass, wenn es dem Experimentator gelänge durch sein Eingreifen die natürlichen Bedingungen für den flüssigen Zustand des

Blutes, so lange es sich im Organismus befindet, gewissermaassen zu steigern, eine erhöhte Gerinnungstendenz und vermehrte
Faserstoffproduktion ausserhalb desselben die nächste Folge ist.

Wir können aber nun nicht anders, als diese Zellenwirkungen an
gewisse materielle Substrate uns gebunden denken, welche, nachdem
sie von der Zelle erzeugt worden, Bestandtheile der betreffenden
Flüssigkeit werden; denn die Faserstoffgerinnung ist ein Process,
welcher nur in der letzteren abläuft, welcher deshalb auch bei Abwesenheit jeglicher Zelle herbeigeführt werden kann, sobald man nur
die wesentlichen Substrate der Gerinnung in Lösung zusammenkommen lässt.

Es ist mir nun gelungen Zellenbestandtheile darzustellen, von
welchen die einen mächtig coagulierend auf die Blutflüssigkeit wirken,
während die anderen sie flüssig erhalten, so zwar, dass wenn man
nun doch den ersteren das Ubergewicht ertheilt, wie sie es offenbar
bei der Entfernung des Blutes aus dem Körper erlangen, die letzteren
die Spuren ihres Daseins, besser ihres Dagewesenseins, in einem Zuwachs von Faserstoff hinterlassen. Für das cirkulierende Blut würde
hieraus ein stetiger innerer Gegensatz, ein Kampf entgegengesetzter
Zellenwirkungen resultieren, von welchen die eine zum Abschluss,
zur Gerinnung drängt, während die andere, unter fortwährender Erneuerung ihres Substrates, es nie zu diesem Abschluss kommen lässt,
ein Kampf, welcher vielleicht wesentlich die Leistungen des Blutes
bedingt und schliesslich für jedes Molekül der gegen einander wirkenden Substrate damit endet, dass es zerfällt oder anderweitig verbraucht wird und damit seine Beziehung zur Frage der Faserstoffgerinnung verliert. —

Als Reagens zur Feststellung der von mir ermittelten Wirkungen
der erwähnten Zellenbestandtheile, sowie zur Beantwortung noch
mancher anderen die Gerinnung betreffenden, später zu erörternden
Fragen diente mir vor Allem die zellenfreie Blutflüssigkeit vor
Eintritt ihrer eignen Gerinnung, denn es ist klar, dass, wenn es sich
darum handelt die Abhängigkeit der Besonderheiten irgend welcher
Flüssigkeit von den in ihr enthaltenen Zellen, resp. gewissen Bestandtheilen derselben, nachzuweisen, diese selbst, als Probeflüssigkeit,
keine Zellen enthalten darf; hat man es aber ferner mit der Gerinnungsfrage zu thun, so ist eben so klar, dass die als Reagens zum
Nachweis der Zellenwirkung dienende Flüssigkeit nicht schon selbst
der Gerinnung unterlegen und damit für den Versuch unbrauchbar
geworden sein darf. Die Aufgabe ist also das Blutplasma von sämmtlichen in ihm enthaltenen körperlichen Elementen zu trennen, und

zwar ohne irgend welche Veränderung seiner Substanz, also auf rein mechanischem Wege, und zugleich für die Dauer dieser Operation seine eigne Gerinnung, natürlich gleichfalls ohne Änderung der Substanz, hintanzuhalten.

Ich kenne nur e i n e Blutart, welche zur Darstellung grösserer Mengen von zellenfreiem Plasma dienen kann, das ist das Pferdeblut. Das Plasma von rasch gekühltem Pferdeblut wird, sobald seine Temperatur auf 0⁰ gesunken ist, auf ein Filtrum von mindestens 3 Lagen gutem Filtrierpapier gebracht, welches sich in dem inneren Raum eines schon vorher mit einer Kältemischung gefüllten Doppeltrichters befindet. [1]) Sorgt man dafür, dass die Temperatur des Plasmas auch während des Filtrierens sich unter + 0,5⁰ hält, so schlüpfen weder die farblosen Blutkörperchen noch die im Pferdeblut sehr reichlich vorhandenen Körnerbildungen, noch selbst die wenigen rothen Blutkörperchen, die noch nicht zu Boden gesunken sind, durch das Filtrum und man erhält ein klares gelbes, von Zellen vollkommen befreites Filtrat, welches sich zu den Versuchen, über welche ich berichten werde, vortrefflich eignet.

Aber es ist nicht ganz leicht die Temperatur des Plasmas während des Filtrierens in den nöthigen engen Grenzen zwischen seinem wenig unter 0⁰ liegenden Gefrierpunkt und + 0,5⁰ dauernd zu erhalten. Steigt die Temperatur über + 0,5⁰, so gehen die Zellen in das Filtrat in um so grösserer Menge über, je mehr diese obere Grenze überschritten worden ist; noch schlimmer aber ist, wenn sie bis zum Gefrieren des Plasmas auf dem Filtrum sinkt, was natürlich zuerst sich in der Spitze und an den Wänden des letzteren merklich macht; leicht friert das Filtrum dabei zugleich auch der Trichterwand an. Hierdurch geräth nun zunächst das Filtrieren in Stockung; man macht aber die Sache nicht besser, wenn man die gefrorenen Massen wieder aufthauen lässt, denn hierbei lösen sich nicht blos die rothen, sondern, wie E. v. Samson-Himmelstjerna gezeigt hat, auch die farblosen Blutkörperchen vollständig auf [2]), und es gelangen so Zellenbestandtheile in das Filtrat, welche man ja so eben mit den g a n z e n Zellen durch das Filtrieren vom Plasma abzutrennen beabsichtigte. Ist es einigermassen gelungen, solche Zwischenfälle zu vermeiden, so erhält man vollkommen zellenfreie Plasmafiltrate, welche bei

1) Die Firma Warmbrunn u. Quilitz verfertigt jetzt solche Doppeltrichter nach meiner Angabe. Zum Filtriren bediene ich mich des Papieres von Schleicher u. Schüll, Nr. 598.
2) E. v. Samson-Himmelstjerna. Experimentelle Studien über das Blut in physiol. und pathol. Beziehung. Inaug.-Abh. Dorpat 1882. S. 14—16.

Zimmertemperatur gewöhulich stundenlang flüssig bleiben und deshalb ein ausgezeichnetes Material zu Gerinnungsversuchen darstellen.
Ich habe, freilich in seltenen Fällen, Filtrate erhalten, welche bei
13—14° über 24 Stunden sich flüssig erhielten. Je tiefer aber während des Filtrirens die Gefriererscheinungen in das auf dem Filtrum
befindliche Plasma eingedrungen waren, desto kürzere Zeit bleibt
das Filtrat flüssig und desto weniger eignet es sich dann auch zu
den Versuchen. So wenig erwünscht solche Vorkommnisse sind, so
zeigen auch sie, dass die Faserstoffgerinnung von dem Übergang
gewisser Zellenbestandtheile in die Blutflüssigkeit abhängig ist. Sobald aber das Filtriren wegen Gefriererscheinungen in's Stocken
gerathen ist, wird man es, wenn dieselben nicht unbedeutend sind,
am praktischsten finden, das Plasma sammt dem Filtrum zu ver-
werfen und die ganze Operation von Neuem zu beginnen, ein Fall,
welcher übrigens bei einiger Aufmerksamkeit und Übung höchst
selten vorkommen wird. Die Filtrirbarkeit des Pferdeblutplasmas
ist sehr verschieden, nicht selten so gross, dass man im Laufe einer
Stunde 60—80 Ccm. Filtrat erhält, während man in anderen Fällen
in derselben Zeit sich an 10—20 Ccm. genügen lassen muss. Meist
ist das Filtrat vollkommen klar, schwache Trübungen beeinträchtigen
die Brauchbarkeit desselben gar nicht; will man sie entfernen, so
filtrirt man noch ein Mal im Doppeltrichter durch einfaches Filtrir-
papier, was sehr schnell von Statten geht. Da das erstmalige Filtriren hohen Druck verlangt, so muss das Plasma im Überschuss
vorhanden sein. Auf 500 Ccm. Pferdeblut kann man ca. 250 bis
300 Ccm. abhebbares Plasma und 100—120 Ccm. Filtrat rechnen.
Niedrige Temperatur des Arbeitsraumes erleichtert die Manipulation
sehr, besonders weil man dann den Doppeltrichter nur mit Eis zu
füllen braucht und dadurch die Gefahr des Gefrierens beim Filtriren
beseitigt. Es genügt, das Filtrat in einem in Eiswasser gestellten
Gefäss aufzufangen.

Aber die Trennung der Blutflüssigkeit von den körperlichen
Elementen mag noch so gut gelungen sein, niemals erhält man ein
der spontanen Gerinnung gänzlich unfähiges Filtrat. Wir werden
später sehen, dass dieses Ergebniss schon in der Zusammensetzung
der cirkulirenden Blutflüssigkeit begründet ist.

Ein anderes aus Pferdeblut darstellbares Präparat zur Prüfung
der coagulirenden Wirkung der Zellen ist das Salzplasma. Ich fange
ca. $2^{1}/_{2}$—3 Vol. Blut in 1 Vol. schwefelsaurer Magnesialösung von
28% auf, schüttele durch und lasse die Blutkörperchen sich an
einem kühlen Orte absetzen. Nach 24 Stunden hebe ich das Salz-

plasma ab, bringe es im Vacuum über Schwefelsäure möglichst rasch zur Trockne und pulverisiere den Rückstand, welcher sich beliebig lange ohne Einbusse an seiner Brauchbarkeit zu Gerinnungszwecken aufbewahren lässt. Zum Versuch wird die erforderliche Quantität dieses Pulvers abgewogen, in einen trocknen Reagiercylinder geschüttet und mit dem 7 fachen Gewicht Wasser mit Hülfe eines Glasstabes allmählich verrieben. Im Laufe von ein paar Stunden löst sich die Substanz unter Zurücklassung einiger weisser, etwas schleimiger Flöckchen, die sich unter dem Mikroskop als Residuen farbloser Blutkörperchen erkennen lassen, vollkommen auf; man filtriert nun und erhält so ein durchaus klares, keinerlei suspendierte Bestandtheile enthaltendes Filtrat, ungefähr von der Concentration des ursprünglichen, von den Blutkörperchen abgehobenen Salzplasmas. Jene Spuren von schleimiger Materie entstehen durch die Einwirkung des Salzes auf die unlöslichen Grundstoffe der farblosen Blutkörperchen und erscheinen bei gleicher Behandlung bei allen echten Protoplasmazellen. [1])

Bei der angegebenen Concentration unterdrückt das Salz sowohl die durch die Wirkung der coagulierenden Bestandtheile der Zellen, bezw. des Plasmas erzeugten Spaltungen, deren Produkt das Fibrinferment ist, als auch die Wirkung des etwa hinzugebrachten freien Ferments auf die im Plasma präformiert enthaltenen Fibringeneratoren, d. h. es unterdrückt die Gerinnung. Verdünnt man nun aber das Salzplasma genügend mit Wasser, so hebt man damit die Widerstandskraft des Salzes gegenüber dem zugesetzten freien Ferment auf und die Flüssigkeit gerinnt, weshalb eine solche verdünnte Salzplasmalösung seit lange von mir als bequemstes Mittel zur Erkennung des Fibrinferments benutzt worden ist; aber die spontane Fermentabspaltung tritt auch jetzt noch nicht ein; die diese Spaltung bewirkenden Blutbestandtheile werden also durch das Salz, trotz der Verdünnung, immer noch lahm gelegt. Es kommt aber auch vor, dass das angegebene Salzquantum in Relation zu den im Blute herrschenden spaltenden Kräften, die sehr variabel sind, ein zu geringes ist; dann kommt es natürlich auch ohne Fermentzusatz zur Fermententwickelung und zur Gerinnung in dem mit Wasser

1) In neuerer Zeit habe ich es praktischer gefunden, das von den rothen Blutkörperchen abgehobene Salzplasma sofort kalt durch ein zwiefaches Filtrum zu filtriren, was vortrefflich von Statten geht, und nun das klare Filtrat im Vacuum zu trocknen. Die wässerige Lösung des Rückstandes erscheint alsdann nur noch durch eine feinkörnige Substanz schwach getrübt, von welcher sie durch nochmaliges Filtriren leicht zu befreien ist.

verdünnten Salzplasma, aber bei dem von mir ein für alle Mal fest-
gehaltenen Mischungsverhältniss zwischen Blut und Salzlösung wickeln
diese Processe sich denn doch immer mit solcher Langsamkeit ab,
dass auch solche verdünnte Salzplasmalösungen sehr gut zur Erkennung des Fibrinferments verwerthet werden können. Aber selbst,
wo das Salz hingereicht hat die Fermententwickelung und damit
auch die spontane Gerinnung ganz zu unterdrücken, dort wird
man beides wieder hervorrufen, sobald man den natürlichen Gehalt
des verdünnten Salzplasma an den spaltend wirkenden Blutbestandtheilen künstlich, durch Zusatz derselben, erhöht.

Ich bediene mich gewöhnlich einer achtfachen Verdünnung des
Salzplasmas, die in wässeriger Lösung hinzugefügten Zusätze miteingerechnet. Indem man höhere oder niedrigere Verdünnungsgrade
wählt, kann man die Gerinnungszeiten einigermaassen nach Bedürfniss reguliren, abkürzen oder verlängern. Selbstverständlich muss
aber für jede abgeschlossene Versuchsreihe der gleiche Verdünnungs-
grad gelten.

Erstes Kapitel.

Über die Faserstoffgerinnung. Feststellung der Aufgaben.

Ich habe bisher von gewissen coagulierend wirkenden Zellen-resp. Blutbestandtheilen gesprochen, um durch diese allgemeinere Ausdrucksweise etwas zu bezeichnen, was zwar wesentliche Grundlage der Blutgerinnung bildet und gewirkt haben muss, damit sie überhaupt zu Stande kommt, was aber keineswegs einen der bisher von mir aufgefundenen eigentlichen oder unmittelbaren Gerinnungsfaktoren, also weder die Globuline, noch das Fibrinferment, noch die Plasmasalze darstellt, sondern einen Faktor, durch dessen Einwirkung auf ein im Blute und anderen gerinnbaren Flüssigkeiten enthaltenes, zunächst unbekanntes, Material das Fibrinferment erst frei und damit wirksam gemacht wird. In den darauf folgenden Chemismus der Gerinnung selbst greift er nicht ein; wo die erstgenannten drei Faktoren zusammenkommen, oder künstlich zusammengebracht werden, da erfolgt eben die Faserstoffgerinnung, gleichgültig ob er zugegen ist oder nicht. Aber seine Gegenwart ist eine nothwendige Vorbedingung der Gerinnung für alle Körperflüssigkeiten, welche, wie das Blutplasma, so lange sie sich im Organismus befinden, des Fibrinferments ermangeln[1]); er ist der Fermenterzeuger für dieselben, stellt also keine nächste, unmittelbare, sondern eine entferntere, mittelbar wirkende Gerinnungsursache dar.

Im Unterschiede von den künstlich von uns hergestellten, von vornherein sämmtliche Gerinnungsfaktoren enthaltenden Gerinnungsmischungen, in welchen eben nur der durch die gegebene Zusammensetzung der betreffenden Flüssigkeiten bedingte Process der Gerinnung stattfindet, haben wir es demnach bei den sog. spontan gerinnenden Körperflüssigkeiten, Blut, Chylus u. s. w., unter normalen Verhältnissen stets mit zwei aufeinanderfolgenden und von einander

---

1) Ich spreche der Kürze halber hier von einem Mangel; er ist aber, wie wir sehen werden, kein ganz absoluter, sondern ein relativer, in letzterem Sinne aber freilich ein sehr grosser.

abhängigen, aber wohl von einander zu unterscheidenden chemischen
Akten zu thun, mit dem Akt der Fermenterzeugung und dem der
Fermentwirkung, der Gerinnung. Wir werden dem Organismus selbst
entnommene Mittel kennen lernen, durch welche wir in den genannten
Körperflüssigkeiten den ersten Akt, den der Fermenterzeugung, und
damit natürlich auch den von ihm abhängigen Akt der Gerinnung,
vollkommen unterdrücken können, welche sich aber viel unwirksamer
verhalten, sobald sie es mit dem fertig gebildeten freien Ferment zu
thun haben. Auch diejenigen fremdartigen Mittel, welche erfahrungsgemäss dazu benutzt werden, die Gerinnung des Blutes zu unterdrücken, üben diese Wirkung viel mehr auf den Vorgang der Fermenterzeugung als auf den der Fermentwirkung aus. Man sieht dies
deutlich genug am Salzplasma, sofern der Salzzusatz möglichst früh
stattfand, bevor noch in dem betreffenden, dem Organismus entzogenen,
Blute eine nennenswerthe Fermententwicklung stattgefunden haben
konnte. Solches Plasma gerinnt wegen des Salzes, wie bereits betont worden ist, auch nach dem Verdünnen mit Wasser nicht, stellt
aber zugleich in diesem verdünnten Zustande ein empfindliches Reagens gegen freies Ferment dar. Desshalb zeigt das verdünnte Salzplasma auch eine mehr oder weniger grosse Neigung zu gerinnen,
wenn man mit dem Salzzusatze nach der Blutentnahme gesäumt und
dadurch dem Blute Zeit zur Fermententwickelung gegeben hat. —
    Da ich bei der Darlegung meiner Versuchsresultate denselben
Weg einzuschlagen gedenke, welchen meine Untersuchungen von Anfang an genommen haben, d. h. da ich, von der Faserstoffgerinnung
ausgehend, auf die Zustände des Blutes im lebenden Organismus zurück-
gehen will, so halte ich es für nothwendig, hier zuerst kurz diejenigen
Bedingungen zusammenzufassen, welche, in Gemässheit meiner früheren Untersuchungen, erfüllt sein müssen, damit in irgend einer
Flüssigkeit die Faserstoffgerinnung stattfindet, um an diese Bedingungen die Fragen anzuknüpfen, welche zu beantworten mein nächstes
Bestreben sein soll. Ich will also eine Definition der Faserstoffgerinnung von meinem bisherigen Standpunkte aus geben; es ist aber
nicht meine Absicht, diese Definition in der vorliegenden Arbeit zu
begründen; dies würde mich für die Zwecke derselben zu weit
führen. Die betreffenden Beweise sind in meinen früheren Arbeiten
und in denen meiner Schüler enthalten. Für die Fragen, deren Beantwortung ich hier anstrebe, sind übrigens die die engbegrenzte
Gerinnungsfrage an sich betreffenden Differenzpunkte zwischen mir
und einzelnen anderen Forschern von ziemlich untergeordneter Bedeutung; ausserdem wird, hoffe ich, eine bessere Erkenntniss der der

Faserstoffgerinnung vorausgehenden Zustände des cirkulierenden Blutes auch manches Licht auf den Gerinnungsvorgang selbst werfen.

In einer Flüssigkeit findet die Faserstoffgerinnung statt, sobald sie Folgendes enthält:

1. gewisse gelöste Eiweissformen (die beiden bekannten Globuline), als Material, aus welchem der Faserstoff entsteht,

2. ein specifisches Ferment, als Mittel zur Umwandlung dieses Materiales in einen in der Mutterflüssigkeit löslichen Eiweisskörper, zu dessen Eigenschaften es gehört, durch Neutralsalze aus der löslichen in eine (relativ) unlösliche Modifikation übergeführt zu werden,

3. gewisse Mengen von Salzen, als Mittel um die eben erwähnte Überführung des fermentativen Umwandlungsproduktes in die unlösliche Modifikation und damit seine Ausscheidung zu bewirken,

und die Faserstoffgerinnung ist demnach derjenige Vorgang, bei welchem unter der Einwirkung eines specifischen Fermentes aus dem erwähnten eiweissartigen Material ein an sich in der Mutterflüssigkeit löslicher Eiweisskörper entsteht, welcher aber, wie viele andere colloidale Stoffe (z. B. die flüssige Kieselsäure), die Eigenthümlichkeit besitzt, schon durch sehr geringe Mengen krystalloider Substanzen in die unlösliche Modifikation übergeführt zu werden und sich somit auszuscheiden. Diese relativ unlösliche Modifikation des fermentativen Umwandlungsproduktes nennen wir „Faserstoff". Es giebt also auch einen löslichen oder flüssigen Faserstoff.[1])

Das Vehikel kann ebensogut reines Wasser sein, wie irgend eine albuminhaltige Körperflüssigkeit, vorausgesetzt, dass es das zur Auflösung der Globuline erforderliche lösende Agens, Alkalien oder Neutralsalze enthält. Ich will durchaus nicht die Möglichkeit ausschliessen, dass insbesondere die Globuline, trotz der angewandten Reinigungsmethoden, Einschlüsse enthalten, welche bei der Gerinnung in einer mir noch verborgenen Weise mitwirken. Ich behaupte nur, dass die in den drei obigen Punkten enthaltenen Bedingungen im Blute erfüllt sein müssen, damit eine Faserstoffgerinnung stattfindet und knüpfe an sie das Weitere an. Indem man aber gewöhnlich am Blute und nicht an Flüssigkeiten, welche die genannten wesentlichen Gerinnungsfaktoren fertig gebildet enthalten, gearbeitet und auch wohl die an

---

1) Der flüssige Faserstoff ist zwar löslich in verdünnten Alkalien und Säuren, aber bedeutend schwerer als die Globuline; wie die letzteren wird er aus seiner alkalischen Lösung durch Kohlensäure unverändert, d. h. in löslicher Gestalt ausgeschieden, er unterscheidet sich aber wesentlich von ihnen eben durch die Eigenschaft, durch Neutralsalze in relativ unlöslicher Modifikation gefällt zu werden.

den letzteren gewonnenen Resultate nicht genügend berücksichtigt hat,
ist andererseits Manches im Blute als zur Faserstoffgerinnung selbst
gehörig und bei ihr mitwirkend angesehen worden, was mit ihr gar
nichts zu thun hat, sondern sich auf gewisse der Gerinnung voraus-
gehende Akte bezieht, von welchen sie allerdings abhängig ist.

Die an die obige Definition der Gerinnung sich knüpfenden
Fragen, mit welchen ich mich im weiteren Verlauf dieser Arbeit beschäftigen werde, sind:

1. Woher stammen die Globuline?

2. Woher stammt das Fibrinferment und unter welchen Einwirkungen wird es von seinem unwirksamen
Mutterstoffe abgespalten?

Die Frage, betreffend die Mitwirkung der Salze bei dem Vorgange der Faserstoffgerinnung steht in keiner näheren Beziehung zu
dem Gegenstande dieser Arbeit, weshalb ich mit wenigen Worten
über sie hinweggehen will. Schon in der Vergleichung des fermentativen Umwandlungsproduktes der Globuline mit der sog. löslichen
oder flüssigen Kieselsäure liegt es ausgesprochen, dass nicht eigentlich von einem gelösten Zustande desselben die Rede sein kann,
sondern, wie bei der Kieselsäure, von einem Zustande hochgradiger,
wenn man will, unendlicher Quellung. Vor Jahren fanden ARONSTEIN[1])
und ich, dass das einer energischen Dialyse unterworfene Eier- sowohl als das Serumalbumin nicht mehr durch Kochen oder durch Alkohol coaguliert wird; aber Siedhitze und Alkohol bewirken in dem
durch Dialyse von den Salzen möglichst befreiten Albumin eine Zustandsänderung, welche sich dadurch kenntlich macht, dass dasselbe
durch Neutralsalze auch in der Kälte in unlöslicher Gestalt gefällt
wird. Bei der Coagulierung von gewöhnlichem Eiereiweiss oder Blutserum durch Kochen oder durch Alkohol ist also die durch diese
Agentien herbeigeführte Umwandlung des Albumins in einen der
Kieselsäure in dieser Hinsicht ähnlichen Körper von der fällenden
Wirkung der Salze zu unterscheiden; beide Akte schliessen sich aber
hier unmittelbar an einander. Wärme begünstigt die Fällung durch
die Salze; Alkalien hindern sie. Beim Eintrocknen im Vacuum hinterlässt das dialysierte, durch Kochen oder Alkohol zur Quellung gebrachte Albumin, ganz wie die flüssige Kieselsäure einen durchaus
unlöslichen resp. quellungsunfähigen Rückstand. Ganz dasselbe gilt
auch von dem Trockenrückstand des fermentativen Umwandlungs-

1) B. ARONSTEIN. Über die Darstellung salzfreier Albuminlösungen. Inaug.-
Abh. Dorpat 1873.

produktes der Globuline, des flüssigen Faserstoffes, wie auch dessen Fällung durch Salze schon durch einen sehr geringen Überschuss an Alkalien behindert wird. KIESERITZKY hat ferner gezeigt, dass auch gelöstes Alkali- und Säurealbuminat, bei einer gewissen Concentration und bei Vermeidung eines Überschusses an dem betreffenden Lösungsmittel, durch Salze in unlöslicher Gestalt gefällt werden, also gerinnen. Man würde also sagen können, durch das Fibrinferment wird aus den in alkalischer Lösung präexistierenden Globulinen auf eine noch dunkle Weise ein hochgradig gequollener Eiweisskörper gebildet, welcher durch die in der betreffenden Flüssigkeit enthaltenen Salze gefällt wird. Es ist mir hierbei auch nicht um eine Erklärung der Wirkung der Salze zu thun, sondern bloss um die Constatierung einer Thatsache, in Bezug auf welche ich nur auf die von mir[1]), von KIESE-RITZKY[2]) und von STRAUCH[3]) zum Versuch empfohlenen Lösungen der gereinigten Blutglobuline hinzuweisen brauche, um Jedem die Möglichkeit zu geben, sich von der Richtigkeit unserer Beobachtungen zu überzeugen.

Ich werde mich demnach von jetzt ab nur mit den beiden obigen, das Fibrinferment und die Globuline betreffenden, Fragen beschäftigen. —

Zweites Kapitel.

Über das Fibrinferment.

Das Fibrinferment ist für meine weiteren Mittheilungen von solcher Wichtigkeit, dass ich es Allem zuvor für nöthig halte, die Existenz desselben gegen Einwendungen, welche mir in der Literatur begegnet sind, nochmals zu vertreten.

Blosse Anzweifelung ohne Mittheilung der Gründe, ja selbst, wie es auch vorgekommen ist, ohne Angabe dessen, was eigentlich angezweifelt wird, ob die Thatsache, dass ein Stoff mit den von mir

---

1) Die Lehre von den fermentativen Gerinnungserscheinungen u. s. w. Dorpat 1876. S. 29 ff. Pfl. Arch. Bd. XI, S. 298 u. 299.

2) W. KIESERITZKY. Die Gerinnung des Faserstoffes, Alkalialbuminates und Acidalbumins, verglichen mit der Gerinnung der Kieselsäure. Inaug.-Abh. Dorpat 1882.

3) PH. STRAUCH. Controlversuche zur Blutgerinnungstheorie von Dr. E. FREUND. Inaug.-Abh. Dorpat 1889.

angegebenen Eigenschaften und Wirkungen überhaupt existiert, oder nur die Auffassung desselben als eines Ferments, muss ich natürlich unberücksichtigt lassen, da sie mir keine Handhabe zur Vertheidigung bietet.

Andere Einwendungen scheinen zu vergessen, dass zwischen dem chemischen Process der Gerinnung an sich und denjenigen Vorgängen im Blute, welche ihre Voraussetzung sind, oder zwischen näheren und entfernteren, unmittelbaren und mittelbaren Gerinnungsursachen ein Unterschied besteht. Wenn z. B. Bizzozero und Mosso, der eine in den sog. Blutplättchen, der andere in den rothen Blutkörperchen die wahren und ausschliesslichen Urheber der Blutgerinnung gefunden zu haben glauben, und nun sogleich meine Gerinnungstheorie für falsch erklären, so bleibt, auch von ihrem Standpunkte betrachtet, ja noch die Frage: wie bewirken diese Elemente die Faserstoffgerinnung? bestehen und es liegt also auch in ihrer Annahme an sich noch gar kein Widerspruch gegen meine Theorie der Gerinnung, speciell gegen die Existenzmöglichkeit des Fibrinferments. Es ist ja doch eine bekannte und unleugbare Thatsache, dass die Faserstoffgerinnung in Flüssigkeiten vorkommt, bezw. herbeigeführt werden kann, in welchen kein einziges Blutplättchen oder rothes Blutkörperchen enthalten ist. Sollen diese Gebilde nun doch die wahren und einzigen Gerinnungsursachen darstellen, so kann es sich offenbar nur darum handeln, dass sich ein wirksames Substrat von ihnen ablöst und irgendwie, auf natürlichem oder künstlichem Wege, Bestandtheil dieser Flüssigkeiten wird. Warum sollte das Fibrinferment nicht dieses Substrat sein können?

Ich selbst bin, lange vor den genannten beiden Forschern, gleich zu Anfange meiner Untersuchungen von der zunächst aprioristisch gefassten Vorstellung, dass die Faserstoffgerinnung in letzter Instanz von den körperlichen Elementen des Blutes, rothen und farblosen, abhängt, ausgegangen. Zu einer Zeit, wo es in Folge des bekannten Versuches von Joh. Müller festzustehen schien, dass die Blutgerinnung nichts mit den Blutkörperchen zu thun habe, war diese Vorstellung das eigentlich Neue in meinen Arbeiten. Sie hat mir meine damaligen Experimente an die Hand gegeben; denn ihre Richtigkeit zu beweisen, war der ausgesprochene Zweck derselben und ich zweifle nicht, dass dieser Beweis mir gelungen ist. Aber jene Versuche überzeugten mich nur davon, dass Etwas von den körperlichen Elementen des Blutes, des Chylus und der Lymphe in deren Plasma übergeht, was sie gerinnen macht, sie belehrten mich nicht über das Was? und Wie? Diese Belehrung zu finden, ging ich daran, den Gerinnungsprocess an sich, unter steter Festhaltung meiner ursprünglichen Vorstellung, zu analysieren und bin so zum Fibrinferment, als dem wesentlichen Faktor desselben gelangt.[1]) Indem ich nun weiterhin die Beziehungen zwischen diesem Process und seinen entfernteren, in den zelligen Elementen der betreffenden Körperflüssigkeiten gegebenen Ursachen, bezw. zwischen den letzte-

---

[1]) Die Art, wie häufig über die Autorschaft des Fibrinfermentes referiert wird, veranlasst mich, hier zu constatieren, dass ich der erste gewesen bin, welcher die Möglichkeit einer Fermentation mit Beziehung auf die Faserstoffgerinnung in's Auge gefasst und auch das Wort Ferment ausgesprochen hat. Ich brauche in dieser Hinsicht nur auf meine allerältesten Arbeiten in Reichert und Du Bois-Reymond's Archiv, Jahrg 1861, S. 565 und 566, Jahrg. 1862, S. 550 und 551 hinzuweisen. Die von mir beobachteten Thatsachen waren der Art, dass sie mir die Idee eines Fibrinferments schon damals nahelegen mussten, ich wies sie aber zurück, weil andere, in den citierten Arbeiten ausführlich dargelegte Beobachtungsthatsachen ihr zu widersprechen schienen; der Hauptgrund lag darin, dass ich das Ferment noch nicht vom Paraglobulin zu trennen verstand und daher auch die Wirkungen des ersteren dem letzteren zuschrieb; das Paraglobulin seinerseits aber beeinflusste die Gerinnung wiederum in einer Weise, welche dem Begriff eines Ferments nicht zu entsprechen schien, wie es denn überhaupt nicht gut möglich war, diesen Eiweisskörper als ein Ferment aufzufassen. Brücke ist in seiner 6 Jahre später, im Jahre 1867, erschienenen Abhandlung: „Über das Verhalten einiger Eiweisskörper gegen Borsäurelösung", Wiener akad. Sitzungsber., Math.-naturw. Kl. 2. Abtheilung, Bd. V auf Grund der unrichtigen Voraussetzung, dass das Paraglobulin bei meinen Gerinnungsversuchen überhaupt gar nicht mitgewirkt habe, consequenterweise zur Annahme eines anderen, vom Paraglobulin eingeschlossenen Stoffes gelangt, welchem er die von ihm bestätigte coagulierende Wirkung der Paraglobulinniederschläge zuschrieb. Er hat damit, was die Thatsache betrifft, dass noch ein wirksamer Stoff in den letzteren existiert, das Richtige getroffen; aber er hat diese Thatsache weder bewiesen, noch auch nur eine Vermuthung über die Natur dieses unbekannten, von ihm präsumierten Stoffes ausgesprochen; dagegen sagt er selbst, dass mir bei meinen damaligen Arbeiten offenbar die Idee eines Ferments „vorgeschwebt" habe, was ich mit Beschränkung acceptiere, da sie mir zwar durch die Thatsache mehrfach aufgedrängt wurde, ich sie aber ausdrücklich noch zurückwies. Aber in der citierten Arbeit von Brücke lag für mich jedenfalls kein zwingender Grund, von meinen zuerst gefassten Vorstellungen abzugehen, da ich seine Grundvoraussetzung von der Indifferenz des Paraglobulins beim Gerinnungsakte nicht theilte und auch jetzt noch nicht theile, vielmehr im weiteren Fortgange meiner Untersuchungen gezeigt habe und auch in dieser Arbeit zeigen werde, in welcher Weise die Faserstoffgerinnung vom Paraglobulin beeinflusst wird. Die mir selbst nicht genügende Deutung meiner eignen Versuche trieb mich dazu, der Sache weiter nachzugehen, und wenn es mir dabei gelang, das Ferment vom Paraglobulin zu trennen und als solches zu erkennen, so bin ich damit einfach zu einer Vorstellung zurückgekehrt, die ich als Erster ins Auge gefasst und auch ausgesprochen habe, und man wird zugeben müssen, dass ich auf durchaus eignen Wegen zur Entdeckung des Fibrinferments gelangt bin.

ren und dem Fibrinferment, festzustellen suchte, bin ich natürlich
auf meine Ausgangsvorstellung wieder zurückgekommen. Nur setze
ich jetzt, und zwar schon seit bald zehn Jahren, statt der Worte
„rothe Blutkörperchen", oder „farblose Blutkörperchen", oder meinet-
wegen statt „Blutplättchen" das Wort „Protoplasma", und hoffe den
Leser davon überzeugen zu können, dass dieses Wort mich einen
Schritt weiter geführt hat.

Nachdem Mosso erklärt hat, das Fibrinferment existiere nicht,
oder es existiere etwas, das von den anderen Fermenten ganz verschieden sei, führt er als einen „sehr überzeugenden" Beweis für
seine Behauptung, dass die rothen Blutkörperchen es sind, welche
die Coagulation bewirken, ein Experiment an, welches nahezu
dreissig Jahre früher, unter mannigfachen Variationen, schon von
mir angestellt und mitgetheilt worden ist, um auch meinerseits die
Abhängigkeit der Blutgerinnung von den rothen Blutkörperchen zu
demonstrieren.[1]) Der Versuch beruht wesentlich darauf, dass ein
Tropfen Pferdeblut leicht so in eine proplastische Flüssigkeit (ich
benutzte damals Transsudate) gebracht werden kann, dass er, ohne
sich in der Flüssigkeit zu vertheilen, als Ganzes zu Boden sinkt.
Man sieht alsdann, dass die über dem Blutstropfen stehende Flüssigkeit sehr lange flüssig bleibt, während er selbst sich schon mit einer
Fibrinschicht umhüllt hat und dass von hier aus die Gerinnung all-
gemach nach oben hin fortschreitet. Die Flüssigkeit gerinnt aber
durch ihre ganze Masse gleichmässig und gleichzeitig, wenn man
den hineingebrachten Blutstropfen durch Schütteln sofort in ihr vertheilt. Auch dass aufgelöste rothe Blutkörperchen rascher wirken
als intakte, habe ich schon lange vor Mosso beobachtet und mitgetheilt.

Solchen Missverständnissen gegenüber muss ich Folgendes betonen:

Ich habe niemals die eminent coagulierende Wirkung der rothen
Blutkörperchen bestritten, im Gegentheil, ich habe sie entdeckt. Wie
ich zuerst die sog. serösen Transsudate als fibrinogene Flüssigkeiten erkannte und sie zuerst mit defibriniertem Blute oder Blutserum zu Gerinnungsversuchen combinierte, so habe ich auch zuerst
gezeigt und beschrieben, wie gewaltig bei diesen Versuchen die coagulierende Wirkung des Blutserums durch Zusatz selbst ganz ge-

---

1) M. Mosso. Die Umwandlung der rothen Blutkörperchen in Leuco-
cyten u. s. w. Archiv für pathol. Anatomie. Bd. CIX, S. 221, 222. A. Schmidt.
Über den Faserstoff und die Ursachen seiner Gerinnung. Reichert und Du Bois-
Reymond's Archiv 1861, S. 682.

ringer Mengen von rothen Blutkörperchen gesteigert wird. Dieser Befund ergab sich ja aus der obigen Versuchskombination, bei Vergleichung des Blutserums mit defibriniertem Blute, ganz von selbst. Aber ich habe stets behauptet und behaupte auch noch jetzt Mosso gegenüber, dass es Faserstoffgerinnungen giebt, welche nichts mit den rothen Blutkörperchen zu thun haben, weil sie von ganz anderen körperlichen Elementen abhängen; ich mache in dieser Hinsicht sogar keinen Unterschied zwischen thierischem und pflanzlichem Protoplasma. So lange ich das Paraglobulin für das coagulierende Agens bei der Faserstoffgerinnung und dazu für einen homogenen Stoff ansah, hielt ich sämmtliche in den gerinnenden Körperflüssigkeiten enthaltenen Zellen, vor allem die rothen Blutkörperchen, für Paraglobulinreservoire, aus welchen auch das Plasma seinen Gehalt an dieser Substanz bezieht. Später, als ich den eigentlichen Gerinnungserreger in dem, dem Paraglobulin stets beigemengten Ferment erkannte, wurde ich durch eine Reihe von Umständen, deren Auseinandersetzung mich hier zu weit führen würde, zu der Annahme veranlasst, dass die farblosen Blutkörperchen die Quellen des Fibrinferments und des Paraglobulins darstellen, während die rothen vermöge ihres Hämoglobingehalts den Fermentationsvorgang durch eine Art von Contaktwirkung zwar enorm begünstigen sollten, ohne indess selbst einen Beitrag zu den wesentlichen Gerinnungsfaktoren zu liefern. Das war, was das Hämoglobin und die ihm bei der Gerinnung zugeschriebene Rolle anbetrifft, ein Irrthum, welchen ich aber sofort erkannte, nachdem sich herausgestellt hatte, dass auch der Wirkung der farblosen Blutkörperchen keine specifische Bedeutung zukommt, sondern dass jedes Protoplasma im Blutplasma ebendasselbe leistet wie sie; denn jetzt musste die Frage auftauchen, ob nicht auch das Stroma der rothen Blutkörperchen an dieser allgemeinen Protoplasmaeigenschaft Theil hat; Ausnahmen lässt man doch nur aus zwingenden Gründen zu. Nachdem es mir nun gelungen war, auch die Stromata der Säugethierblutkörperchen in derselben Weise, wie dies früher von Semmer[1]) mit denjenigen der Vögel- und Amphibienblutkörperchen ausgeführt worden war, d. h. durch Dekantieren und Waschen auf der Centrifuge mit kohlensäurereichem Wasser, vom Hämoglobin vollkommen zu befreien und zu sammeln, ist die obige Frage durch die vor über sechs Jahren angestellten Versuche von Nauck in bejahendem Sinne entschieden

---

1) G. Semmer. Über die Faserstoffbildung im Amphibien- und Vogelblut u. s. w. Inaug.-Abh. Dorpat 1874.

worden [1]); das Stroma der rothen Blutkörperchen von Rindern, Pferden und Hühnern verhielt sich in filtriertem Blutplasma genau so, wie alle anderen Zellenarten und wie die rothen Blutkörperchen selbst, das krystallisierte Hämoglobin aber war, wie mir schon früher bekannt war, unwirksam, eine Thatsache, welche jetzt erst ihre richtige Erklärung fand. Die coagulierende Wirkung der wässerigen Lösungen gesenkter rother Pferdeblutkörperchen in meinen früheren Versuchen beruhte, wie gleichfalls von NAUCK bewiesen wurde, auf dem beigemengten Stroma und nicht auf dem aufgelösten Hämoglobin.

Ich bin also schon seit lange, und zwar ohne Mitwirkung MOSSO's, nicht mehr in der Lage, die mir von ihm zugeschriebene Behauptung, dass die „Blutcoagulation wesentlich durch die farblosen Blutkörperchen hervorgerufen" werde [2]), zu vertheidigen, sofern dieses „wesentlich" heissen soll: ohne farblose Blutkörperchen keine Gerinnung. Freilich besteht, mag es sich um die farblosen oder um die rothen Blutkörperchen handeln, zwischen meiner und seiner Auffassung der wesentliche Unterschied, dass ich den Faserstoff nicht unmittelbar aus veränderten und verklebten körperlichen Elementen (den rothen nach MOSSO) hervorgehen lasse, sondern durch Ausscheidung aus der Blutflüssigkeit unter Mitwirkung der Zellen.

Bei dieser Gelegenheit will ich aber daran erinnern, dass ich gegenwärtig zwischen der Fermentquelle oder dem betreffenden Zymogen, den fermentabspaltenden Substraten und denjenigen, aus welchen die Globuline entstehen, unterscheide. Wir werden sehen, dass die rothen Blutkörperchen mit Beziehung auf diese Gerinnungsfaktoren sich doch anders verhalten, als alle anderen Zellenarten, so dass ihnen die abgesonderte Stellung, die ich ihnen früher zuwies, gewahrt bleibt, wenn auch in einem anderen Sinne, als ich es damals dachte.

Ich wende mich jetzt zum Fibrinferment, indem ich folgende Sätze vorausschicke:

1. Es ist eine Thatsache, dass man aus dem lufttrocknen Coagulum des nach stattgehabter Faserstoffgerinnung unter Alkohol gebrachten Blutes oder Blutserums mit Wasser einen Stoff extrahiert, welcher in passenden, an sich durchaus nicht gerinnenden, Flüssigkeiten die Faserstoffgerinnung herbeiführt.

---

1) A. NAUCK. Über eine neue Eigenschaft der Produkte der regressiven Metamorphose der Eiweisskörper. Inaug.-Abh. Dorpat 1886, S. 39.

2) A. a. O. S. 223.

2. Es ist ebenso eine Thatsache, dass das Alkoholcoagulum des cirkulierenden Blutes (welches man zu diesem Zweck aus der Ader direkt in den Alkohol fliessen lässt) bei derselben Behandlung ein fast völlig unwirksames Wasserextrakt liefert, dass demnach der wirksame Stoff erst ausserhalb des Organismus entsteht resp. gewaltig zunimmt.

3. Es ist endlich eine Thatsache, dass durch Injektion dieses Stoffes in das Gefässsystem des lebenden Organismus augenblicklich tödliche Thrombosen herbeigeführt werden können[1]); andrerseits disponiert der Organismus nachweislich über eine specifische Widerstandskraft gegen seine Wirkungen und vermag ihn schliesslich aus dem Blute ganz fortzuschaffen. Hierauf beruht die Möglichkeit der Rettung des Thieres.[2])

Die Gründe, welche mich veranlassen, diesen Stoff als ein Ferment zu bezeichnen, sind folgende:

1. Je längere Zeit man den Alkohol auf das Serumcoagulum hat einwirken lassen, desto spurenhafter ist der Rückstand des betreffenden Wasserextrakts und auch diese Spuren bestehen zum Theil aus Salzen, zum Theil aus wiederaufgelöstem Eiweiss. Dennoch wirken diese Wasserextrakte intensiv coagulierend; von der Quantität des Substrates dieser Wirkung aber können wir unter solchen Umständen nur sagen, dass sie ausserordentlich, vielleicht für uns unmessbar klein sein muss, denn das Eiweiss und die Salze wird in dieser Hinsicht wohl Niemand beschuldigen wollen. Verdünnt man ein solches Wasserextrakt, so wird zwar die Zeit seiner Wirkung entsprechend verlängert, aber die Masse des Produktes bleibt sich gleich.

Ein Beispiel mag angeführt werden, um von den hier geltenden quantitativen Verhältnissen eine Vorstellung zu geben. Ich bereitete mir eine Fermentlösung, indem ich 1,6 Gr. eines getrockneten und gepulverten Coagulums von Rinderserum eine halbe Stunde lang mit 160 Gr. Wasser extrahierte und dann filtrierte.[3]). Vom Filtrat wurden 100 Ccm. eingedampft, der Rückstand getrocknet und gewogen; er wog 0,093 Gr., wovon aber 0,054 Gr. als Asche in Abrechnung kamen. Die organische Substanz im Rückstand betrug also nur 0,039 % des Wasserextrakts; dieselbe repräsentierte

---

1) M. Edelberg. Über die Wirkungen des Fibrinferments im Organismus. Arch. für experimentelle Pathol. und Pharmakol. Bd. XII, S. 283.

2) A. Jakowicki. Zur physiol. Wirkung der Bluttransfusion. Inaug.-Abh. Dorpat 1875. S. 28 ff.

3) Das Serumcoagulum hatte 11 Wochen unter Alkohol gelegen.

aber noch lange nicht den eigentlich wirksamen Stoff, denn, wie leicht nachzuweisen war, enthielt das Wasserextrakt neben den Aschenbestandtheilen noch recht beträchtliche Mengen eines Eiweisskörpers, welcher sich wie Paraglobulin verhielt. Demnach rückt der wirksame Stoff für die Vorstellung in die Region der Milligramme resp. vielleicht sogar des Unwägbaren für 100 Ccm. des Wasserextraktes. Trotzdem führten 2 Ccm. desselben die Gerinnung von 100 Ccm. Peritonealflüssigkeit vom Pferde in 39 Minuten herbei. Die Flüssigkeit erstarrte gallertartig und, nachdem ich den Faserstoff mittelst eines Glasstabes zum Collabieren gebracht und entfernt hatte, erfolgten keine Nachgerinnungen, auch nicht nach erneutem Zusatze des Wasserextrakts, die Gerinnung war also eine erschöpfende gewesen. Nun ist es aber leicht, in den Transsudaten des Pferdes durch diese Wasserextrakte ebenso erschöpfende Gerinnungen herbeizuführen, welche ihr Ende erst nach vielen Stunden resp. Tagen finden. Man braucht zu diesem Zwecke die Wasserextrakte nur mit den erforderlichen Mengen Wasser zu verdünnen und es ist hieraus leicht zu entnehmen, wie kleine Bruchtheile des ohnedies schon so kleinen procentischen Rückstandes meines obigen Wasserextrakts genügt hätten, um solche langsam fortschreitende und doch zugleich erschöpfende Gerinnungen hervorzurufen. Ich glaube kaum, dass sich unter den bisher bekannten Enzympräparaten eines finden lässt, mit welchem man in so kleinen Mengen solche Wirkungen erzielen kann; das mit einiger Sorgfalt hergestellte Fibrinferment gehört unter ihnen sicherlich zu den reinsten, am wenigsten von Protoplasmabestandtheilen und Eiweiss verunreinigten Präparaten.

2. Der in Rede stehende Stoff kann zu wiederholten Malen Gerinnungen bewirken.

3. Seine Wirkung auf gerinnbare Körperflüssigkeiten wird durch antiseptische Mittel nicht im mindesten beeinträchtigt.

4. Er wird durch Kochen seiner wässerigen Lösung unwirksam gemacht resp. zerstört.[1])

5. Im getrockneten Zustande (als gepulvertes Alkoholcoagulum) verträgt er viel höhere Hitzegrade als in wässeriger Lösung.

6. Eine Temperatur von 35—40° begünstigt in hohem Maasse seine Wirkung.

7. Kälte verzögert sie resp. unterdrückt sie ganz.

---

1) Gewöhnlich wird man finden, dass Siedhitze die betreffenden Wasserextrakte nicht völlig unwirksam macht. Dennoch ist der obige Satz richtig. Die Erklärung wird sich später ergeben.

8. Seine Lösung erleidet durch Gefrieren nicht die geringste Einbusse an ihrer Wirksamkeit.

9. Schon geringe Überschüsse an Alkalien oder Säuren unterdrücken seine Wirkung; beim Neutralisieren stellt sie sich wieder ein. Grössere Mengen von Alkalien oder Säuren zerstören den wirksamen Stoff.

10. Geringe Mengen eines Neutralsalzes begünstigen seine Wirkung, grosse hemmen resp. unterdrücken sie. Die Grenze, von welcher an diese hemmende Wirkung der Salze beginnt, variiert je nach ihrer Natur und je nach den relativen quantitativen Verhältnissen dieses Stoffes zu dem Substrat der Faserstoffbildung.

Der Punkt 2 bedarf noch einer Erläuterung. Der Versuch, mit einer gegebenen unveränderlichen Quantität des Fibrinferments wiederholte Gerinnungen zu erzeugen, stösst nämlich auf Schwierigkeiten, welche darin begründet sind, dass das Produkt der Fermentation, der Faserstoff, nicht in Lösung bleibt, sondern sich in fester Gestalt ausscheidet und dabei einen beträchtlichen Theil des Ferments einschliesst und somit der Flüssigkeit entzieht. Bringt man nun, nachdem der Faserstoff entfernt worden, den flüssigen Theil, das Serum zweiter Ordnung, von Neuem in eine proplastische Flüssigkeit, um eine zweite Gerinnung zu bewirken, so kommt zu dem absoluten, durch den Faserstoff bewirkten Verlust an Ferment noch die relative, durch die Volumsvergrösserung der Flüssigkeit verursachte Abnahme desselben zur Geltung, so dass die Gerinnung nun natürlich viel langsamer verlaufen wird, als das erste Mal, aber nicht, oder doch nicht nur, weil das Ferment eine Einbusse an Kraft erlitten, sondern weil es zugleich eine absolute und relative Verminderung seiner Menge erfahren hat. Überlegt man diese Verhältnisse, so wird man sich nicht wundern, dass bei Wiederholung dieses Verfahrens über Kurz oder Lang der erwartete Erfolg ausbleibt und man wird mit der Annahme, dass er für immer ausbleibt, um so eher bei der Hand sein, je kürzer der Geduldsfaden ist.

Noch übler ist man dran, wenn man, wie es Mosso thut, den Faserstoff selbst zur Übertragung von Gerinnungen benutzt, denn diese Methode, welche zwar keine steigende Volumsvergrösserung der Reaktionsflüssigkeiten mit sich bringt, leidet an dem schlimmen Umstande, dass der Faserstoff das eingeschlossene Ferment sehr fest zurückhält, namentlich in eiweisshaltigen Flüssigkeiten, so dass wiederum nur ein Bruchtheil vom letzteren, der selbst nur ein Bruchtheil des anfänglichen Quantums darstellt, in die Reaktionsflüssigkeit gelangen kann. Offenbar können aber nur die in der Lösung be-

findlichen und nicht die vom Faserstoff zurückgehaltenen Fermentmoleküle zur Wirkung kommen, also fortgesetzte Bruchtheile von
Bruchtheilen, deren Nenner mit einander multipliciert gedacht werden müssen. Diese Umstände hat Mosso bei seinen Versuchen unberücksichtigt gelassen und gelangt dadurch zu der Behauptung, das
Fibrinferment existiere nicht oder es bestehe eines, welches von den
anderen Fermenten ganz verschieden sei, weil es in solch' bedeutender Menge vorhanden sein müsste (d. h. um wiederholte Gerinnungen
zu bewirken), dass es mit chemischen Fermenten nicht verglichen
werden könne. [1])

Nun, ich glaube meine Versuche haben gezeigt, mit wie geringfügigen Mengen dieses Stoffes man höchst bedeutende Wirkungen
erzielen kann. Aber die Angabe Mosso's, dass ihm nur eine ein-
malige Übertragung der Gerinnung gelungen sei, erscheint mir,
selbst mit Berücksichtigung seiner unvortheilhaften Versuchsanordnung, unwahrscheinlich niedrig und ich glaube, dass er sich zu früh
von der Negativität des Erfolges überzeugt hielt. Ich habe bei meinen früheren Übertragungsversuchen stets nur den flüssigen Theil
benutzt, und 2—3 Mal nach einander sind sie mir immer gelungen.

Bei einer Modifikation des Verfahrens bin ich indess zu viel be-
friedigenderen Resultaten gelangt, so dass das Fibrinferment auch
in dieser Hinsicht mindestens dasselbe leistet, was man von anderen
chemischen Fermenten zu fordern gewohnt ist.

Das Verfahren bestand in Folgendem: Ich löste einige Gramme
lufttrocknen, pulverisierten Salzplasmarückstands in dem siebenfachen
Gewicht Wasser; bei diesem Verhältniss zwischen Wasser und Rückstand entsteht eine Lösung, welche ungefähr dieselbe Zusammensetzung hat, wie das ursprüngliche, mit der schwefelsauren Magnesialösung vermischte Pferdeblutplasma; ich werde dieselbe hinfort
als „Salzplasmalösung“ von der behufs Herbeiführung der Gerinnung mit wässerigen Zusätzen verdünnten Lösung, die ich als
„verdünnte Salzplasmalösung“ bezeichnen werde, unterscheiden.

Von dieser Salzplasmalösung wurden 10 Ccm. mit 80 Ccm. Fermentlösung verdünnt und die Mischung, welche schon nach zwei
Minuten geronnen war, noch einige Stunden bei einer Temperatur
von ca. 16⁰ stehen gelassen; dies geschah, um dem im verdünnten Salzplasma zwar rasch eintretenden, aber langsamer ablaufenden Gerinnungsprocess Zeit zu geben, sich vollkommen zu erschöpfen. Hierauf

1) A. a. O. S 221.

wurde der Faserstoff durch Umrühren mit einem Platindraht zum Collabieren gebracht, das Klümpchen aber in der Flüssigkeit, in welcher es zu Boden sank, zurückgelassen; von der letzteren wurde der fünfte Theil (18 Ccm.) abgehoben, zur weiteren Beobachtung bei Seite gestellt, durch eben so viel frisch hergestelltes verdünntes Salzplasma ersetzt und gut durchgemischt. Bereits nach 5 Minuten war die Flüssigkeit gallertartig geronnen, sichtbar nahm der anfangs durchsichtige Faserstoff allmählich an Masse zu, so dass er etwa nach 1½ Stunden ganz undurchsichtig geworden war, während die bei Seite gestellte Probe keine Spur einer Nachgerinnung zeigte, zum Beweise, dass der erste Gerinnungsprocess ein vollkommen erschöpfender gewesen war. Am folgenden Morgen wurde wiederum der Faserstoff zum Collabieren gebracht, ohne aus der Flüssigkeit entfernt zu werden, 18 Ccm. der Flüssigkeit abgehoben, zur Seite gestellt, durch ebensoviel frischer Flüssigkeit ersetzt u. s. w. In dieser Weise setzte ich den Versuch fort, indem ich von der zweiten Übertragung an jedesmal 24 Stunden bis zur nächstfolgenden verstreichen liess. Jedesmal erfolgte die Gerinnung, zwar mehr und mehr verspätet, aber doch, wie die Betrachtung der zugehörigen Controlle ergab, immer so, dass sie innerhalb 24 Stunden vollständig beendet war; beim siebenten Male, wo die ersten Zeichen der Gerinnung nach 4 Stunden eintraten, unterbrach ich den Versuch, den ich, wie aus den angegebenen Gerinnungszeiten hervorgeht, wohl noch mehrfach hätte wiederholen können, da die Fäulnisserscheinungen in der salzhaltigen Flüssigkeit sehr spät auftreten.

Solcher Versuche habe ich im Ganzen drei angestellt, jedes Mal mit dem gleichen Erfolge; ich will nur hinzufügen, dass ich den zweiten Versuch bis zur neunten Übertragung fortsetzte, ohne bis an die Grenze der Wirksamkeit des Ferments gelangt zu sein.

Man sieht, dass bei dieser Versuchsmethode das Volum der Flüssigkeit und ihre Concentration in Bezug auf das Magnesiasalz unverändert blieb; zwar unterlag der Fermentgehalt der Flüssigkeit durch die bei jedem Einzelversuch stattfindende Fortnahme eines Theiles der Flüssigkeit einer fortschreitenden Verminderung, aber jedes Mal doch nur um ein Fünftel der vorhandenen Fermentmenge.

Die in diesen Versuchen beobachtete steigende Verlangsamung der Gerinnungen, mag sie nun nur durch die fortschreitende Verminderung des Fermentgehalts oder zugleich auch durch einen während der Thätigkeit eintretenden theilweisen Verbrauch bewirkt sein, entspricht durchaus den Erfahrungen, welche man auch an anderen chemischen Fermenten gemacht hat, so am Pepsin, Ptyalin, am diastatischen Ferment der Leber, am Trypsin u. s. w. An allen diesen Enzymen zeigt sich, dass sie während ihrer Thätigkeit bedeutend an Kraft verlieren, wie z. B. PASCHUTIN, BRÜCKE und GRÜTZNER am Ptyalin und Pepsin, HEIDENHAIN am Trypsin nachgewiesen haben, so dass GRÜTZNER den Satz aufstellt: „die sogenannten ungeformten Fermente werden bei ihrer Thätigkeit zum Theil zerstört, vermögen also nicht unbegrenzte (wenn auch sehr bedeutende) Mengen anderer Stoffe zu zersetzen.[1] Auch von dieser Seite betrachtet tritt also das Fibrinferment ganz in die Reihe der sogenannten ungeformten Fermente oder Enzyme und wird darin verbleiben, so lange diese Bezeichnungen überhaupt bestehen. —

Ein weiterer Einwand gegen das Fibrinferment, welcher mir in der Literatur begegnet ist, beruht auf meiner eigenen Angabe, dass dasselbe das Wasserstoffsuperoxyd nicht katalysiert. Nun, ich behaupte, die verbreitete, meines Wissens von SCHÖNBEIN stammende Angabe, dass die Fermente das Wasserstoffsuperoxyd unter Sauerstoffentwickelung zersetzen, ist falsch; nicht die Fermente thun dies, sondern, wie ich beweisen werde, ganz andere Protoplasmabestandtheile, welche ihnen beigemengt sind. Ich kenne kein Fermentpräparat, welches nicht durch Protoplasmabestandtheile verunreinigt wäre. Das indifferente Verhalten des Fibrinferments gegen Wasserstoffsuperoxyd ist vielmehr eine weitere Stütze für meine Annahme, dass dasselbe unter allen bisher bekannten ungeformten Fermenten sich am reinsten darstellen lässt, wie dasselbe ja auch thatsächlich nur noch durch Spuren von Serumsalzen und Serumeiweiss, aber nicht durch Zellenbestandtheile verunreinigt erscheint, jedenfalls nicht durch solche, welche das Wasserstoffsuperoxyd katalysieren.

Da viele der Versuche, über welche ich weiterhin berichten werde, am bequemsten mit verdünntem Salzplasma angestellt werden, weil man nicht immer in der Lage ist, über passende Hydrocelefüssigkeiten oder Höhlenflüssigkeiten vom Pferde zu disponieren, so halte ich es für erforderlich schon hier zu betonen, dass man nach der angegebenen Darstellungsmethode nicht immer ein vollkommen vorwurfsfreies Salzplasma erhält. Als vollkommen vorwurfsfrei bezeichne ich aber ein solches Salzplasma, dessen, je nach Bedürfniss, mit 6—8 Volum Wasser verdünnte Lösung bei beliebig lange fortgesetzter Beobachtung keine Spur einer spontanen Gerinnung, einer

---

1) P. GRÜTZNER. Notizen über einige ungeformte Fermente des Säugethierorganismus. Pfl. Arch. Bd. XII. 1876. S. 301.

Flockenbildung oder dergl. zeigt. Der Salzüberschuss muss also gross genug sein, um auch im verdünnten Zustande den Kräften im Plasma, welche das Ferment abspalten, das Gegengewicht zu halten. Diese Kräfte unterliegen aber beim Pferde grossen individuellen Schwankungen, ja auch Schwankungen innerhalb eines und desselben Individuums, je nach den augenblicklichen Körperzuständen, nach den Jahreszeiten und nach anderen unbekannten Bedingungen. Da es nun aber unmöglich ist, im Voraus zu bestimmen, welcher Art das zur Herstellung des Salzplasma abzunehmende Blut in dieser Hinsicht sein wird, so wird es bei einem ein für alle Male festgesetzten Mischungsverhältniss auch vorkommen können, dass der Salzzusatz im einzelnen Falle sich als mehr oder weniger ungenügend erweist.[1] Dem Zufalle verdanke ich den Beweis dafür, dass die Spaltungsenergie des Blutes eine so hochgradige sein kann, dass es selbst im u n - v e r d ü n n t e n Zustande des daraus hergestellten Salzplasma zur Fermententwickelung kommen kann, wenn sie auch nicht bedeutend genug ist, um in diesem Zustande auch die Gerinnung herbeizuführen. Nach stattgehabter Senkung der rothen Blutkörperchen theilte ich nämlich ein Mal das abgehobene Salzplasma in zwei gleiche Theile, trocknete erst den einen Theil im Vacuum über Schwefelsäure, während der andere unterdess bei einer Temperatur, welche zwischen 0 und $+ 5^0$ schwankte, aufbewahrt wurde. Die Mengen waren nicht gross, so dass nach zwei Tagen das Trocknen der ersten Portion beendet war, worauf sofort die zweite in das Vacuum gebracht wurde, aus welchem sie gleichfalls nach zwei Tagen als vollständig getrocknet herausgenommen wurde. Beide Präparate wurden nun gleichzeitig gepulvert, von jedem etwas abgewogen, mit dem siebenfachen Gewicht Wasser gelöst, filtriert und von den Filtraten gemessene Mengen mit dem 8fachen Volum Wasser verdünnt. Es ergab sich nun, dass die aus dem zuerst im Vacuum getrockneten Präparat hergestellte verdünnte Salzplasmalösung nach 4 Stunden zu gerinnen begann, die andere aber schon nach 1½ Stunden. Dieses Resultat beweist zunächst, dass ich es diesmal mit einem ausserordentlich spaltungskräftigen Blute zu thun hatte, aber die viel kürzere Gerinnungszeit der zweiten Probe beweist ausserdem, dass hier ein Mehrgehalt an Fibrinferment zur Wirkung kam, ein Unterschied, welcher, da es sich um ein und dasselbe Blut handelte, offenbar nur von der Behandlung desselben abgeleitet ·werden konnte. In dieser Hinsicht

---

[1] Es kommt dies nach meinen Erfahrungen im Winter häufiger als im Sommer vor.

bestand aber nur der Unterschied, dass die zweite Portion des Salzplasmas zwei Tage später als die erste zum Trocknen in das Vacuum
gebracht wurde. In dieser Zeit hatte sich also der Mehrgehalt von
Fibrinferment entwickelt. Meine späteren, zur weiteren Beglaubigung
dieser Beobachtung angestellten Versuche haben sie ausnahmslos bestätigt.[1]) Es ist desbalb immer rathsam, das Salzplasma unmittelbar, nachdem es von den rothen Blutkörperchen getrennt worden,
im Vacuum, und zwar möglichst rasch, zu trocknen.

Präparate, welche, wie die oben erwähnten, schon wenige Stunden nach der Verdünnung mit Wasser spontan zu gerinnen beginnen,
sind mir übrigens, bei der von mir angewendeten Darstellungsmethode,
höchst selten vorgekommen; sie können immer noch als Reagentien
zur Erkennung des Fibrinferments dienen; denn dasselbe wird, selbst
in den kleinsten Mengen, ihre Gerinnung deutlich beschleunigen,
wovon man sich am besten überzeugt, wenn man gleichzeitig ein nur
mit destilliertem Wasser hergestelltes Vergleichspräparat beobachtet;
grössere Fermentmengen aber machen die Gerinnung solchen Salzplasmas auf wenige Minuten oder Secunden zusammenschrumpfen.
Angenehm ist es aber immer, wenn man es mit Präparaten zu thun
hat, deren verdünnte wässerige Lösungen in ihrem Verhalten sich
dem nähern, was ich oben als vorwurfsfrei bezeichnet habe; kleine
flockige Ausscheidungen, welche zuweilen im Laufe einiger Tage
auftreten, sind gar nicht bedenklich; abgesehen von der langen Zeit-
dauer, in welcher sie sich bilden, kommt es durch sie niemals zu
einer erschöpfenden Faserstoffausscheidung, so dass Lösungen, in welchen sie sich sogar bereits gebildet haben, immer noch als Reagentien zum Nachweis des Fibrinferments benutzt werden können.

RAUSCHENBACH hat am zellenfreien Pferdeblutplasma den Nachweis geliefert, dass eine Wechselwirkung zwischen Protoplasma und
Blutplasma besteht, deren Resultat das Auftreten von Fibrinferment,
also die Abspaltung desselben von seinem Mutterstoff ist[2]); unter
gewöhnlichen Verhältnissen stellen die farblosen Blutkörperchen den
natürlichen Protoplasmagehalt des von den rothen Blutkörperchen
abgehobenen Plasmas dar; aber, in das filtrierte zellenfreie Plasma

---

1) Man hat es sehr selten mit so spaltungskräftigem Blute zu thun, wie im
vorliegenden Falle. Deshalb habe ich, um die gemachte Erfahrung zu control-
lieren, von zwei Portionen ein und desselben mit der Salzlösung gemischten
Plasmas die eine sogleich im Vacuum getrocknet, die andere aber erst, nachdem
sie einige Tage einer Temperatur von 15—18° ausgesetzt gewesen war.

2) F. RAUSCHENBACH. Über die Wechselwirkungen zwischen Protoplasma
und Blutplasma. Inaug.-Abh. Dorpat 1883. Auch im Buchhandel erschienen.

gebracht, wirken alle Formen des thierischen oder pflanzlichen Protoplasmas ganz eben so, wie die farblosen Blutkörperchen. Jene Wechselwirkung zwischen Protoplasma und Blutplasma, bzw. jener Spaltungsprocess, durch welchen das Fibrinferment entsteht, wird
nun aber durch genügende Mengen des Magnesiasalzes unmöglich
gemacht. Darum gerinnt das Salzplasma nicht und daher stammt
auch die Angabe Rauschenbach's, dass alle Formen von Protoplasma,
welche auf filtriertes Blutplasma in so eminentem Grade einwirken,
gegen Salzplasma sich indifferent verhalten; diese Angabe, wörtlich
gefasst, bezieht sich natürlich nur auf ein wirklich vorwurfsfreies
Salzplasma. Wo ein Ueberschuss an spaltenden Kräften im Salzplasma noch vorhanden ist, erkennbar daran, dass schon nach blosser
Verdünnung mit Wasser allmählich Fibrinausscheidungen auftreten,
da wird das Protoplasma sich darin auch nicht ganz indifferent verhalten; aber je günstiger die Probe mit Wasser ausfällt, d. h. je unbedeutender jener Ueberschuss ist, desto unbedeutender und schlep-
pender ist die durch das Protoplasma erzeugte Gerinnung und in
allen Fällen, in welchen er ganz fehlt, in welchen deshalb durch
blosses Verdünnen mit Wasser keine Andeutung einer Gerinnung bei
tagelanger Beobachtungsdauer bewirkt wird, — in allen diesen Fällen,
welche, wenn man bei der Bereitung des Salzplasmas sorgfältig verfährt, die grosse Mehrzahl bilden, übt auch das Protoplasma nicht
die geringste Wirkung auf dasselbe aus. Vergleicht man nun hiermit die mächtigen Wirkungen, welche eine Fibrinfermentlösung, deren
Rückstand an Masse gegenüber der Masse des zugesetzten Protoplasmas verschwindet, auf solches Salzplasma ausübt, so liegt es klar
am Tage, dass die Gerinnungshemmung durch das Salz im verdünnten Salzplasma nicht auf die Wirkung, sondern auf die Entstehung des Ferments zu beziehen ist.

Wenn nun Mosso sagt, dass Untersuchungen, welche nach meiner
Methode mit der proplastischen Flüssigkeit angestellt werden, am
allerwenigsten geeignet seien, „uns über das Phänomen der Gerinnung
Aufschluss zu geben, weil in dieser Flüssigkeit allzuviele Körper
vermengt und verändert sich vorfinden" — und daran den nachfolgenden Satz knüpft:

„In der That habe ich bei Wiederholung der Versuche A. Schmidt's,
Wooldridge's, Rauschenbach's u. A. constatieren können, dass die Gerinnung der mit Pferdeblut bereiteten proplastischen Flüssigkeit" (also
offenbar Salzplasma) „auch durch einfachen Zusatz von Wasser und verschiedenen anderen, im Zustande der Verwesung befindlichen Flüssigkeiten, ferner von Sperma, zerriebener Krystalllinse u. s. w. zu Stande

kommt, ohne dass es nothwendig ist, weisse Blutkörperchen, Blutplättchen oder rothe Blutkörperchen hinzuzufügen. Schmidt hatte schon beobachtet, dass man die Coagulation der proplastischen Flüssigkeit auch mit Filtrierpapier oder Amiant bewirken kann" — —[1]), so sehe ich mich veranlasst, diesem Satze gegenüber Folgendes hervorzuheben.

1. Ich habe niemals behauptet, dass die Gerinnung des Salzplasmas nicht auch durch einfachen Zusatz von Wasser zu Stande kommen könne, sondern ich habe das Verfahren zu wiederholten Malen angegeben, bei welchem man am meisten Aussicht hat, zu einem Salzplasma zu gelangen, in welchem Wasserzusatz diese Wirkung nicht hat. Mosso wird um so häufiger Salzplasmen begegnen, welche seiner obigen Angabe entsprechen, je weniger er die von mir angegebenen Regeln bei ihrer Bereitung beobachtet. Dass durch Salzzusätze flüssig erhaltenes Blut beim Verdünnen mit Wasser gerinnt, ist eine sehr alte Beobachtung; ich habe nur gezeigt, dass man speciell aus dem Pferdeblut und speciell bei Benutzung des Magnesiasalzes und bei Beobachtung gewisser Regeln eine Flüssigkeit erhalten kann, welche trotz Verdünnung mit Wasser permanent flüssig und dabei doch zugleich auch gerinnbar bleibt. Wenn Mosso dasselbe Salzplasma, welches schon nach einfachem Wasserzusatz gerann, oder ein ihm ähnliches, auch zu seinen Versuchen mit farblosen Blutkörperchen, Sperma, Krystalllinsen benutzt hat, so bezweifle ich das von ihm angegebene Resultat keineswegs; ich halte es vielmehr für selbstverständlich. Ich bedauere nur, dass er sich nicht um ein besseres Salzplasma bemüht hat und ich behaupte doch zugleich, dass auch die Gerinnungen, welche er durch Sperma u. s. w. in seinen Präparaten erzeugt hat, sehr unbedeutende und höchst schleppend verlaufende gewesen sind, welche gar keinen Vergleich ausgehalten hätten mit denjenigen, auf wenige kurze Momente zusammengedrängten und zugleich erschöpfenden Gerinnungen, welche er in seinem Salzplasma durch Zusatz einer gleichfalls nach meiner Methode dargestellten Fibrinfermentlösung erzielt hätte. Derartige vergleichende Versuche scheint Mosso nicht angestellt zu haben; wenigstens spricht er nicht davon. Sie hätten ihn aber sicherlich davon überzeugt, dass er mit dem Fibrinferment den eigentlichen wirksamen Faktor bei der Gerinnung in der Hand hatte, und das um so mehr, als er aus der Darstellungsmethode ersehen hätte, dass dieser Faktor seinerseits aus solchem Blute stammte, welches selbst bereits geronnen war.

[1] A. a. O. S. 220 und 221.

2. Es ist nicht zu verstehen, wodurch Mosso sich veranlasst gesehen hat, grade Rauschenbach gegenüber zu betonen, dass „Sperma,
zerriebene Glaslinse u. s. w." die gleichen Wirkungen haben wie farblose Blutkörperchen, Blutplättchen u. s. w. Hat denn Rauschenbach
je das Gegentheil oder auch nur etwas Anderes behauptet? Er war
es ja gerade, welcher zuerst den Satz aussprach, dass nicht bloss, wie
ich anfangs annahm, die farblosen Blutkörperchen, sondern überhaupt
jedes Protoplasma Quellen des Fibrinferments darstellen und daher
in geeigneten Flüssigkeiten Faserstoffgerinnungen bewirken und
er stützt diesen Satz unter Anderem sogar auf Versuche,
die er mit Sperma anstellte; freilich behauptet er im Gegensatz zu Mosso, dass das Protoplasma in Salzplasmalösungen
unwirksam ist und dazu war er durchaus berechtigt, da er seine
Versuche eben an vorwurfsfreien Präparaten anstellte. Aber ebenso
besagen seine Versuche und deren Ergebnisse ja auch andrerseits,
dass überall, wo überhaupt noch ein Grad von „spontaner" Gerinnbarkeit vorhanden ist, also auch in mehr oder weniger misslungenen
Salzplasmalösungen, das Sperma und die Substanz der Krystalllinse
qualitativ durchaus ebenso, wie farblose Blutkörperchen u. s. w. wirken
müssen, d. h. coagulierend.

3. Wenn Mosso ferner sagt, auch durch Zusatz von Flüssigkeiten, welche sich im Zustande der Verwesung befanden, sei die
Gerinnung der Salzplasmalösung zu Stande gekommen, so bedauere
ich wiederum, dass er nicht angiebt, welcher Art diese Flüssigkeiten
waren, noch ob er auch mit ihnen Versuche angestellt hat, als sie
noch frisch waren; ich muss annehmen, dass dies nicht der Fall
gewesen ist, denn sonst wäre ihm der Unterschied der Wirkung nicht
entgangen und es hätte sich ihm ergeben, dass jene Zusätze noch
wirksam waren nicht weil, sondern trotzdem sie sich im Zustande
der Verwesung befanden. Uebrigens will ich bei dieser Gelegenheit
darauf hinweisen, dass in den Untersuchungen von Grohmann Pilze
von verschiedener Art, ebenso verschiedene gezüchtete Mikroben-
formen sich hinsichtlich der Gerinnungsfrage qualitativ ganz ebenso
wie jedes andre Protoplasma verhielten und dass demnach die Fäulnissbakterien, indem sie das Protoplasma ihres Nährmateriales zerstören, dafür das ihrer eignen' Körpersubstanz einsetzen[1]); nicht die
Fäulnisserreger, sondern die Fäulnissprodukte sind Ursache der relativ gerinnungshemmenden Wirkung faulender Substanzen.

---

1) W. Grohmann. Über die Einwirkung des zellenfreien Blutplasma auf
einige pflanzliche Mikroorganismen. Inaug.-Abh. Dorpat 1884.

1. Ich habe nie behauptet, dass auch Filtrierpapier und Asbest die Coagulation proplastischer Flüssigkeiten bewirken, sondern ich habe nur gesagt, dass ein bereits vorhandener, im Gange befindlicher Gerinnungsvorgang durch gewisse pulverförmige oder poröse Körper, wie Platinschwamm, Kohlenpulver, Fliesspapier, Asbest begünstigt werde, indem ich zugleich nachwies, dass der diesen Stoffen anhaftende Sauerstoff nicht als Ursache der fraglichen Wirkung angesehen werden könne.[1]) Ich dachte demnach an eine Art Berührungswirkung; doch gleichgültig, jedenfalls bewiesen die betreffenden Versuche, dass die Anwesenheit des Fibrinfermentes die V o r a u s - s e t z u n g der besonderen Wirkung jener Stoffe war, nicht aber, dass sie dasselbe ersetzen könnten. Es wird Jedem leicht fallen, sich von ihrer völligen Unwirksamkeit a n u n d f ü r s i c h an geeigneten Salzplasmalösungen oder besser noch an den Flüssigkeiten aus den serösen Höhlen des Pferdes, welche fast regelmässig keine Spur einer spontanen Gerinnungsfähigkeit zeigen, zu überzeugen.

Ich wünschte, dass Mosso seine Versuche mit Sperma, Krystalllinsen u. s. w. an den letztgenannten Flüssigkeiten wiederholte und die Resultate mit denen verglich, welche er bei Anwendung des Fibrinferments erhielte; nächstdem, dass er die keineswegs grosse Mühe sich nicht verdriessen liesse, sich wirklich gute Salzplasmalösungen zu verschaffen; es würde ihm dann alsbald leicht fallen, auch die Resultate, welche ihm weniger gute Lösungen dieser Art geben, richtig zu beurtheilen und zu verwerthen. Gegenüber den genannten Höhlenflüssigkeiten ist das Salzplasma natürlich nur ein Surrogat, aber ein vortreffliches für denjenigen, welcher weiss, wann er dasselbe anzuwenden hat und wie es beschaffen sein muss, um den jeweiligen Zwecken des Versuchs zu entsprechen. Dass es ein Gemenge vieler Stoffe darstellt, kommt bei dem Gebrauch, welchen ich davon mache, nicht in Betracht, da es a l l e Bestandtheile der Blutflüssigkeit enthält und es sich zudem nur darum handelt festzustellen, ob dieses selbe Gemenge von Stoffen als G a n z e s, ganz abgesehen von seiner Zusammensetzung, nachdem seine Gerinnung durch eine bekannte Ursache unterdrückt worden, wieder zum Gerinnen gebracht werden kann, ob dieser Process durch das Hinzuthun gewisser, g l e i c h f a l l s d e m B l u t e a n g e h ö r i g e r u n d a u s i h m g e w o n n e n e r S t o f f e hervorgerufen wird und ob namentlich die Wirkungsart der letzteren auf ein Ferment zu schliessen erlaubt oder nicht. Man hat es hierbei mit Fragen c h e m i s c h e r Art zu thun

---

1) Pflüger's Archiv, Bd. VI, S. 527 ff.

und eine Analyse chemischer Processe mittelst des Mikroskops scheint mir unsicherer zu sein, als durch Reagentien, welche den Experimentator in den Stand setzen, eben denselben chemischen Vorgang, welcher analysiert werden soll, nach seinem Willen zu erzeugen und in seinem Verlauf zu lenken und zu modificieren.

G. Tammann [1]) hat die Wirkung des Emulsins auf Amygdalin, Salicin und Harnstoff, ferner die Inversion des Rohrzuckers unter dem Einfluss des Invertins genauer studiert, indem er die zersetzten Substanzmengen bestimmte, und zwar beim Amygdalin durch die Vollhard'sche Methode der Blausäurebestimmung, beim Harnstoff durch die Titration des gebildeten kohlensauren Ammoniaks und beim Salicin und Rohrzucker durch das polaristrobometrische Verfahren. Ich entnehme seiner Arbeit die folgenden beiden Sätze, um sie auf die Faserstoffgerinnung anzuwenden.

1. Die fermentativen Reaktionen sind unvollständig, führen aber zu keinen Gleichgewichtszuständen, sind also nicht umkehrbar.

Dass die Faserstoffgerinnung nicht umkehrbar ist, braucht nicht weiter erläutert zu werden, dass sie zugleich unvollständig ist, lässt sich wenigstens mit Bezug auf das Paraglobulin behaupten, von welchem nach Beendigung der Reaktion stets ein Rest in der Flüssigkeit zurückbleibt. Die Sache wäre ganz klar, wenn wir annehmen dürften, dass das Paraglobulin das einzige Substrat der Faserstoffbildung ist.

2. Der Endzustand der Reaktion ist von der Temperatur und der Concentration der reagierenden Stoffe abhängig.

a) Tammann zeigt, dass die Wirkung des Emulsins auf Amygdalin bei ungefähr 45⁰ in Betreff der Menge des zersetzten Stoffes ein Maximum erreicht; sie wächst mit der Temperatur bis zu diesem Maximum und nimmt dann mit weiter steigender Temperatur wieder ab.

Ich habe schon früher bei Gelegenheit am Pferdeblut beobachtet, dass das Faserstoffprocent etwas höher ausfiel, wenn das Blut bei Zimmertemperatur, als wenn es bei 35⁰ gerann. Neuere Versuche mit filtriertem Pferdeblutplasma haben diese Beobachtung bestätigt. Ich habe die Gerinnung stattfinden lassen bei Temperaturen von 3—9⁰, ferner von 16—19⁰, von 36⁰ und endlich von 48⁰. Diejenigen

---

1) G. Tammann. Über die Wirkung der Fermente. Zeitschrift für physikalische Chemie III, 1. Leipzig, W. Engelmann, 1889.

Plasmaproben, welche bei Temperaturen, die höher als die im Laboratorium zur Zeit herrschenden waren, gerinnen sollten, wurden zuerst in warmem Wasser rasch bis zur gewünschten Höhe erwärmt und dann ca. 12 Stunden im Thermostaten auf dieser Höhe erhalten; hierauf wurde zur Gewinnung des Faserstoffes geschritten. Den der Zimmertemperatur ausgesetzten Plasmaproben gewährte ich eine Gerinnungszeit von 2 Tagen und endlich den bei niederer Temperatur gerinnenden eine solche von 8 Tagen. Sämmtliche Proben befanden sich in wohl verschlossenen Gläsern. Bei allen Präparaten war in den angegebenen Zeiten der Endzustand der Reaktion erreicht, d. h. im ausgepressten Serum fand, auch bei Zimmertemperatur, keine Gerinnung mehr statt. Die gebildeten procentischen Fibrinmengen ergeben sich aus folgender Uebersicht:

Versuchs-nummer	Fibrinprocente			
	bei 3—9°	bei 16—19°	bei 36°	bei 48°
I	0,48	0,51	0,44	0,40
II	0,69	0,71	0,63	—
III	—	53	—	0,45

Die von der Temperatur abhängigen Differenzen sind hier zwar bei Weitem nicht so bedeutend, als Tammann sie beim Amygdalin gefunden hat, allein sie sind doch deutlich genug und lassen die Gesetzmässigkeit erkennen.

b) Uber die Abhängigkeit des Endzustandes bei einer Fermentreaktion von der Menge des Ferments drückt Tammann sich folgendermassen aus: „Bei einer Vermehrung der Fermentmenge nimmt zuerst die Menge des gespaltenen Stoffes zu, dann aber ändert sich dieselbe bei weiterer Vermehrung des Ferments nicht und schliesslich nimmt die im Endzustande unter dem Einfluss noch grösserer Fermentmengen gespaltene Menge ab". Ich führe das Beispiel von Tammann hier an.

Menge des Emulsins in mmgr. 50 — 25 — 12,5 — 6,2 — 3,1 — 1,5 — 0,7.
Zersetztes Amygdalin in % des
ursprünglichen   60   60   60   60   40   20   10.

Ich habe in dieser Hinsicht mit der Faserstoffgerinnung nur wenige Erfahrungen gemacht, welche zudem nur auf gelegentlichen Beobachtungen beruhen, bei Versuchen, die zu anderen Zwecken angestellt wurden. Mit Bestimmtheit kann ich sagen, dass von einer gewissen mittleren Menge des Ferments an die Quantität des Faserstoffs bei weiterer Vermehrung des ersteren sich gleichbleibt, so dass der Unterschied im Fermentgehalt sich nur in der verschiedenen

Geschwindigkeit der Gerinnung ausdrückt. Bei sehr kleinen Fermentmengen habe ich zwar oft weniger Faserstoff erhalten, als bei grösseren, aber ich habe mich in solchen Fällen nicht davon überzeugt, ob wirklich der Endzustand erreicht war; ich nahm vielmehr das Gegentheil an. Es ist in der That schwer, bei sehr verzögertem Gerinnungsverlauf den Zeitpunkt zu bestimmen, bis zu welchem man warten soll. In Betreff der Frage, ob es eine höhere Grenze giebt, von welcher an, bei weiterer Vermehrung des Ferments, die Masse des Faserstoffs wieder abnimmt, habe ich gleichfalls auf keine ad hoc angestellten Versuche hinzuweisen. Ich halte dies aber für sehr wahrscheinlich auf Grund von später zu erwähnenden Versuchen, in welchen ich den Fermentgehalt der betreffenden Flüssigkeit nicht durch Zusatz von aussen, sondern durch künstliche Steigerung der inneren Entwickelung in die Höhe trieb.

c) Bei constanter Fermentmenge und bei Vermehrung des spaltungsfähigen Stoffes fand TAMMANN wohl die absolute, aber nicht die relative Menge des zersetzten Stoffes vermehrt.

Ganz dasselbe Verhältniss habe ich, wie schon seit lange von mir betont worden ist, bei der Faserstoffgerinnung gefunden und zwar insbesondere in Bezug auf das Paraglobulin. Was die fibrinogene Substanz anbetrifft, so wird sie bei normalem Gerinnungsverlauf eben jedesmal ganz zur Faserstoffbildung verbraucht; je grösser ihre Menge also ist, desto mehr Faserstoff entsteht; mehr lässt sich in dieser Hinsicht für jetzt nicht sagen. Bei einem gegebenen Gehalt an fibrinogener Substanz können Schwankungen der Faserstoffmenge aber nur durch ein Mehr oder Weniger an Paraglobulin bewirkt werden; hierbei unterliegt das letztere nun vollständig dem obigen Gesetz. Bei Vermehrung des Paraglobulins also wächst, wie ich mich ausgedrückt habe, die Faserstoffmenge, aber nicht proportional, sondern im abnehmenden Verhältnisse bis zu einer Grenze, von welcher an das Wachsthum aufhört. Bei paraglobulinarmen Flüssigkeiten ist demnach das durch Paraglobulinzusatz zu erzielende Wachsthum des Faserstoffs ein verhältnissmässig viel bedeutenderes als bei paraglobulinreichen. So habe ich das Faserstoffprocent im filtrirten Pferdeblutplasma durch Paraglobulinzusatz in maximo nur um 30 %, in den höchst paraglobulinarmen, wenn nicht ganz paraglobulinfreien Höhlenflüssigkeiten des Pferdes aber um 500 % erhöhen können.

d) Zusatz irgend eines Spaltungsprodukts vor Beginn der Reaktion bei gleichbleibender Fermentmenge schwächt die Wirkung des Ferments, so dass die Menge des zersetzten Stoffes abnimmt.

3 *

TAMMANN beweist dies durch die Abnahme der zersetzten Amyg-
dalinmenge bei Zusatz von Benzaldehyd resp. von Traubenzucker
oder Blausäure.

Ein entsprechender, die Faserstoffgerinnung betreffender, Versuch kann bis jetzt nicht angestellt werden, da der Faserstoff in der
Flüssigkeit, in welcher er entstanden ist, sich nicht löst und die
anderen etwaigen Spaltungsprodukte unbekannt sind. Ich führe
diesen Satz auch nur an, weil er auf das Klarste zeigt, dass das
Paraglobulin nicht als eines dieser Spaltungsprodukte angesehen
werden darf, da es bei Zusatz vor Beginn der Reaktion grade im
entgegengesetzten Sinne wirkt. —

Das Verständniss der Faserstoffgerinnung wird sehr durch den
Umstand erschwert, dass zwei verschiedene und doch wieder einander sehr ähnliche Eiweissstoffe hierbei materiell betheiligt sind.
Eine Lösung dieser Schwierigkeit werden wir in der Auffassung
der fibrinogenen Substanz als eines Umwandlungsproduktes des Paraglobulins finden, weshalb sich die Bezeichnung „Metaglobulin"
für dieselbe empfehlen dürfte. —

Drittes Kapitel.

Über die in Folge der intravaskulären Injektion von Fibrin-ferment eintretenden Blutveränderungen.

Nachdem es für mich unzweifelhaft geworden war, dass ein erst
ausserhalb des Organismus sich entwickelndes Ferment die Faserstoffgerinnung bewirke, schien es von Interesse zu sein, festzustellen,
wie dieses Ferment im cirkulierenden Blute sich verhalten werde.
JACOWICKI war der erste, der eine Reihe von Versuchen in dieser
Richtung ausführte [1]); er arbeitete aber insofern erfolglos, als es ihm
kein Mal gelang, durch seine Fermentinjektionen intravaskuläre Gerinnungen herbeizuführen; aber er ermittelte dafür andere Thatsachen,
auf welche bauend, es später EDELBERG gelang, das von JACOWICKI
verfehlte Ziel zu erreichen. JACOWICKI stellte zunächst fest, dass
auch schon innerhalb des lebenden Organismus Spuren von Fibrinferment im Blute constant enthalten sind, ferner, dass das injicierte Ferment einem allmähligen Schwunde im Gefässsystem unterliegt, ohne

---

1) A. a. O. S. 28 ff.

während seines Verweilens in demselben intravaskuläre Gerinnungen herbeizuführen. Da er nun das Fibrinferment in Quantitäten injicierte, welche genügt hatten, eine doppelt so grosse Menge Salzplasmalösung, als seine Versuchsthiere (meist Katzen), nach dem Körpergewicht berechnet, an Blut besassen, in $1/4$ Stunde vollständig zu coagulieren, so schloss er weiter, und, wie ich glaube, richtig, dass der Organismus über Vorrichtungen verfügt, durch welche er 1. die Wirkungen des injicierten Ferments, so lange es als solches im Blute Bestand hat, paralysiert und durch welche er 2. das Ferment selbst über kurz oder lang vernichtet. Die Anwendung auf die im cirkulierenden Blute enthaltenen Fermentspuren, welche übrigens, wie spätere Versuchsreihen ergeben haben, pathologisch zu beträchtlicher Höhe anwachsen können, ohne doch nothwendigerweise intravaskuläre Gerinnungen herbeizuführen, ergiebt sich von selbst.

Auf meiner Angabe, dass die fermentative Kraft des Blutserums sehr rasch abnimmt, um sich dann auf einer gewissen niederen Stufe lange Zeit zu erhalten, fussend, aber im Übrigen durchaus unabhängig von mir, gelang es A. KÖHLER, intravaskuläre Gerinnungen mit frischem, noch körperwarmem defibriniertem Blute, das er unmittelbar vor der Injektion dem Versuchsthiere selbst entnommen hatte, zu bewirken[1]. Seine betreffenden Angaben sind mehrfach von anderen Forschern, welche seine Versuche wiederholt haben, bestätigt worden, aber, dass das Fibrinferment in diesen Versuchen der wirksame Bestandtheil des defibrinierten Blutes gewesen sei, war eine Annahme, welche, wenn die Wahrscheinlichkeit auch für sie sprach, als bewiesen doch nur dann angesehen werden konnte, wenn es gelang, KÖHLER's Resultate auch durch Injektion reiner, wässeriger Lösungen des Ferments selbst herbeizuführen.

Wenn es aber mit dieser Annahme seine Richtigkeit hatte, so musste man weiter schliessen, dass der Versuch, durch Fermentinjektionen intravaskuläre Gerinnungen zu erzeugen, JACOWICKI nur deshalb misslungen war, weil seine Fermentlösungen in Relation zu den von ihm selbst constatierten Widerständen im Organismus, die ja zudem noch einer Steigerung nach Bedürfniss fähig sein konnten, eine zu geringe Wirksamkeit besassen; es liess sich aber denken, dass es einen Grad der Wirksamkeit der injicierten Fermentlösungen geben kann, bei welchem jeder Widerstand des Organismus niedergeworfen wird und somit die verderbliche Wirkung des Ferments

---

1) ARMIN KÖHLER. Über Thrombose und Transfusion u. s. w Inaug.-Abh. Dorpat 1877.

eintritt. Der Versuch mit verdünntem Salzplasma kann jedenfalls keinen Maassstab zur Entscheidung der Frage abgeben, ob die zu injicirende Fermentlösung diesen Grad von Wirksamkeit besitzt oder nicht, weil von der Wand des Reagensglases keine Gegenwirkungen, wie sie sich im Organismus geltend machen, ausgehen. Eine Fermentlösung, welche ein gegebenes Quantum Salzplasma nahezu momentan zur Gerinnung bringt, könnte sich deshalb doch im Gefässsystem eines Thieres, welches etwa das gleiche Quantum Blut beherbergt, als zu schwach wirkend erweisen; eine zehn- oder hundertmal concentrirtere Fermentlösung wäre vielleicht hier zur Erzeugung desselben Effekts, wie im Reagensglase, erforderlich, obgleich sie in dem letzteren kaum wirksamer erscheinen würde als die verdünnte Lösung.

Von diesen Überlegungen ausgehend, unternahm es EDELBERG die Versuche JACOWICKI's zu wiederholen, indem er sich zugleich um die Herstellung von Fermentlösungen maximaler Concentration bemühte [1]. In Betreff seines Verfahrens hierbei, sowohl als in Betreff der von ihm angeführten Gründe, weshalb JACOWICKI's Fermentlösungen weniger intensiv wirken mussten als das noch körperwarme Blut in den Versuchen KÖHLER's, bin ich genöthigt, auf seine Arbeit selbst zu verweisen. Hier sei nur erwähnt, dass EDELBERG seinen Zweck vollständig erreichte. In zehn Fällen gingen seine Versuchsthiere (acht Katzen und zwei Kaninchen) entweder schon während der Injektion oder unmittelbar nach Beendigung derselben asphyktisch zu Grunde und die Sektion ergab in allen diesen Fällen pralle Füllung des Herzens und der Pulmonalarterie bis in ihre feinsten Verzweigungen, mehrfach auch der Längenvenen und der grossen Venenstämme der Unterleibshöhle, mit festen, derben, in den Trabekeln des Herzens verfilzten Gerinnseln. Die Injektionsmenge in diesen Versuchen betrug 20—25 Ccm. Ausserdem injicirte EDELBERG zwölf Fröschen nach einander 1—2 Ccm. seiner Fermentlösung und bei jedem der übrigens am Leben bleibenden Thiere fand er unmittelbar nach der Injektion alle grösseren Gefässe mit Fibringerinnseln, die sich in langen Fäden herausziehen liessen, vollgestopft. —

Aber die Injektionen führten bei den Katzen und Kaninchen nicht jedes Mal den Tod herbei; den erwähnten zehn Fällen stehen zwölf andere gegenüber, in welchen die Thiere mit dem Leben davonkamen, aber nicht ohne mehr oder weniger schwere Störungen des Allgemeinbefindens, die sich in vorübergehender beträchtlicher Er-

---

1) A. a. O. S. 284—288.

höhung der Körpertemperatur, grosser Mattigkeit und Apathie, frequentem Athmen, Zittern, Erbrechen, blutigen Stühlen, Tenesmen u. s. w. äusserten.

Für meine ferneren Mittheilungen ist nur von Bedeutung die Thatsache, dass es gelungen ist, aus dem getrockneten Alkoholcoagulum des Rinderserums mit Wasser einen Stoff herauszuziehen, welcher Faserstoffgerinnungen nicht blos im Reagensglase, sondern auch im Gefässsystem lebender Organismen bewirken kann. Dass dieser Erfolg in den letzteren nicht immer eintritt, wird verständlich, sobald man bedenkt, dass man aus den Alkoholgerinnseln des defibrinierten Blutes oder des Blutserums verschiedener Individuen Wasserextrakte von sehr verschiedener Concentration in Bezug auf das Ferment erhält; um diese Erfahrung zu machen muss man natürlich gleiche Mengen der getrockneten Alkoholgerinnsel mit gleichen Mengen Wasser gleich lange extrahieren, und die filtrierten Extrakte in Hinsicht auf ihre Wirksamkeit auf verdünntes Salzplasma oder dergl. mit einander vergleichen. An der verschiedenen Wirksamkeit dieser Wasserextrakte erkennt man, in wie weiten Grenzen der Fermentgehalt des Materials, aus welchem sie gewonnen werden, d. h. des Blutes variiert, besser noch, wenn man dieses Material selbst zu vergleichenden Gerinnungsversuchen benutzt; schon die Jedermann bekannten Differenzen in den Gerinnungszeiten des Blutes verschiedener Individuen derselben Thierart sind ja nur der Ausdruck für die verschiedene Productivität desselben in Bezug auf das Fibrinferment, wovon man sich ausserdem durch den künstlichen mit dem betreffenden Serum angestellten Gerinnungsversuch leicht überzeugen kann. Es ist mir schon passiert, aus dem Blutserum verschiedener Rinder, unter im Übrigen ganz gleichen Umständen, Fermentlösungen zu gewinnen, von welchen die einen 10—20 Mal wirksamer waren, als die anderen [1]). Das Blut gewisser Thierarten produciert constant viel weniger an Fibrinferment als das andrer z. B. das des Hundes verglichen mit dem des Rindes. Aber auch das Blut eines und desselben Thieres leistet in dieser Hinsicht bald mehr bald weniger.

Dass unter solchen Umständen EDELBERG's Fermentlösungen nicht immer wirksam genug waren, um gegenüber den Widerständen des Organismus tödliche intravaskuläre Gerinnungen zu bewirken, ist verständlich; noch mehr aber kommt in Betracht, dass eben diese

---

1) Eine solche Beobachtung hat auch EDELBERG, der alle seine Fermentlösungen in gleicher Weise herstellte, gemacht, a. a. O. S. 294, Vers. 9.

Fähigkeit des Organismus, der durch das Ferment dargestellten
Schädlichkeit Widerstand zu leisten, bis er sie ganz beseitigt hat,
offenbar individuell und vielleicht auch nach den Zuständen des
Körpers eine sehr verschiedene ist. „Nicht selten", sagt EDELBERG,
„wird ein Thier durch verhältnissmässig kleinere Mengen derselben Fermentlösung getötet, von welcher verhältnissmässig grössere Mengen in
einem anderen Thiere nur eine Temperatursteigerung bewirken"[1]). Führt
nun der Zufall in solchen Versuchsreihen ein Mal eine schwachwir-
kende Fermentlösung mit einem sehr widerstandskräftigen Thiere
zusammen, so wird eben von einem tödlichen Effekt des betreffenden Versuchs keine Rede sein. Als ein Thier, dessen Blut beim
Gerinnen wenig Ferment produciert und welches zugleich (was mit
einander zusammenzuhängen scheint) den intravaskulären Wirkungen
des von aussen in das Gefässsystem gebrachten Ferments ausserordentlich energisch widersteht, muss ich den Hund bezeichnen. Der
Versuch, dieses Thier durch Injektion einer Fermentlösung, welche
aus seinem eignen Blut gewonnen ist, unter Erzeugung von
Thromben im Herzen und in den Gefässen, zu töten, hat also sehr
wenig Aussicht auf Erfolg. Ein viel günstigeres Objekt für den
Experimentator bietet in dieser Hinsicht die Katze dar und vielleicht noch mehr das Kaninchen.

Ich will diese Mittheilungen durch die Angabe einer Erfahrung,
welche ich selbst später gemacht habe, und welche für das Folgende
nicht ohne Bedeutung ist, ergänzen. Kleine injicierte Fermentmengen,
wenn sie auch im Blute sich eine Zeit lang nachweisen lassen, werden leicht unschädlich gemacht und bewirken keine wesentliche
Veränderung des Blutes. Grosse Fermentmengen aber, wie sie von
EDELBERG angewendet worden sind, führen, sofern auch sie vom
Organismus überwunden werden und nicht augenblicklichen Tod
durch Thrombose verursachen, einen consekutiven Zustand des Blutes
herbei, welcher sich durch dunkle Farbe, theerartige Beschaffenheit
und mehr oder weniger mangelnde Gerinnungsfähigeit kennzeichnet.
Wir werden dieser Art der Blutänderung auch späterhin begegnen. —

Über den vitalen Gehalt des Blutes an Fibrinferment, sowie über
die Schicksale des in das Gefässsystem lebender Thiere injicierten
Ferments, sind nun noch genauere Versuche von L. BIRK angestellt worden [2]). Zu diesem Zwecke wurden den Versuchsthieren, nachdem ihnen vor der Injektion eine Blutprobe entzogen worden, meh-

_____
　　1) A. a. O. S. 330.
　　2) L. BIRK. Das Fibrinferment im lebenden Organismus. Inaug.-Abh.
Dorpat 1880.

rere Aderlässe in jedesmal vorher festgestellten Intervallen appliciert, wobei das Blut direkt in etwa das 15fache Volum starken Alkohol floss. Die nun folgende Herstellung der Fermentlösungen und die Messung ihrer Wirksamkeit mittelst Salzplasma geschah nach den gewöhnlichen Regeln. In vielen Versuchen verglich er ferner den vitalen Fermentgehalt des Blutes mit dem postmortalen, unter welchem letzteren er diejenigen, vergleichsweise riesigen Fermentmengen verstand, welche sich extra corpus im Blute entwickeln und aufspeichern. Sie sind natürlich für die Blutgerinnung maassgebend, da das präformierte Ferment neben ihnen seiner unter normalen Verhältnissen geringen Menge wegen gar nicht in Betracht kommt. BIRK's Versuchsthiere waren hauptsächlich Hunde, Katzen und Kälber; neben ihnen untersuchte er aber auch das Blut von Rindern, Schafen, Schweinen, Pferden und Hühnern.

Auch er fand zunächst, dass das cirkulierende Blut stets geringe Mengen von Fibrinferment enthält und dass in Folge der Fermentinjektion eine innerhalb 1—2 Stunden beginnende und in wenigen Stunden vorübergehende Erhöhung der Körpertemperatur eintritt. In einem Versuche fand er an einer sogleich nach der Injektion abgenommenen Blutprobe, dass die durch dieselbe bewirkte Erhöhung des Fermentgehalts im cirkulierenden Blute das 25fache des vitalen betrug. Eine vorübergehende Erhöhung der Körpertemperatur war die einzige wahrnehmbare Begleiterscheinung.

Es zeigte sich ferner, dass der vitale Fermentgehalt des Blutes im Laufe eines Tages relativ bedeutenden Schwankungen unterliegt, ebenso aber auch die Fermentmengen, welche sich extra corpus entwickeln, wobei selbstverständlich die absoluten Grössen der Schwankungen des ersteren verglichen mit denen der letzteren sehr klein sind. Aber von Interesse ist es nun, dass zwischen den im funktionierenden und absterbenden Blute sich entwickelnden Fermentmengen ein Abhängigkeitsverhältniss im umgekehrten Sinne bestand, so dass jedem Ansteigen des ersteren ein in einem sehr vergrösserten Maassstabe sich darstellendes Sinken der letzteren parallel ging und umgekehrt. Dieses Gesetz, das bei gesundem Blute kaum Ausnahmen duldet, lässt sich am leichtesten wahrnehmen bei einem gegebenen Individuum; aber auch beim Vergleich des Blutes von 25 verschiedenen Hunden machte es sich kenntlich, noch mehr aber wenn verschiedene Thierarten in dieser Hinsicht mit einander verglichen wurden. Unter allen von BIRK untersuchten Thierarten besass das Rind den kleinsten vitalen Fermentgehalt und den grössten postmortalen; das Verhältniss beider, nach der Wirkung auf Salzplasmalösung bestimmt, war 1 : 3000. Das entgegengesetzte Extrem, d. h. der grösste vitale und der kleinste postmortale Fermentgehalt fand sich beim Hunde [1]). Pferd und Schwein standen in der Mitte. Das grasfressende Kalb verhielt sich wie das Rind, das milchtrinkende wie der Hund. Auch zwischen arteriellem und venösem Blute zeigt sich in dieser Hinsicht ein Unterschied; wie Birk an 2 Hunden, 1 Katze und 1 Kalbe constatieren konnte, war der vitale Fermentgehalt des Carotisbluts constant beträchtlich kleiner und dementsprechend der postmortale beträchtlich grösser als dieselben Werthe im gleichzeitig dem Thier entnommenen Jugularisblute. Durch Erwärmen bewirkte Erhöhung der Körpertemperatur eines Hundes um 1,5 ° erhöhte den vitalen Fermentgehalt auf mehr als das dreifache und setzte zugleich die postmortale Fermententwickelung auf weniger als ein Drittel ihres Werthes unmittelbar vor dem Erwärmen herab. Fünftägiges Hungern brachte den vitalen Fermentgehalt eines Hundes beinahe bis auf Null, aber auch postmortal entwickelte sich nur sehr wenig Ferment; drauffolgende zehntägige reichliche Fütterung, wobei das mittelgrosse Thier um 2 Kilo an Körpergewicht zunahm, erhob beide auf eine übernormale Höhe.

Man kann demnach im Allgemeinen den Satz aussprechen, dass das Anwachsen des vitalen Fermentgehalts die Fähigkeit des Bluts zur postmortalen Fermententwickelung herabsetzt und vice versa. Dass die absoluten Werthe der reciproken Schwankungen der im funktionierenden und im absterbenden Blute freiwerdenden Fermentmengen so verschieden sind, erklärt sich aus dem Umstande, dass der lebende Organismus vermöge seiner zerstörenden Kräfte die Aufspeicherung des Ferments nicht zu Stande kommen lässt. Demnach würden kleine positive oder negative Wachsthumswerthe des vitalen Fermentgehalts einem umfangreichen Wechsel im Umsatz des fermentliefernden Materials entsprechen; in dem einen Falle fände ein erhöhter Verbrauch, im anderen eine Ersparniss statt. Beim hungernden Thiere aber ist die Ersparniss gering trotz des sparsamen und beim überschüssig ernährten ist sie gross trotz des verschwenderischen Verbrauchs. —

---

1) Setzt man den vitalen Fermentgehalt beim Rinde = 1, so ist er nach Birk beim Hunde = 30 und der postmortale ist = 300, das Verhältniss der beiden letzteren demnach wie 1 : 10. Der vitale Fermentgehalt ist also beim Hunde 30 Mal grösser und der postmortale 10 Mal kleiner als beim Rinde.

Viertes Kapitel.

Über die Beziehung der Faserstoffgerinnung zu verschiedenen Protoplasmaformen.

Hatte es sich so herausgestellt, dass sowohl in dem cirkulierenden, als in dem vom Organismus getrennten Blute sich ein fermcnt-
artig wirkender Stoff entwickelt, dessen Effekt die Faserstoffgerinnung ist, ein Effekt, welcher unter gewissen Umständen auch sogar
innerhalb des Gefässsystems eintreten kann, so fragte sich nun weiter,
wo die Quelle dieses Stoffes zu suchen sei. Dass er als solcher,
als fertig gebildetes Ferment, ein Bestandtheil nur der Blutflüssigkeit ist und keineswegs der in ihr suspendierten körperlichen
Elemente, hatte ich schon lange ermittelt; dafür sprach schon der
Umstand, dass das völlig klare, körperchenfreie Blutserum, welches
man sich so leicht aus dem Pferde- oder Rinderblut durch die spontane Scheidung von Blutkuchen verschaffen kann, nach der Coagulierung mit Alkohol u. s. w. ein nicht weniger wirksames Wasserextrakt lieferte, als dasjenige, welches farblose Blutkörperchen enthielt.
Ja, als ich nach stattgehabter Senkung der rothen Blutkörperchen
defibrinierten Pferdeblutes, welche stets auch farblose Blutkörperchen
mit sich niederreissen, das Serum entfernte und den untersten Theil
der rothen Schicht, wie gewöhnlich, durch langdauernde Einwirkung
von Alkohol coagulierte, lieferte mir das getrocknete Coagulum ein
äusserst schwach wirkendes Wasserextrakt, und die geringen Fermentmengen, die dasselbe enthielt, konnten offenbar nur vom Serum abgeleitet werden, welches ja der die gesenkten Blutkörperchen enthaltenden Schicht nicht ganz gefehlt hatte [1]). Aber eine andere Frage
war es, ob die körperlichen Elemente nicht die Quellen des Fibrinferments darstellten. Dass sie es innerhalb der Gefässbahn wiederum nicht als solches mechanisch einschliessen, um es extra corpus aus irgend welchen Gründen vollständig in die Blutflüssigkeit
übertreten zu lassen, lehrte schon die mehrfach betonte Thatsache,
dass das Coagulum des aus der Ader direkt in Alkohol fliessenden
Blutes ein fast vollkommen unwirksames Wasserextrakt giebt. Aber

---

1) Auch die auf der Centrifuge gesammelten Leucocyten des Blutserums,
der Herzbeutelflüssigkeit des Pferdes, ebenso des ausgepressten Lymphdrüsensafts von Rindern lieferten bei der gleichen Behandlung unwirksame Wasserextrakte.

sie konnten einen Mutterstoff, eine unwirksame Vorstufe dieses Ferments enthalten. In dieser Hinsicht machte ich nun aber in Bezug
auf die rothen Blutkörperchen die schon erwähnte Erfahrung, dass
eine, wenige Minuten nach dem Aderlass vom rasch gekühlten Pferdeblut abgehobene, Plasmaprobe nicht weniger energisch gerann, als
der die rothen Blutkörperchen enthaltende Rest; nach stattgehabter
Gerinnung erwies sich das aus dem Kuchen abgeschiedene Serum
beider als gleich wirksam gegen proplastische Flüssigkeiten und
lieferte auch gleich wirksame Wasserextrakte. Dass die rothen
Blutkörperchen nicht schon innerhalb der wenigen Minuten, welche
zwischen dem Aderlass und dem Momente des Abhebens der Plasmaprobe lagen, sämmtliches Fibrinferment gebildet und dem Plasma
abgegeben hatten, wurde dadurch bewiesen, dass eine zweite, gleichzeitig mit der oben erwähnten dem gekühlten Blut entnommene Plasmaprobe, welche sofort mit Alkohol coaguliert wurde, mir ein unwirksames Wasserextrakt lieferte (ich sehe bei diesen Versuchen
natürlich von den Fermentspuren ab, welche stets im cirkulierenden
Blute präexistieren und deren Wirkung durch die gewöhnlichen Reagentien nachzuweisen sogar einen gewissen Grad von Aufmerksamkeit und Übung erfordert). Das Ferment hatte sich also erst nach
der Trennung des Plasmas von den rothen Blutkörperchen gebildet,
und zwar in derselben Menge, wie bei Gegenwart derselben.

Ganz anders verhält es sich mit den farblosen Blutkörperchen;
das vom gekühlten Pferdeblut abgehobene, an diesen Elementen sehr
reiche Plasma, zeigt, wie wir wissen, eine unvergleichlich höhere
Gerinnungstendenz als das klar filtrierte und diesem Unterschiede
entsprechen die Fermentmengen, welche nach beendeter Gerinnung
sich in dem Serum beider vorfinden. Es soll damit keineswegs gesagt sein, dass im zellenfreien Plasma gar keine Fermententwickelung stattfindet, so dass seine Gerinnung nur durch die im cirkulierenden Blut präexistierenden, oder durch diejenigen Fermentspuren,
welche sich etwa, trotz der Kälte, während des Filtrierens unter
Mitwirkung der farblosen Elemente bilden und in das Filtrat übergehen könnten, bewirkt würde; vielmehr ist leicht zu beweisen,
dass auch nach beendetem Filtrieren eine Fermentbildung in dem
Plasma stattfindet, aber sie ist sehr träge und wenig produktiv, verglichen mit derjenigen, welche im normalen, die farblosen Elemente enthaltenden Plasma stattfindet. Auf die Frage nach der
Art und Weise der Mitwirkung der farblosen Blutkörperchen bei
der Faserstoffgerinnung werde ich später zurückkommen.

Die Abhängigkeit der Blutgerinnung von den farblosen Blut-

körperchen lässt sich aber auch noch auf eine andere sehr einfache
Weise demonstrieren. Hält man nämlich das vom gekühlten Pferdeblut abgehobene Plasma constant bei ca. 0°, so gelingt es meist die
Gerinnung für ein paar Tage aufzuhalten; unterdess gewinnen die
farblosen Blutkörperchen und die Protoplasmakörnchen Zeit sich
zum grössten Theil zu Boden zu senken und was von ihnen in der
Flüssigkeit suspendiert bleibt, ist so vertheilt, dass ihre Menge von
oben nach unten zunimmt. Lässt man nun bei einer um Weniges
höheren Temperatur die Gerinnung eintreten, welche natürlich unter
diesen Umständen sehr langsam verläuft, so zeigt sich regelmässig,
dass ganz zuerst die unterste Schicht der Flüssigkeit zu einer Fibrin-
scheibe gerinnt, dann schreitet die Gerinnung ganz allmählich, meist
im Laufe vieler Stunden, in der Richtung von unten nach oben fort,
und sehr lange dauert es, bis endlich das, anfangs in derselben Richtung an Derbheit abnehmende, Coagulum gleichmässig fest geronnen
erscheint. Macht man einen Parallelversuch mit einer zweiten Probe
desselben Plasmas, in welcher man durch wiederholtes Umrühren
für gleichmässige Vertheilung der farblosen Blutkörperchen sorgt, so
wird man bemerken, dass das Plasma seiner ganzen Masse nach
gleichmässig und gleichzeitig gerinnt und zwar später als die unteren
und früher als die oberen Schichten der ersten Probe. Es macht
ganz den Eindruck, als ob es sich um eine langsame Vertheilung
einer von den Zellen gebildeten und in das Plasma übertretenden
Substanz auf dem Wege der Flüssigkeitsdiffusion handelt, welche natürlich durch Bewegen und Umrühren des Plasmas sehr beschleunigt
wird. In Bezug auf die Frage aber, ob wir es hierbei mit dem unwirksamen Mutterstoff des Fibrinferments zu thun haben oder mit
diesem letzteren selbst, das ja schon innerhalb der Zelle aus dem
ersteren freigemacht werden könnte, will ich hier nur bemerken,
dass, wie wir später sehen werden, in der Blutflüssigkeit auch dasjenige Substrat in gelöster Gestalt präexistiert, welches die Abspaltung des Ferments bewirkt.

Aus diesen Gründen schloss ich, dass die farblosen Blutkörperchen die wahren Fermentquellen des Blutes darstellten, als deren,
wenigstens zum Theil schon aus dem Kreislauf stammende Zerfall-
produkte ich die neben ihnen im Plasma vorkommenden Körnchen-
bildungen ansah und noch jetzt ansehe.

Bei dieser Gelegenheit will ich noch einen Versuch erwähnen,
welcher die uns hier beschäftigenden Fragen zwar nur oberflächlich
berührt, auf welchen zurückzukommen ich indess späterhin keine
Veranlassung mehr haben werde.

Man erhalte Pferdeblut durch Kälte in einem cylindrischen Gefäss einige Stunden lang flüssig, um den rothen Blutkörperchen die
Möglichkeit zu gewähren, sich recht dicht zusammenzupressen, dann
lasse man die Gerinnung eintreten. Löst man nun nach etwa 24 Stunden den Blutkuchen von den Wänden des Gefässes ab und versucht
man ihn aus dem geneigten Gefäss vorsichtig herauszuziehen, so gelingt dies nur bis etwas unterhalb der Grenze der beiden Schichten;
nur bis dorthin scheint er zu reichen. Die untere rothe Schicht erscheint zwar dickflüssig, aber durchaus nicht geronnen und behält
diese Beschaffenheit auch weiterhin bei. Sie haftet nirgend an, sondern fliesst im Gegentheil beim Bewegen des Gefässes. Der Plasma-
kuchen dagegen erscheint ganz besonders derb und fest. Versucht
man nun aber weiter die rothe Schicht auszugiessen, so bemerkt
man, dass sie in äusserst zarte Gallertklumpen zerfällt, welche ihre
Form nicht festhalten und zwischen den Fingern zergehen, ohne dass
es gelänge, dabei einer Faserstoffflocke habhaft zu werden, so dass
man glauben sollte, man habe es nur mit unter einander verklebten
rothen Blutkörperchen zu thun. Giesst man nun grosse Mengen Wasser
auf die Gallertklumpen, so zergehen sie und nach eingetretener Klärung
sieht man feine Fibrinfetzchen in der Flüssigkeit herumschwimmen.

Für denjenigen, welcher den Faserstoff aus gelösten Bestandtheilen der Blutflüssigkeit hervorgehen lässt, erscheint dieses Ver-
suchsergebniss ebenso selbstverständlich, wie die bekannte Thatsache,
dass jeder gewöhnliche, die rothen Blutkörperchen einschliessende
Blutkuchen, namentlich bei verzögerter Gerinnung in seinen unteren
Schichten stets viel lockerer und leichter zerreisslich ist als in seinen
oberen. Wie gering müssen die Fibrinmengen sein, welche in den
minimalen, den gesenkten und durch ihre Schwere zusammenge-
drückten rothen Blutkörperchen noch anhaftenden Plasmaschichten
entstehen können und welchen Halt können sie der Masse der letzteren geben! Wie wunderbar erschiene aber dieser Versuch, wenn
der Faserstoff auf irgend eine Weise aus der Substanz der rothen
Blutkörperchen direkt hervorginge, um so wunderbarer, als dieselben
ja durchaus normale waren und nichts den Gerinnungsprocess wesentlich Schädigendes auf das Blut resp. auf sie eingewirkt hatte,
wie ja auch der Faserstoff seiner ganzen Masse nach sich thatsächlich gebildet hatte, nur eben unabhängig von den rothen Blutkörperchen, gerade dort, wo sie sich nicht befanden. Der Versuch
gelingt ebenso, wenn man das Plasma und die rothen Blutkörperchen, nach stattgehabter Senkung der letzteren, von einander trennt
und dann beide der Gerinnung überlässt.

Hatte ich bisher den Faserstoff in Beziehung speciell zu den farblosen Blutkörperchen gesetzt, so gelang RAUSCHENBACH der Nachweis, dass diese Beziehung nur eine thatsächliche ist, aber keine specifische, weil sie abhängig ist von der Natur und Beschaffenheit des Protoplasmas überhaupt, an welcher selbstverständlich auch die farblosen Blutkörperchen Theil haben. [1]) Alle Zellenformen, deren er bei seinen Untersuchungen habhaft werden konnte, wirkten auf das filtrierte Plasma qualitativ ganz ebenso, wie die farblosen Blutkörperchen, so die Lymphdrüsenzellen, Eiterzellen, die Zellen aus dem Liquor pericardii und peritonei des Pferdes, die durch Waschen mit kohlensaurem Wasser vom Hämoglobin befreiten Stromata der rothen Blutkörperchen des Huhnes, die Hefezellen, Spermatozoen und die Protozoen aus dem Mastdarm des Frosches. Stets handelte es sich nicht blos um die durch diese Protoplasmaformen bewirkte ausserordentliche Beschleunigung der Gerinnung des filtrierten Plasmas, sondern auch um eine gleichzeitige Steigerung der Fermentproduktion, oft um mehrere hundert Procente, und um eine über alle Fehlerquellen der Wägung hinausgehende Erhöhung der Fibrinziffer. In quantitativer Hinsicht waren hierbei aber Unterschiede zu bemerken; die grössten Fermentmengen entwickelten sich nach Zusatz von Spermatozoen (vom Rinde), die höchste Fibrinziffer beobachtete RAUSCHENBACH nach Zusatz von Lymphdrüsenzellen. [2]) Er constatierte ferner an den in näherer Beziehung zu den farblosen Blutkörperchen stehenden Zellen, speciell an den Lymphdrüsenzellen, den Eiterzellen und an den Zellen der sog. serösen Transsudate des Pferdes, dass sie in Hinsicht auf Färbbarkeit durch Karmin oder Eosin, auf Lebensdauer, Widerstandsfähigkeit gegen mechanische Insulte, wie Schlagen, Quirlen u. dergl., endlich in Hinsicht auf die Eigenthümlichkeit, in verdünnten Alkalien und in concentrierter Neutralsalzlösung schleimig metamorphosiert zu werden, sich sehr verschieden verhalten, dass aber diese Differenzen sich ausgleichen, sobald die Zellen in das Blutplasma gelangen. Auch unter den farblosen Elementen des Blutes selbst unterschied er zwei Arten: leicht- und schwerfärbbare. In Betreff des Genaueren muss ich auf seine Arbeit verweisen. Die im Serum nach einer stattgehabten Blutgerin-

---

1) In der citierten Inaug.-Abh.

2) In Hinsicht auf die Erhöhung der Fibrinziffer ist aber zu bemerken, dass RAUSCHENBACH's Zellenzusätze nicht gering waren und dass ein grosser Theil der Zellen persistierte und vom Faserstoff mechanisch eingeschlossen wurde; dass aber, abgesehen hiervon, auch eine Vermehrung der Substanz des Faserstoffs stattfand, werden wir später sehen.

nung übrigbleibenden Zellen wurden auf der Centrifuge gesammelt
und wirkten auf das filtrierte Plasma wie jedes andere Protoplasma;
sie waren also bei der vorangegangenen Gerinnung nicht verbraucht
worden.

NAUCK fand nun ferner, dass auch das Stroma der rothen Säugethierblutkörperchen, welches er gleichfalls durch Waschen mit
kohlensaurem Wasser reinigte, die Gerinnung des filtrierten Plasmas
enorm beschleunigte.

Überlässt man Pferdeblutplasma während der Gerinnung sich
selbst, so schliesst der Faserstoff alle persistierenden farblosen Blutkörperchen ein und stösst ein völlig klares, körperchenfreies Serum
aus. Defibriniert man aber das Plasma durch Umrühren mit einem
Stäbchen, so bleibt ein beträchtlicher Theil derselben im Serum
zurück. Dies benutzte RAUSCHENBACH, um sich farblose Blutkörperchen zu verschaffen, welche er auf der Centrifuge sammelte. Er
unterliess das Waschen derselben, weil er befürchtete, dass sie dabei Verluste erlitten. J. v. SAMSON-HIMMELSTJERNA fand indess,
dass diese Verluste, wenigstens in Betreff der coagulierend wirkenden Bestandtheile der Leukocyten, jedenfalls nicht bedeutend waren.[1]
Er gewann die farblosen Blutkörperchen nicht aus dem Serum, sondern aus dem an ihnen viel reicheren Plasma des Pferdeblutes durch
viermaliges Dekantieren mit dem 80fachen Volum destillierten eiskalten Wassers. Durch die kombinierte Wirkung der Verdünnung
und der Kälte wird die Gerinnung gänzlich unterdrückt.[2] Das
Plasma wurde so vollständig entfernt, dass in dem letzten Waschwasser keine Spur von Eiweiss und Chlor mehr nachzuweisen war.
So gereinigte farblose Blutkörperchen wirkten, wenn auch nicht
ganz, so doch nahezu ganz ebenso energisch auf filtriertes Plasma,
wie die ungewaschenen, aus dem Serum auf der Centrifuge gesam-

---

1) J. v. SAMSON-HIMMELSTJERNA. Über leukämisches Blut u. s. w. Inaug.-
Abh. Dorpat 1885. S. 15—17.

2) Natürlich muss dafür gesorgt werden, dass die Temperatur des verdünnten Plasmas während der ganzen Dauer des Waschens dem Nullpunkt möglichst
nahebleibt. Nimmt man statt destillierten Wassers eine $^{1}/_{2}$—$^{3}/_{4}$ % Kochsalzlösung,
so tritt, trotz der Kälte und der Verdünnung, unfehlbar gallertige Gerinnung
ein. Grosse Wassermengen wirken aber nur dadurch gerinnungshemmend, dass
sie den natürlichen Salzgehalt der betreffenden gerinnbaren Flüssigkeiten, welcher, wie wir bereits wissen, die Bildung des löslichen Faserstoffes begünstigt
und seine Überführung in die unlösliche Modifikation herbeiführt, in entsprechen-
dem Maasse herabsetzen. Dieser Wirkung des destillierten Wassers geht man
natürlich verlustig, wenn man statt seiner sich einer verdünnten Kochsalzlösung
zum Wegwaschen des Plasmas bedient.

melten. Das Waschwasser entzieht, wie wir sehen werden, den Zellen wohl andere, bei der Faserstoffgerinnung in ihrer Art betheiligte, Bestandtheile, nicht aber diejenigen, um welche es sich hier handelt. Auch die durch Abschaben vom Parenchym der betreffenden Organe gewonnenen, durch Dekantieren und drauffolgendes Waschen auf der Centrifuge mit einer $\frac{1}{2}$ % Kochsalzlösung vollkommen gereinigten Milz- und Leberzellen entsprechen in ihrem Verhalten gegen filtriertes Plasma durchaus den Angaben RAUSCHENBACH's. Zu demselben Resultat kam GROHMANN (in der bereits citierten Arbeit) mit den von ihm gezüchteten Schimmel- und Spaltpilzen (von den ersteren: Penicillium glaucum, Aspergillus niger, Mucor mucedo, von den letzteren: Fäulnisskokken, Sarcine, Bacillus subtilis, Bacillus anthracis u. s. w.); auch die Bierhefe verhielt sich nicht anders. Alle diese pflanzlichen Protoplasmaformen wirkten qualitativ ganz ebenso wie thierisches Protoplasma auf filtriertes Plasma, in quantitativer Hinsicht aber, wie sowohl der zeitliche Verlauf der durch sie erzeugten Gerinnungen als auch die drauffolgenden Fermentbestimmungen ergaben, viel schwächer, als dieses. Nur Mucor mucedo näherte sich in seinen Wirkungen den zur Vergleichung dienenden Lymphdrüsenzellen.

Als eminent wirksam erwies sich in den Versuchen von GRUBERT und später von KLEMPTNER der ausgepresste Saft mit verdünnter Kochsalzlösung entbluteter Froschmuskeln.[1])

Eine Beobachtung von GRUBERT halte ich für wichtig genug, um sie hier besonders zu erwähnen. Nachdem er nämlich drei Frösche in gewöhnlicher Weise entblutet hatte, injicierte er ihnen filtriertes Pferdeblutplasma in das Gefässsystem und fing dasselbe, nachdem es den Körper passiert hatte, durch eine in die rechte Aorta eingeführte Kanüle wieder auf. In allen drei Fällen verhielt sich das aus dem Körper der Thiere zurückkehrende Plasma gerade so, als ob man ihm Protoplasma zugesetzt hätte, d. h. es gerann, verglichen mit dem nichtinjicierten Plasmarest, ausserordentlich rasch und die darauffolgende Fermentbestimmung ergab im Durchschnitt der drei Versuche (die Einzelangaben fehlen leider), dass das Serum der drei injicierten Plasmaproben acht Mal reicher an Fibrinferment war, als dasjenige des Plasmarestes. Ein anderes Mal trieb GRUBERT mehrere Spritzen voll filtrierten Plasmas rasch nach einander durch

---

1) E. GRUBERT. Ein Beitrag zur Physiologie des Muskels. Inaug-Abh. Dorpat 1883. J. KLEMPTNER. Über die Wirkung des destillierten Wassers u. s. w. auf den Muskel. Inaug.-Abh. Dorpat 1883.

das Gefässsystem eines entbluteten Frosches (im Ganzen etwa 75 Ccm.) und fing die austretende Flüssigkeit in kleineren Portionen von 5—6 Ccm. getrennt auf. Der Versuch fand in einem Raume Statt, dessen Temperatur + 8° betrug. Bei dieser Temperatur war die Gerinnung des Plasmarestes in 24 Stunden noch nicht so weit gediehen, dass das Reagensglas hätte umgekehrt werden können, während dieses Stadium von den Plasmaproben, welche das Gefässsystem des entbluteten Frosches passiert hatten, in maximo in 23 Minuten, in minimo in 8 Minuten erreicht wurde. In allen diesen Fällen reagierten die Muskeln nach den Plasmainjectionen auf Reize noch vollkommen, ja die Thiere führten noch willkürliche Bewegungen aus. Peritonealflüssigkeit vom Pferde aber und Blutserum unterlagen im Gefässsystem der entbluteten Frösche nicht der geringsten Veränderung; insbesondere zeigte sich in ihnen, nachdem sie die Gefässe passiert hatten, nicht die leiseste Andeutung einer Gerinnung. Weder war also aus den Geweben der Frösche Fibrinferment in die Peritonealflüssigkeit, noch fibrinogene Substanz in das Blutserum gelangt.[1]) Und etwas Derartiges konnte auch gar nicht stattfinden, weil alle diese Dinge, fibrinogene Substanz, Paraglobulin, Fibrinferment in den Geweben, resp. deren Zellen gar nicht vorhanden sind, sondern erst im Blute aus dem von den letzteren stammenden Material gebildet werden.[2]) Ich habe diese Versuche GRUBERT's mit dem gleichen Erfolge mehrfach wiederholt; dabei zeigte es sich weiter, dass es gleichgültig ist, ob man dazu einen lebenden oder eben getödteten Frosch benutzt. Nicht auf Leben und Tod der Gewebe des Thieres kommt es hierbei an, sondern darauf, dass die sie ausspülende Injektionsflüssigkeit die Natur des Blutplasmas besitzt. Es soll damit nicht gesagt sein, dass das Blutserum und das Transsudat den wirksamen Zellenbestandtheil nicht ebensogut, wie das Blutplasma, aufzunehmen vermögen; im Gegentheil; aber nur das Blutplasma besitzt, wie später ausführlich erörtert werden wird, diejenige Zusammensetzung, durch welche es befähigt ist, gegen die aufgenommenen Zellenbestandtheile mit der Gerinnung zu reagieren.

Diese Beobachtungen widersprechen der bekannten, an Säugethiermuskeln gemachten Erfahrung, dass beim künstlichen Durchströmen derselben mit defibriniertem Blute die zuerst aus der

1) A. a. O. S. 22—25.

2) Von den Spuren, in welchen das Fibrinferment auch im Parenchym der Organe vorkommt, sehe ich hier ab; sie sind so gering, dass sie das in der alkalischen Reaktion der Transsudate gegebene Gerinnungshinderniss nicht zu überwinden vermögen.

'Vene ausfliessende Menge gerinnt. Solche Versuche an entbluteten Säugethiermuskeln anzustellen ist aber schwer möglich und ich bin deshalb der Meinung, dass der mitausgespülte Rest des eignen Blutes des Thieres diese Erscheinung verursacht. Wie in der Leiche, so wird wohl auch im absterbenden Muskel das zurückgebliebene Blut sich lange flüssig erhalten, welches nun durch den Zutritt des ausspülenden, fermentreichen defibrinierten Blutes einen starken Antrieb zur Gerinnung bekommt. Der Vertheilung dieses Blutrestes in einem relativ grossen Volum defibrinierten Blutes entspricht auch die Fibrinarmuth solcher Gerinnsel, die lockere, gallertartige Beschaffenheit derselben, von welchen beim Zerdrücken kaum etwas zwischen den Fingern zurückbleibt. Aus Schildkrötenherzen, welche ich zuerst mit Blutserum ausgewaschen, dann damit gefüllt und unterbunden hatte, habe ich nach einiger Zeit eine Flüssigkeit erhalten, welche etwas Faserstoff ausschied oder bereits im Herzen ausgeschieden hatte. Aber auch hier war die Gerinnung eine äusserst geringfügige und eine Wiederholung des Versuches an demselben Herzen schlug fehl. Ich bezweifle, dass es mir gelungen war, wirklich alles Blut aus dem Herzen auszuspülen, da ich die Ausstossung der Spülflüssigkeit der Schlagkraft des Herzens überlassen musste.

Was die Wirkung des Muskelsafts auf filtriertes Plasma anbetrifft, so machte es gleichfalls keinen Unterschied, ob der noch lebende oder bereits totenstarre Muskel unter die Presse kam. Da die bekannten Vorsichtsmaassregeln zur Gerinnung von Muskelplasma, wie Gefrierenlassen u. s. w. nicht zur Anwendung kamen, so stellte der Muskelsaft wohl in den meisten Fällen das sog. Muskelserum dar; nur ganz vereinzelte Male trat sehr bald nach dem Auspressen eine schwache Myosingerinnung ein. Das Myosin wurde in solchen Fällen entfernt, so dass die Gerinnungsversuche wohl immer nur mit dem Muskelserum angestellt worden sind. Aber dieses Muskelserum entspricht, wenigstens in Bezug auf die Blutgerinnung, nicht seinem Namen. Es verhält sich gegen die ungeronnene Blutflüssigkeit nicht wie das Blutserum, sondern wie die farblosen Blutkörperchen, wie Protoplasma. Die Wechselwirkung ist dieselbe. Die Myosingerinnung ist eine Gerinnung innerhalb des die Muskelfibrille bildenden, modificierten Protoplasmas, vielleicht durch das eindringende, resp. bereits eingedrungene Blutplasma bewirkt, wie die Faserstoffgerinnung eine Gerinnung innerhalb des Blutplasmas ist, durch austretende resp. ausgetretene Protoplasmabestandtheile herbeigeführt. Aber die Myosingerinnung erschöpft den ausgepressten Muskelsaft in Bezug auf die Fähigkeit, im filtrierten Plasma unter Fermententwickelung

4*

Gerinnungen zu erzeugen, nicht; derselbe enthält also einen Überschuss an den auf das betreffende Zymogen spaltend wirkenden Protoplasmabestandtheilen.

Das durch die farblosen Blutkörperchen dargestellte Protoplasma des Blutes findet sich nach beendeter Gerinnung zum kleineren Theil als Zellen im Blutserum suspendiert; zum grösseren Theil wird es vom Faserstoff eingeschlossen, theilweise als, wie es scheint, wohlerhaltene Zellen, in grösserer Masse aber als Zellendetritus, welcher dem Faserstoff bei mikroskopischer Betrachtung das bekannte körnige Ansehen ertheilt; es ist dabei zunächst gleichgültig, ob mechanische Ursachen, etwa der Druck des sich kontrahierenden Faserstoffs, den Zerfall der Zellen bewirkt haben, oder ob das Blutplasma die letzteren bereits vor Eintritt der Gerinnung durch chemische Einwirkungen zerstört hat. P. BERGENGRUEN [1]) hat nachgewiesen, dass jedes Protoplasma, ebenso auch der ausgepresste Muskelsaft und das Stroma der rothen Blutkörperchen das Wasserstoffsuperoxyd unter stürmischer Sauerstoffentwickelung zersetzen; an dieser Reaktion und an dem Verhalten gegen filtriertes Plasma kann man in zweifelhaften Fällen das Vorhandensein von Protoplasma und von Protoplasmatrümmern erkennen. Diese beiden Reaktionen zeigt nun aber der gewöhnliche, aus nicht filtriertem Pferdeblutplasma gewonnene Faserstoff immer; er behält sie unvermindert bei, auch nachdem man ihn von dem miteingeschlossenen freien Fibrinferment durch gründliches Waschen mit destilliertem Wasser so vollständig befreit hat, dass er auf verdünntes Salzplasma gar keine fermentative Wirkung mehr ausübt. Der Faserstoff des filtrierten Plasmas aber, oder derjenige künstlicher, aus zellenfreien Flüssigkeiten hergestellter, Gerinnungsmischungen erweist sich gegenüber dem Wasserstoffsuperoxyd als fast ganz unwirksam; er enthält nur mechanisch eingeschlossenes Ferment, nach dessen Entfernung er auch im filtrierten Plasma sich völlig indifferent verhält. Wie aber bei der Wechselwirkung zwischen Plasma und Protoplasma das erstere, wesentlich verändert, in Serum verwandelt wird, so wird auch das letztere dabei nicht unalteriert bleiben können, wenn auch seine bei der Gerinnung mitwirkenden Bestandtheile keinem gänzlichen Verbrauch unterliegen.

Niemals aber wird man im Blutserum durch Hinzufügung von Protoplasma in irgend einer Form auch nur die leisesten Anzeichen einer Gerinnung oder auch nur einer Fermententwickelung hervor-

1) P. BERGENGRUEN. Über die Wechselwirkung zwischen Wasserstoffsuperoxyd und verschiedenen Protoplasmaformen. Inaug.-Abh. Dorpat 1888.

rufen und ebenso indifferent wie das Blutserum verhalten sich diejenigen Transsudate gegen das Protoplasma, welche, obgleich sie
zunächst nur in das Parenchym der Organe übergetretenes Blutplasma
darstellen, ebendaselbst ihre spontane Gerinnbarkeit, d. h. ihre Spaltungskraft für das Protoplasma vollständig eingebüsst haben, während
das unmittelbare Material, aus welchem der Faserstoff entsteht, ihnen
keineswegs verloren gegangen ist. Ich habe sie gleichfalls proplastische Flüssigkeiten genannt, weil sie nicht von selbst gerinnen, sondern, vermöge jenes Materiales, erst nach Zusatz von
Blutserum oder Fibrinferment. Aber wirklich typisch proplastische,
d. h. von selbst durchaus nicht gerinnende Flüssigkeiten habe ich
nur aus den Körperhöhlen des Pferdes erhalten, wo sie die fast aus-
nahmslose Regel bilden; vom Menschen zähle ich allenfalls die Hydroceleflüssigkeiten hierher. Die Höhlenflüssigkeiten des Rindes,
Schafes, Kaninchens, des Hundes und der Katze gerinnen nach der
Entfernung aus dem Körper, sich selbst überlassen, über kurz oder
lang immer, sie haben sich also diese wesentliche Eigenschaft des
Blutplasmas bis zu einem gewissen Grade bewahrt, wie es ihnen ja
auch nicht an farblosen Elementen fehlt. Deshalb fand RAUSCHEN-
BACH auch, dass ihre Gerinnung, grade wie die des Blutplasmas,
durch Zellenzusatz beschleunigt wird. Die aus menschlichen Leichen
zu gewinnenden Transsudate sind, in der Minderzahl der Fälle, schon
im Cadaver geronnen, in welchem Falle sie ein gewöhnliches, fer-
ment- und paraglobulinhaltiges Serum darstellen und selbstverständlich später nicht mehr gerinnen, oder sie haben sich ihre spontane
Gerinnbarkeit bewahrt, gerinnen dann aber meist, was wohl mit dem
Aufenthalt im Cadaver zusammenhängt, sehr spät, bei Zimmertemperatur oft erst nach mehreren Tagen. Immerhin tragen auch diese
Flüssigkeiten noch den Charakter des Blutplasmas an sich, wenn
auch in sehr reducirtem Maasse. Da man aber diese spät auftretenden Gerinnungen nicht bemerkte, weil man sich ihrer gar nicht ver-
muthend war, so sah man sie für überhaupt nicht gerinnungsfähig
an und bezeichnete sie fälschlich als „seröse" Flüssigkeiten. Glaubte
man doch sogar, dem, wie man annahm, im flüssigen Zustande präexistierenden Faserstoff mangele die Eigenschaft der Transsudabilität
und die Transsudate stellten demnach Blutplasma minus des vorgebildeten flüssigen Faserstoffs dar, eine Flüssigkeit, welche mit dem
Blutserum identificiert wurde, aber gar nicht existiert.

Die meisten Transsudate besitzen also noch einen mehr oder
weniger bedeutenden Rest von Spaltungskraft für das Protoplasma
und reagieren deshalb unter seiner Einwirkung qualitativ ganz ebenso

wie das Blutplasma. Dass die Transsudate des Pferdes und häufig auch die Hydrocelefüssigkeiten von Menschen hiervon eine Ausnahme machen, liegt an einer besonderen Beschaffenheit der Flüssigkeit selbst, nicht der in ihnen suspendierten Zellen, an welchen namentlich die ersteren oft reich sind. Trennt man mechanisch die Zellen von der Flüssigkeit und bringt sie in filtriertes Blutplasma, so tritt die Wechselwirkung sofort ein; die von ihnen befreite Flüssigkeit aber verhält sich gegen alle Arten von Zellen ebenso indifferent wie gegen die ihr selbst angehörigen. Man könnte sie deshalb leicht mit Blutserum verwechseln, wenn nicht ihre Gerinnung nach Zusatz von Fibrinferment den Irrthum unmöglich machte. Sie stellen Blutplasma dar, welches seine Kraft, Protoplasma zu spalten, im Verkehr mit dem Parenchym der Organe ganz verbraucht hat. Dass dieser Verbrauch nicht wie bei den anderen von mir in dieser Hinsicht untersuchten Hausthieren ein partieller, sondern ein totaler ist, entspricht durchaus der bekannten, verhältnissmässig geringen coagulativen Energie des Pferdeblutes selbst, welche dasselbe zu einem so werthvollen Untersuchungsobjekt macht. Wir werden also wohl anzunehmen haben, dass das Plasma des Pferdeblutes in Hinsicht auf seine Spaltungskraft hinter demjenigen anderer Blutarten bedeutend zurücksteht. Andrerseits hängt aber auch der Effekt, welchen das Protoplasma auf das Blutplasma ausübt, wie man am filtrierten Pferdeblutplasma selbst wahrnehmen kann, in quantitativer Hinsicht in hohem Grade von seiner eignen Natur und Beschaffenheit ab. In dieser Beziehung sind die verschiedenen Zellenarten, wie aus den bereits angeführten Erfahrungen RAUSCHENBACH's, GRUBERT's und KLEMPTNER's hervorgeht, einander keineswegs gleichwerthig.

So indifferent aber das Blutserum sowohl, als die typisch proplastischen Flüssigkeiten dem Protoplasma gegenüber sich verhalten, so stellt sich die Sache sofort anders, sobald man durch Zusammenmischen derselben eine künstliche Gerinnungsflüssigkeit herstellt; denn jetzt bewirkt Hinzufügung von Zellen sofort eine Beschleunigung der Gerinnung, also einen Zuwachs an Fibrinferment, zugleich aber auch, wie zu erwarten war, einen Zuwachs an Faserstoff. Eine solche in Folge des Serumzusatzes alle Gerinnungsfaktoren bereits enthaltende, also gerinnende Flüssigkeit wirkt mithin auf das Protoplasma qualitativ ganz ebenso, wie das zellenfreie Blutplasma. Quantitativ ist aber die Wirkung immer eine bedeutend schwächere, der Process der Fermenterzeugung verläuft hier offenbar viel langsamer, denn die Beschleunigung der Gerinnung erreicht, wenn sie auch immer deutlich wahrnehmbar ist, nie eine solche Höhe, wie beim Blutplasma.

Wie sich schon aus den Versuchen mit ausgepresstem Muskelsaft ergab, ist das specifische Verhalten des Protoplasmas im Blut· plasma weder an das Zellenleben noch an die Zellenform gebunden. Ganz dasselbe lehrten Versuche mit Lymphdrüsenzellen, welche durch anhaltendes Zerreiben mit Glaspulver in einen Detritus verwandelt worden waren. RAUSCHENBACH bestimmte in einem Versuch den Zuwachs an Ferment sowohl, als an Faserstoff, welchen er durch Zusatz von 1 Vol. filtrierten wässerigen Extrakts zerstörter Lymphdrüsenzellen zu 4 Vol. filtriertem Pferdeblutplasma erhielt; er betrug, verglichen mit denselben Werthen im normalen filtrierten Plasma für das Ferment 282 %, für den Faserstoff 25 %.[1]) Ich betone, dass es sich um filtrierte Flüssigkeiten handelte, von mechanischen, auf die Wage wirkenden Einschlüssen also nicht die Rede sein kann.

Fünftes Kapitel.

Über die in Folge der intravaskulären Injektion verschiedener Protoplasmaformen eintretenden Blutveränderungen.

Wie sich beim Fibrinferment die Frage aufwarf, wie wirkt es im Blute des lebenden Organismus, so auch beim Protoplasma als in naher Beziehung zum Ferment stehend, vielleicht als seiner Quelle. Freilich musste man bei Anstellung solcher Versuche auf lebendes Zellenmaterial so gut wie ganz verzichten. Dies war aber zunächst ohne Belang, da sich schon aus den bisherigen Erfahrungen ergeben hatte, dass Leben oder Tod hier keinen Unterschied macht. Das Blut enthält in dem Augenblicke, in welchem es den Organismus verlässt, lebende Leukocyten, ihre Wirkung auf die Blutflüssigkeit ist aber keine andere, als die der von aussen hineingebrachten toten; die Protozoen aus dem Mastdarm des Frosches und die Hefezellen lebten, als RAUSCHENBACH sie in das filtrierte Plasma brachte, ebenso die Schimmel- und Spaltpilze in den Versuchen von GROHMANN. Eine andere Frage aber ist es, ob sie auch als lebende den Gerinnungschemismus durchmachten. Zunächst schien es, dass sie denselben überlebten. Der nach Zusatz von Hefezellen zum

---

1) A. a. O. S. 44—46 und S. 56.

filtrierten Plasma entstehende Faserstoff schliesst immer sehr viel von den letzteren ein. Bringt man nun ein Stückchen solchen Hefe-faserstoffes in eine Zuckerlösung, so beginnt sofort die Gährung. Auf einen passenden Nährboden gebracht, wachsen die von Faser-stoff eingeschlossenen Schimmelpilze aus und überwuchern ihn voll-ständig. Kaninchen, welchen man ein minimales Klümpchen Faser-stoff mit den eingebetteten Milzbrandbacillen unter die Haut appli-ciert, sterben, nachdem sich an der Infektionsstelle der Karbunkel gebildet hat, und in ihrem Blute findet man zahlreiche Stäbchen u. s. w. Wachsthum, Vermehrungsfähigkeit, Virulenz bleiben also erhalten.[1]

Es ist aber bei Alledem möglich, dass der Gerinnungschemismus nicht ganz ohne schädigenden Einfluss auf diese Lebewesen bleibt. In den Züchtungsversuchen (auf Kartoffeln und auf Brod), welche GROHMANN[2] mit vom Faserstoff eingeschlossenen Schimmelpilzen an-stellte, und zwar mit Penicillium glaucum, Aspergillus niger und Mucor mucedo, fand er durchweg das Wachsthum, verglichen mit demjenigen des reinen Pilzes, auffallend verlangsamt, obgleich er stets dafür sorgte, dass die mit dem Faserstoff auf den betreffenden Nährboden gebrachte Pilzmasse grösser war, als im Vergleichs-präparat. Von zehn Kaninchen, welche er mit Milzbrandstäbchen einschliessendem Faserstoff inficirt hatte, blieben zwei am Leben. In diesen Beobachtungen scheint sich denn doch die Thatsache einer schädlichen, wenn auch vielleicht nur abschwächenden Wirkung des Blutplasmas auf jene Schimmel- und Spaltpilze auszudrücken.

Die Zelleninjektionen wurden von O. GROTH ausgeführt an sieben Hunden und dreizehn Katzen.[3] Als Injektionsmaterial dienten ihm: 1. ausgepresster Lymphdrüsenbrei mit dem gleichen Volum einer halbprocentigen Kochsalzlösung verrührt und durch Canevas filtrirt; 2. weisser, rahmartiger Eiter aus dem Thorax eines Pa-tienten, der an Empyem litt, durch Punktion entnommen; 3. Leuko-cyten aus den Höhlenflüssigkeiten mehrerer geschlachteter Pferde, auf der Centrifuge gesammelt und dann in dem doppelten Volum ihrer eignen Zwischenflüssigkeit vertheilt. Die Injektion geschah in die vena jug. ext., in deren peripheres Ende gleichfalls eine Canüle, zum Auffangen von Blutproben vor und nach der Injektion, ein-gebunden war. In mehreren Fällen wurde die zur Blutentnahme

---

1) GROHMANN, a. a. O. S. 26—29.

2) A. a. O. S. 29—32.

3) OTTO GROTH. Über die Schicksale der farblosen Elemente im kreisen-den Blute. Inaug.-Abh. Dorpat 1884.

bestimmte Canüle in die jug. ext. der andern Seite eingebunden, wodurch es möglich wurde, durch einen Assistenten auch schon während der Injektion, die meist langsam ausgeführt wurde, Blutproben abnehmen zu lassen. Eine Blutabnahme fand regelmässig unmittelbar vor der Injektion Statt, unmittelbar nach ihr noch eine und dann in verschiedenen Intervallen noch mehrere folgende. Die entnommenen Blutproben dienten zur Herstellung von Zählmischungen mit Rücksicht auf die farblosen Blutkörperchen, ferner zur Bestimmung des vitalen Fermentgehalts, des Faserstoffs und der Gerinnungszeit.

Von seinen zwanzig Versuchstieren gingen GROTH neun zu Grunde und zwar drei während oder unmittelbar nach der Injektion an ausgedehnter Thrombosis des rechten Herzens und der Lungenarterie, sowie der grossen Körpervenen (1 Hund und 2 Katzen); von zweien starben eines erst nach 24 Stunden (Hund), das andere nach 26 Stunden (Katze) und bei der Sektion fanden sich frische Coagula im Herzen und in der Lungenarterie, aber in geringerer Ausdehnung als in den eben erwähnten Fällen; von den übrigen vier Thieren starb eine Katze während der Injektion, die zweite $3/4$ Stunden, die dritte 31 Stunden, und ein Hund $3/4$ Stunden nach derselben, ohne dass die jedes Mal sogleich nach dem Tode vorgenommene Sektion Thromben im Herzen und in den grossen Brustgefässen aufwies. Die Frage, ob nicht capilläre Thromben entstanden waren und die Todesursache in diesen Fällen abgegeben hatten, wurde weiter nicht berücksichtigt, da es GROTH überhaupt nur darauf ankam, zu konstatieren, dass es möglich ist, durch Einführung von Protoplasmamassen in das Gefässsystem denselben schliesslichen Effekt im Blute herbeizuführen, wie ausserhalb desselben, d. h. die Gerinnung. Nachdem ihm dies gelungen, war es gar nicht mehr seine Absicht, durch seine Injektionen tödliche Thrombosen zu erzeugen; im Gegentheil, er wollte milder verfahren, um die Möglichkeit zu haben, sowohl diejenigen Blutveränderungen kennen zu lernen, welche der Thrombenbildung vorausgehen, als auch diejenigen, welche die eventuelle Genesung begleiten.

Am verderblichsten wirkten die Leukocyten aus den Höhlenflüssigkeiten des Pferdes, dann die Lymphdrüsenzellen und am schwächsten die Eiterzellen. Die erstgenannten zeigten noch Bewegungserscheinungen, lebten also noch, wenigstens zum Theil. Doch lag ihre Verderblichkeit sicherlich nicht an dem Umstande, dass sie noch lebten, als sie in den Kreislauf des Versuchsthiers gelangten, sondern an ihrer besonderen Beschaffenheit, vermöge welcher sie als todte Zellen gewiss nicht weniger gefährlich gewesen wären, denn als lebende.

Wollte man die am filtrierten Blutplasma im Reagensglase gemachten Erfahrungen über die Wirkungen des Protoplasmas ohne Weiteres auf die Groth'schen Injektionsversuche übertragen, so würde man zweierlei im Aderlassblute derjenigen seiner Versuchsthiere zu finden erwarten, welche nicht sofort an Thrombenbildung zu Grunde gingen, nämlich ein Anschwellen des vitalen Fermentgehalts und eine vermehrte Faserstoffausscheidung extra corpus, letztere als der Endeffekt der in das Blut gebrachten Protoplasmamassen. Aber man würde sich getäuscht sehen; denn der Organismus verhält sich nicht passiv, wie das Reagensglas, gegen den Eindringling, sondern er erhebt sich mit aller Gewalt gegen ihn, greift hemmend und unterbrechend in den Process ein, und selbst wenn er unterliegt, erkennt man wenigstens die Spuren seiner Thätigkeit.

Das Erste, was Groth als Folge seiner Injektionen beobachtete, war eine plötzlich ungeheuer gesteigerte Gerinnungstendenz des Blutes, die aber nur eine höchst kurze, oft nur nach Sekunden zu bemessende Zeit anhielt, um dann in ihr Gegentheil, in einen Zustand herabgesetzter oder ganz aufgehobener Gerinnungsfähigkeit umzuschlagen. Das Stadium der erhöhten Gerinnungstendenz begann mit dem ersten Moment der Injektion und überdauerte sie nur selten so weit, dass Groth die Erhöhung auch noch an der unmittelbar nach Beendigung der Injektion abgenommenen Blutprobe wahrzunehmen vermochte, obgleich zwischen beiden Momenten meist nur eine Zeit von 1 Minute lag. Gewöhnlich zeigte das Blut dieser Probe, verglichen mit demjenigen der vor der Injektion abgenommenen Normalprobe schon eine mehr oder weniger herabgesetzte Neigung zu gerinnen, d. h. die Gerinnung erfolgte langsam und die Faserstoffausbeute war gering, oder die Gerinnungsfähigkeit des Blutes hatte bereits ganz aufgehört. Die erhöhte Gerinnungstendenz konnte demnach meist nur an denjenigen Blutproben wahrgenommen werden, welche während der Injektion dem Thiere entzogen wurden; diese gerannen stets schon im Moment des Auffangens im Reagensglase, sodass die Herstellung einer zu dieser Probe gehörigen Zählmischung regelmässig unmöglich war[1]); auch aus der unmittelbar nach der Injektion dem Thiere entnommenen Blutprobe konnte eine Zählmischung nur in den allerdings die Mehrzahl bildenden

---

1) Zur Bereitung der Zählmischung war nichts weiter nöthig, als mittelst einer feinen graduierten Pipette ¹/₂ Ccm. Blut in die bereit stehende abgemessene Kochsalzlösung überzuführen.

Fällen bereitet werden, in welchen der Umschlag in die Phase der herabgesetzten oder ganz aufgehobenen Gerinnungsfähigkeit bereits eingetreten war; in allen anderen Fällen verlief auch hier die Gerinnung immer noch zu schnell. Das Maximum der Gerinnungsgeschwindigkeit fiel aber in allen schwereren Fällen in den Zeitraum der Injection selbst. Nur in ein Paar Fällen, in welchen die Thiere auch verhältnissmässig unbedeutend erkrankten, war ein langsameres Anwachsen der Gerinnungstendenz zu bemerken, so dass der höchste Punkt der Curve sich mehr oder weniger weit in die Zeit nach der Injection hineinschob. In solchen Fällen fand auch das Sinken der Gerinnungstendenz allmählich Statt und die Curve erreichte nie die Höhe, wie in den schwereren, mit Todesgefahr verbundenen Fällen, mit steilem Ansteigen und Absinken ihrer Schenkel und mit sehr kurzer Abscisse der Zeit.

Ein aus Groth's Arbeit herausgegriffenes Beispiel mag dieses auffallende Verhalten des Blutes illustrieren. Es wurden 100 Ccm. Lymphdrüsenzellenbrei mit dem gleichen Volum einer Kochsalzlösung von 0,5 Proc. verdünnt, filtriert und die ganze Menge einem Hunde von 18,2 Kilo Körpergewicht injiciert. Die Injektion dauerte 1 Minute. Als 20 Sekunden, vom Beginn der Injektion an gerechnet, vergangen waren, entnahm ein Gehülfe durch eine schon vor der Injektion in die v. jug. ext. der anderen Seite eingebundene Canüle eine kleine Quantität Blut, welche momentan gerann. Im Momente des Schlusses der Injektion entnahm derselbe Gehülfe eine zweite Blutprobe; dieses Blut war schon absolut gerinnungsunfähig. Innerhalb eines Zeitraums von nur 40 Sekunden war also der Umschlag in das entgegengesetzte Extrem erfolgt[1]). Ich bemerke hierbei, dass das in Folge von Zelleninjektionen gerinnungsunfähig gewordene Blut immer schwarz und theerartig erscheint.

Zum Zwecke der Bestimmung des vitalen Fermentgehalts liess Groth, ebenso wie Jacowicki und Birk, das Blut aus der Ader direkt in den Alkohol fliessen und verfuhr dann wie gewöhnlich. Die Prüfung der betreffenden Wasserextrakte führte in Bezug auf die durch die Injektion bewirkten Änderungen des vitalen Fermentgehalts zu Resultaten, welche den am Blute selbst beobachteten Änderungen der Gerinnungszeiten durchaus entsprachen, d. h. derselbe schwoll mit dem Eintritt des fremden Stoffes in die Blutbahn an, um so stärker und schneller, je schwerer der Fall war, um dann eben so rasch wieder zu sinken, meistens auf nahezu Null. Das beobach-

---

1) A. a. O. Vers. X, S. 51.

tete Maximum fiel auch hier entweder in die Injektionszeit selbst
oder in die unmittelbar auf sie folgenden Momente.

Während der Phase der abnorm erhöhten Gerinnungstendenz
des Blutes liefert es doch nur sehr wenig Faserstoff; der Blutkuchen
ist weich, gallertig und zergeht leicht zwischen den Fingern. Von
derselben Beschaffenheit sind auch die Thromben in den mit sofor-
tigem Tode endigenden Fällen.

Bei Beurtheilung dieser Verhältnisse ist stets im Auge zu behalten, dass das Zurücksinken des vitalen Fermentgehalts auf
Null oder nahezu Null an und für sich ja nur die Wiederkehr zur
Norm darstellt und namentlich nicht die Ursache der sehr bald sich
einstellenden Herabsetzung oder des gänzlichen Schwundes der
Gerinnungsfähigkeit des Blutes ist. Denn die Gerinnung des dem
Körper entzogenen Blutes erfolgt nicht vermöge der Fermentspuren,
welche unter normalen Verhältnissen den vitalen Fermentgehalt darstellen, sondern vermöge der grossen Fermentmengen, welche sich
ausserhalb des Gefässsystems entwickeln, neben welchen jene schon
früher vorhandenen Spuren gar nicht in Betracht kommen. Diese
Fähigkeit, das Ferment ausserhalb des Organismus zu erzeugen,
geht dem Blute als sekundäre Folge der Injektion mehr oder weniger
verloren und hierauf beruht in erster Instanz die auf die Phase der
gesteigerten folgende Phase der verminderten oder ganz geschwundenen Gerinnungsfähigkeit des Bluts. Aber auch Fermentzusatz
bewirkt in solchem Blute nur noch sehr unbedeutende Gerinnungen,
und bei gänzlichem Verlust der spontanen Gerinnungsfähigkeit bleibt
er ganz ohne Wirkung. In Folge der Injektion unterliegt also auch
das präformierte unmittelbare Substrat der Faserstoffbildung, die Globuline, einer Veränderung, durch welche auch von dieser Seite her
die Gerinnung erschwert oder unmöglich gemacht wird; oder der Organismus pflanzt in das Blut irgend ein Hinderniss gegen die Wirkung des Ferments, welches sich auch ausserhalb des Körpers geltend macht.

Ich sehe in diesen Verhältnissen den Ausdruck der Gegenarbeit
des Organismus gegen die eingedrungene Schädlichkeit, deren Gefährlichkeit wesentlich auf der übernormalen Steigerung eines vitalen
Vorgangs, der in enge Schranken gebannten physiologischen Fermententwickelung, beruht. Steht nun aber die in unseren Versuchen
beobachtete excessive Fermententwickelung in offenbarer Abhängigkeit von den injicierten Zellen, so werden Zellen wohl auch bei der
physiologischen eine Rolle spielen. Es ist aber wunderbar, wie
schnell der Organismus mit seiner reaktiven Thätigkeit bei der Hand

ist. In den ersten Augenblicken, gewissermassen in den Augenblicken
der Uberraschung, kommt es zu den aus der Wechselwirkung zwischen dem Blutplasma und dem injicierten Protoplasma sich ergeben-
den Spaltungen, das Ferment beginnt sich zu entwickeln; aber
sofort beginnt auch die Arbeit des Organismus, die in der Unterdrückung dieser Vorgänge und in der Aufhebung der regelmässigen
Beziehung zwischen dem präformierten Gerinnungssubstrat und dem
etwa schon freigewordenen Ferment besteht. Er kann trotzdem,
bei geringerer Leistungsfähigkeit seinerseits, unterliegen und geht
dann an inneren Gerinnungen schleunig zu Grunde; er kann aber
auch Sieger bleiben und setzt in solchen Fällen sofort die reaktive
Blutveränderung durch, um so schneller und intensiver, je höher die
Gefahr angeschwollen war. Die den Versuchsthieren nach der Injektion entzogenen Blutproben spiegeln in ihrem Verhalten diesen
Wechsel der Zustände im Gefässsystem wieder. Während der kurzen
Phase der höchsten, mit plötzlichem, thrombotischem Tode drohen-
den, Gefahr gerinnen sie in hochgradig beschleunigtem Tempo; aber
dies geschieht nur, oder doch fast nur vermöge des bereits im Gefässsystem freigewordenen Ferm60 Fermentes; denn der Organismus hat doch
immer schon so viel bewirkt, dass die postmortale Fermententwickelung mehr oder weniger, oft ganz darniederliegt und dass sich zugleich immer nur sehr wenig Faserstoff zu bilden vermag; in der
darauffolgenden zweiten Phase der Blutveränderung hat er in dieser
Hinsicht sein Ziel erreicht; das Blut bildet weder das Ferment mehr,
noch reagiert es gegen dasselbe, wenn es ihm von aussen zuge-
führt wird.

Aber nicht bloss, dass in den während der Zeit der erhöhten
Gerinnungstendenz des Blutes dem Gefässsystem entzogenen Blutproben
die postmortale Fermententwickelung mehr oder weniger vollständig
beseitigt ist; man würde sich auch getäuscht finden, wenn man
aus der enorm beschleunigten Gerinnung derselben folgern wollte,
dass das betreffende Serum den ganzen aus dem Gefässsystem mit-
genommenen Fermentvorrath noch enthalten müsse. Die Gerinnung geschieht hier im Moment der Blutentnahme, also bei Körpertemperatur und unter diesen Umständen wirkt das Ferment sehr
rasch, zerfällt aber auch wieder sehr rasch. Hiervon kann man sich
leicht überzeugen, wenn man von zwei Proben gekühlten Pferdeblutplasmas die eine etwa bei Zimmertemperatur, die andere bei ca.
38° (unter möglichst rascher Erwärmung) gerinnen lässt und dann
die betreffenden Sera in Bezug auf ihre fermentative Wirksamkeit
mit einander vergleicht. Man wird sich also auch nicht wundern,

wenn man das Serum der zur ersten Phase der besprochenen Blutveränderung gehörenden Blutproben fast unwirksam findet.

Die zweite Phase der Blutveränderung hält meist längere Zeit
an und schwindet dann allmählich. Häufig sieht man dabei, dass
der übernormale vitale Fermentgehalt in die Phase der vernichteten
Gerinnungsfähigkeit des Blutes mehr oder weniger tief hineinragt, um
dann allmählich zu schwinden. Der Organismus hat es mit der Eli-
minierung des Ferments unter diesen Umständen nicht mehr so eilig;
denn es kann jetzt nichts mehr schaden. Nach und nach kehrt die
Gerinnungsfähigkeit des Blutes wieder, das Fibrinprocent geht langsam in die Höhe und das Thier gesundet.

Aber von den Thieren, welche die Injektion zunächst über-
stehen, sterben doch einzelne später, ohne dass irgend welche Thromben in ihrem Gefässsystem nachzuweisen sind. Es ist fraglich, ob
in solchen Fällen capilläre Gerinnungen in lebenswichtigen Organen
oder vielleicht die konsekutive Blutveränderung selbst die Todesursache abgiebt. Wer dieses offenbar sehr veränderte, schwarze,
theerartige, gerinnungsunfähige Blut sieht, der kann sich wohl vor-
stellen, dass es nicht in allen Fällen den Bedürfnissen des Körpers
zu genügen vermag.

Die ausgeprägten chemischen Wirkungen der injicierten Zellenmassen, die anfangs erhöhte Gerinnungstendenz des Blutes, resp. die
Thrombosen einerseits und der drauffolgende beschränkte oder totale
Verlust seiner Gerinnungsfähigkeit andererseits, überheben mich wohl
der Nothwendigkeit, den Einwand, als könnte die tötliche Wirkung
der Injektionen auf Verstopfung der Lungengefässe durch die Zellen
beruhen, zu widerlegen. Solche Erscheinungen hat noch Niemand
als Folge einer Erstickung beobachtet. Das Blut erstickter Thiere
gerinnt ganz normal, wovon sich auch Groth durch einen besonderen
Versuch überzeugt hat. Ausserdem kann man mit Sicherheit annehmen, dass ein Steckenbleiben der Zellen in den Lungenkapillaren
jedenfalls nicht in ausgedehntem Maasse stattfindet. Die Versuche
von E. v. Bergmann haben ergeben, dass die Injektion von nur 2 gr
flüssigen Fettes, welches faktisch die Lungengefässe verstopft, hinreicht, um Katzen in kürzester Zeit zu töten[1]. Wenn nun auch
die injicierten Zellen die Lungengefässe obturierten, so wäre es wunderbar, dass in den Versuchen von Groth beispielsweise 33 Ccm.
frischer, rahmiger Eiter einer Katze beigebracht werden konnten,
ohne dass das Thier dabei an Erstickung zu Grunde ging. Ja das

1) E. Bergmann. Zur Lehre von der Fettembolie. Dorpat 1863. S. 63.

Thier erwies sich, losgebunden, durchaus munter und blieb am Leben,
wie auch die Blutveränderung in diesem Falle wenig ausgeprägt
war. Und wie liesse sich mit der Annahme einer Erstickung
durch Verstopfung der Lungengefässe die Thatsache vereinigen, dass
GROTH in einem Falle besonders heftiger Art neben dem rechten
auch das linke Herz bei der Sektion mit Gerinnseln erfüllt fand [1]),
eine Beobachtung, welche später auch von F. KRÜGER, wie sich
sogleich zeigen wird, gemacht worden ist.

Sehr auffallende Resultate erhielt GROTH bei seinen Zählungen
der farblosen Blutkörperchen. Die Zellenmassen, die er injicierte,
waren so gross, dass sie nach einer ungefähren Berechnung, aber
schlecht gerechnet, die Zahl der farblosen Blutkörperchen im Blute
seiner Versuchsthiere, dieselbe zu 20 000 im Cubikmm. angenommen,
um das Mehrfache übertreffen mussten. Um einen sicheren Anhalte-
punkt für die nachträgliche Berechnung zu gewinnen, bereitete GROTH
sich ausserdem in jedem Versuch eine Zählmischung aus dem gesunden, vor der Injektion abgenommenen Blute. Die in dieser Zählmischung gefundene Leukocytenzahl galt als Normalzahl. Nun war
es ihm aber ganz unmöglich, eine Zählmischung während der Periode
der gesteigerten Gerinnungstendenz des Blutes herzustellen. In der Periode der reaktiven Blutveränderung aber zeigte sich die Leukocytenzahl
ohne Ausnahme nicht bloss nicht vergrössert, sondern im Gegentheil
sehr vermindert und dieser Schwund der Leukocyten setzte sich
noch eine Zeitlang, mehrere Stunden oder selbst bis in den folgenden Tag hinein fort, so dass in einzelnen Fällen die schliessliche
Leukocytenzahl nur etwa ein Fünftel, ja selbst ein Zehntel der Normalzahl betrug. Es verschwanden also nicht bloss die injicierten Leukocyten, sondern mit ihnen zugleich auch der grösste Theil der präformierten. Selbst in den Fällen, in welchen die Zählmischung gleich
n a c h der Injektion hergestellt werden konnte, fand GROTH die Leukocytenzahl schon unter der Norm, zuweilen erreichte sie sogar
jetzt schon den tiefsten Stand [2]). Der Schwund der Leukocyten fällt
also grösstentheils in die kurze Periode der erhöhten Gerinnungstendenz des Blutes und setzt sich später über diese hinaus noch
einige Zeit fort. Genasen die Thiere, so hob sich die Leukocyten-

---

1) A. a. O. Vers. VI, S. 46 und Vers. XVIII, S. 65.
2) Im Vers. II, S. 42, in welchem einer Katze von 5,3 Kilo Körpergewicht
32 Ccm. verdünnter Lymphdrüsenzellenbrei injiciert wurde, betrug die Leukocytenzahl vor der Injektion 12667, eine Minute nach Beendigung derselben aber
1004, also weniger als 10 %. Das Thier starb am folgenden Tage, nachdem sich
die Leukocytenzahl über die Norm zurückerhoben hatte.

zahl wieder und übertraf schliesslich die Normalzahl um das Mehrfache. Es kam aber auch vor, dass die Thiere während der Periode
der Leukocytenvermehrung starben. Die im Beginn des Genesungs-
stadiums auftretenden Leukocyten zeichneten sich durch ihre auffallende Kleinheit aus; es fanden sich solche unter ihnen, die etwa
halb so gross waren, wie die rothen Blutkörperchen. Dies Stadium
der Kleinheit ging jedoch rasch vorüber, und meist schon am Tage
nach der Injection, zuweilen aber noch früher, erschien die Mehrzahl der Leukocyten bedeutend grösser, als es unter gewöhnlichen
Verhältnissen der Fall ist; es fanden sich alsdann solche unter ihnen,
die das Doppelte der Grösse der normalen farblosen Blutkörperchen erreichten, ja darüber hinausgingen. Diese grossen Leukocyten zeichneten sich durch auffallend lebhafte Bewegungserscheinungen aus.

Der nicht geschwundene Theil der Leukocyten bestand aber
nicht bloss aus den im Blute präformiert enthaltenen Elementen, sondern es liessen sich stets unter ihnen auch solche wiedererkennen,
welche von der Injektion herstammten. Besonders die Eiterkör-
perchen waren durch Gestalt und Aussehen leicht von den farblosen
Blutkörperchen des Versuchsthieres zu unterscheiden. GROTH sah
die ersteren in allen Stadien des Zerfalls. Häufig sah er neben den
farblosen Blutkörperchen auch nur einen massenhaften Detritus im
Gesichtsfelde, welchen er als aus dem Zerfall der farblosen Elemente,
speciell auch der injicierten, hervorgegangen ansah. Dieser Detritus
verschwand nach einiger Zeit aus dem Blute.

Ich habe oben gesagt, dass die reaktive Blutveränderung in
einer durch den Organismus bewirkten Aufhebung der Wechselwirkung zwischen Plasma und Protoplasma besteht. Dies kann aber
auf zweierlei Weise geschehen. Entweder die Substanz des Protoplasmas ist so verändert worden, dass aus seiner Berührung mit
der Blutflüssigkeit die gewöhnlichen Spaltungen nicht mehr resultieren, oder die Veränderung betrifft die letztere, das Plasma, was
natürlich ebenso eine Sistierung jener Spaltungen zur Folge haben kann.
Die Entscheidung über diese Alternativen schien nicht schwierig zu sein.

Hat nämlich das im Blute enthaltene Protoplasma, das injicierte
mit eingerechnet, eine wesentliche Veränderung seiner Substanz in
der Gefässbahn erlitten, so würde durch Hinzumischung von normalem, gesundem Protoplasma, z. B. von Lymphdrüsenzellen, zu dem
gerinnungsunfähig gewordenen Blute die Gerinnung wieder hervorgerufen werden müssen; denn das Plasma hätte sich ja seine bezüglichen Eigenschaften bewahrt, der Fehler läge in solchem Falle eben

im Protoplasma; dagegen würde eben aus demselben Grunde durch Hinzufügen des kranken Blutes zu normalem Plasma die Gerinnung des letzteren gar nicht beeinflusst, jedenfalls nicht begünstigt werden können.

Es ist leicht einzusehen, dass, wenn die Gerinnungsfähigkeit des kranken Blutes auf einer in Folge der Injektion eingetretenen Lahmlegung des Plasmas beruht, der Effekt der beiden obigen Versuche der umgekehrte sein würde; durch Hinzufügen von normalem Protoplasma zum kranken Blute würde man gar nichts erzielen, dagegen würde das kranke Blut, vermöge seines durch die Injektion noch vergrösserten Gehaltes an unverändertem Protoplasma die Gerinnung des ihm zugemischten gesunden Plasmas, wie es jedes andere Protoplasma thut, in hohem Grade begünstigen. In dem Gemisch müsste sich mehr Fibrinferment entwickeln und seine Gerinnung müsste deshalb schneller verlaufen, als die des reinen Plasmas.

Die in diesem Sinne angestellten Versuche haben nun zu Gunsten der zweiten Annahme entschieden. Fügt man zu dem in Folge von Zelleninjektion gerinnungsunfähig gewordenen Blute Protoplasma in irgend welcher Form hinzu, so ist gar keine Wirkung wahrnehmbar, das Blut bleibt flüssig; ja, ist noch ein geringer Grad von spontaner Gerinnungsfähigkeit vorhanden, so wird er durch einen solchen Zusatz ganz beseitigt und das Blut gerinnt nun gar nicht mehr; der Überschuss an Protoplasma wirkt hier also sogar hemmend auf die Gerinnung, wofür sich die Erklärung später ergeben wird. Dagegen wirkte das kranke, an sich gerinnungsunfähig gewordene Blut auf normales Plasma (stets filtriertes Pferdeblutplasma) wie gesundes Protoplasma, es kürzte die Gerinnungszeit desselben auf wenige Minuten ab.

Wir haben nun aber gesehen, dass, wenn gesundes Protoplasma in filtriertes Blutplasma gelangt, nicht blos die Fermententwickelung eine hochgradige Steigerung erfährt, sondern dass zugleich auch ein höheres Faserstoffprocent die Folge ist. Dies geschah auch, wenn, statt der Zellen selbst, das filtrierte Wasserextrakt derselben dem Plasma zugesetzt worden war, wodurch die Annahme einer Gewichtszunahme des Faserstoffs bloss durch mechanische Einschliessungen ausgeschlossen wurde. Bei der Wechselwirkung zwischen Protoplasma und Plasma sind also diese beiden Akte, der Akt der Fermentbildung und der der Verarbeitung gewisser Protoplasmabestandtheile zu fibringebender Substanz, wohl von einander zu unterscheiden; wir werden sehen, dass jeder derselben auch ohne den anderen stattfinden kann.

Dass nun die enorme Gerinnungsbeschleunigung, welche das
filtrierte Blutplasma durch einen Zusatz des in Folge von Zelleninjektion gerinnungsunfähig gewordenen Blutes erfährt, auf einer
gewaltig erhöhten, unter der Mitwirkung der in dem letzteren enthaltenen Protoplasmamassen stattfindenden, Fermentntwicke-
lung beruht, folgt bereits aus den Versuchen RAUSCHENBACH's. Es
fragt sich aber, ob es im gesunden Plasma auch zur Umformung der
betreffenden im kranken Blute enthaltenen Protoplasmabestandtheile
zu fibringebendem Material und weiter zu Faserstoff kommt, ob also
auch das Faserstoffprocent erhöht erscheint. Es könnte ja der im
Gemisch des kranken Blutes mit filtriertem Plasma entstandene Faserstoff doch nur aus dem im letzteren enthaltenen Material hervorgegangen sein. Wenn aber in dem Gemisch auch die fibrinbildenden
Protoplasmabestandtheile des kranken Blutes zur Faserstoffbildung mitverwerthet werden, dann wäre zu erwarten, dass der auf
diese Weise entstandene Faserstoff, nach Abzug des (gesondert bestimmten) dem zugesetzten filtrierten Plasma angehörigen Antheiles,
für das kranke Blut ein höheres Procent ergiebt, als in dem unmittelbar vor der Injektion dem Thiere entnommenen gesunden Blute
gefunden wird; denn es käme dort ja der ganze durch die Injektion
gesetzte Zuwachs an Protoplasma hinzu.

Ich habe ein Paar solcher Versuche ausgeführt. Als Versuchs-
thier diente mir der Hund. Der Erfolg entsprach nicht der zuletzt
ausgesprochenen Möglichkeit. Das Gemisch lieferte zwar mehr Faserstoff, als dem zugesetzten filtrierten Plasma entsprach; nach Abzug
aber des diesem zuzurechnenden Antheiles blieb für das im Gemisch
enthaltene Hundeblut beträchtlich weniger übrig, als dem letzteren
im gesunden Zustande entsprach. Das gesunde Plasma hatte also
das im kranken Blute enthaltene fibrinliefernde Material theilweise
in den Process mithineingerissen, aber es hatte trotz der gesteigerten
Fermententwickelung doch nur sehr wenig in dieser Beziehung zu
leisten vermocht; es waren offenbar Widerstände gegen die hierzu
erforderlichen Umsetzungen im Blute erstanden, welche das gesunde
Plasma nur zum geringsten Theil zu beseitigen vermochte.

GROTH ist in ein Paar früheren gleichfalls mit Hundeblut und
filtriertem Plasma ausgeführten Versuchen zu Resultaten gelangt,
welche den soeben dargelegten entgegengesetzt sind; er fand, dass
die dem kranken Blute angehörige Faserstoffquote nicht kleiner,
sondern grösser war, als das Faserstoffprocent des gesunden Blutes.[1]

---

1) A. a O. Vers. XIV und XV, S. 58—62.

Es ist hierzu aber zu bemerken, dass GROTH das Hundeblut nicht im Stadium der völlig geschwundenen, sondern der wiederkehrenden Gerinnungsfähigkeit zu seinen Versuchen benutzte, ja in dem ersten derselben war die an einer besonderen Probe ermittelte Fibrinziffer des kranken Blutes an sich der des gesunden Blutes schon ziemlich nahe gekommen. Dass unter solchen Umständen die Resultate andere sein können, als in meinen Versuchen, liegt auf der Hand. Ich bin überzeugt, dass das injicierte Protoplasma auch in meinen Versuchen, sofern die Versuchsthiere genasen, was ich nicht mehr weiss, eine allmähliche Umbildung zu normalen Blutbestandtheilen erfahren hat.

Es ist rathsam, zu solchen Versuchen den Hund zu benutzen, weil bei diesem Thiere die Gefahr des plötzlichen Zugrundegehens durch Thrombosis am geringsten ist, dafür aber die konsekutive Blutveränderung um so sicherer und ausgeprägter auftritt, namentlich nach Injektion von Lymphdrüsenzellen.

Man kann also in gewissem Sinne sagen, das Protoplasma, welches in das cirkulierende Blut gelangt, hat das Bestreben auf dasselbe, resp. auf die cirkulierende Blutflüssigkeit ebenso einzuwirken, wie auf das im Glasgefässe befindliche Plasma; es kommt zur Fermentabspaltung, es kann sogar zur Gerinnung kommen; aber fast augenblicklich machen sich Hemmungen geltend, welche die nächsten Wirkungen beschränken, resp. aufheben, um alsdann eine allmähliche Ausgleichung herbeizuführen. Ob es namentlich zum plötzlichen Abschluss, zur Gerinnung, kommt oder nicht, hängt davon ab, wie viel der Organismus unter den gegebenen Umständen dagegen zu leisten vermag. Gelingt es ihm, der Störung Herr zu werden, so ist Aussicht vorhanden, dass er sich des Störenfriedes auf anderen Wegen dauernd entledigt. Um aber in Betreff der eventuellen intravasculären Gerinnungen einzusehen, dass auch hier den gleichen Wirkungen gleiche Ursachen zu Grunde liegen, muss man eben wissen, wann man nach der bezüglichen Ursache, dem Fibrinferment, zu suchen hat, und hat man sich von der relativen Vergänglichkeit desselben experimentell überzeugt, so wird man sich auch nicht darüber wundern, dass es diese Eigenschaft innerhalb des Organismus in viel höherem Grade zeigt, als ausserhalb desselben; ebensowenig wird man von jeder Protoplasmainjektion erwarten, dass sie zu extravasculären Gerinnungen führt.

Gegen den Einwand, dass GROTH ja nicht reine Zellen injiciert habe, sondern stets Zellen mit einem Rest ihrer Zwischenflüssigkeit und dass möglicherweise die letztere die Ursache seiner Befunde gewesen sei, will ich anführen, dass er die Zwischenflüssigkeit der-

jenigen Zellen, welche unter allen am verderblichsten gewirkt hatten,
nämlich die durch die Centrifuge der letzteren beraubten Höhlenflüssigkeiten des Pferdes, dreien Katzen injiciert hat, in relativ denselben Mengen, wie den entsprechenden Zellenbrei, ohne dass während
oder nach der Injektion das mindeste Symptom einer schädlichen
Einwirkung derselben zu bemerken gewesen wäre; nicht einmal
der Appetit der Thiere nach der Injektion war gestört. Diese
Zwischenflüssigkeit erwies sich also als völlig harmlos.

Dr. F. KRÜGER, Privatdocent hierselbst, hat diese Frage zur
allendlichen Entscheidung gebracht.[1]) GROTH hatte die durch Zer-
schneiden erhaltenen Lymphdrüsenstücke zerquetscht, die hervor-
dringende dicke Masse mit ½ procentiger Kochsalzlösung verdünnt
und dann durch Canevas filtriert. Da KRÜGER vergleichende Versuche mit den Zellen und ihrer Zwischenflüssigkeit anzustellen beabsichtigte, so kam es ihm darauf an, die Verdünnung der letzteren
durch die Kochsalzlösung zu vermeiden. Auch mit Rücksicht auf
die Zellen war es wünschenswerth, die Verdünnung nicht anzuwenden, da bereits RAUSCHENBACH nachgewiesen hatte, dass sie dadurch
Verluste an wirksamer Substanz erleiden; KRÜGER constatierte dasselbe sowohl für destilliertes Wasser, als für eine ½ procentige
Kochsalzlösung. Er brachte demnach die Lymphdrüsen, nachdem er
sie in feine Stücke zerschnitten und dieselben etwas angefeuchtet
hatte, von einem gleichfalls angefeuchteten Lappen grober Leinwand
umhüllt, in die Muskelpresse und centrifugierte den ausgepressten
Saft. Da die Zwischenflüssigkeit dieses Saftes sehr concentriert ist[2]),
so erreichte KRÜGER niemals eine vollkommene Trennung der Zellen
von der Flüssigkeit; die untere Schicht ist zwar immer ungeheuer
zellenreich, verglichen mit der oberen, aber es gelang nie, die Zellen
in ihr zu einer steifen Masse zusammenzuballen; sie blieb beweg-
lich, war aber eben deshalb leicht zu injicieren.

Mit der unteren, zellenreichen Schicht machte KRÜGER an Katzen
und Kaninchen 6, mit der oberen zellenarmen 4 Injektionsversuche.
Die ersteren hatten alle den fast augenblicklichen oder nach ein
Paar Secunden eintretenden Tod zur Folge und die Sektion ergab
Anfüllung des rechten, zwei Mal auch des linken Herzens und der
grossen Gefässe mit Gerinnseln; in zweien unter diesen sechs Fällen
waren auch die Hautgefässe thrombosiert. Nur in einem Versuch

---

1) Dr. F. KRÜGER. Zur Frage der Faserstoffgerinnung im Allgemeinen u. s. w.
Zeitschr. für Biologie. Bd. XXIV. N. F. VI, S. 189.

2) In einem Versuch bestimmte KRÜGER den Rückstand der Zwischenflüssigkeit zu 7,63 %.

starb das Thier erst nach 30 Minuten und das Sektionsergebniss entsprach diesem Verhalten; es fanden sich zwar auch hier Gerinnsel, aber nur im Herzen, und viel weniger, als in den übrigen Fällen.

Die Injektion des über dem Zellenniederschlag stehenden Theiles des Lymphdrüsensafts erwies sich als so harmlos, weder von üblen Erscheinungen begleitet, noch sie nach sich ziehend, dass von einer weiteren Fortführung dieser Versuche abgesehen werden konnte.

KRÜGER vervollständigte nur noch die Versuche GROTH's, indem er farblose Blutkörperchen vom Pferde injicierte. Auch hier waren die Versuchsthiere Katzen und Kaninchen. Zur Reindarstellung der farblosen Blutkörperchen verdünnte er das Plasma von gekühltem Pferdeblut mit 15, in ein paar Fällen auch mit 20 Volum eiskalten Wassers, liess die Flüssigkeit 24 Stunden in Eiseskälte stehen, dekantierte, wusch den Rest einige Male mit eiskaltem Wasser auf der Centrifuge, verdünnte den sehr fest zusammengepressten Niederschlag mässig mit Wasser und benutzte ihn dann ohne Weiteres zu den Injektionen. Sämmtliche Versuchsthiere (5 Katzen und 1 Kaninchen) gingen theils während, theils ein Paar Minuten nach der Injektion an Thrombosis des Herzens und der grossen Gefässe, wie die sofort ausgeführte Sektion ergab, zu Grunde. Auch hier waren in einem Falle einige Hautgefässe thrombosiert.

Der durch Dekantieren von Pferdeblutplasma erhaltene Bodensatz besteht aber nicht bloss aus farblosen Blutkörperchen, sondern er enthält auch einen beträchtlichen Theil der ursprünglich in Lösung befindlichen Globuline des Plasmas. Diese Eiweisskörper besitzen, je nach der Art des Thieres, welchem sie entstammen, einen verschiedenen Grad der Löslichkeit; die vom Pferdeblut sind beträchtlich schwerer löslich, als z. B. die vom Rinderblut. Kälte vermindert nun die Löslichkeit der Globuline noch weiter oder setzt die Kraft ihrer natürlichen Lösungsmittel herab, so dass ein grosser Theil der ersteren bei Verdünnung des Pferdeblutplasmas mit eiskaltem Wasser sich ausscheidet, ein Ereigniss, das nicht eintritt, wenn man Wasser von Zimmertemperatur anwendet, es sei denn, dass das Plasma abnorm reich an Kohlensäure ist, in welchem Falle eiskaltes Wasser natürlich einen viel stärkeren Globulinniederschlag giebt, als zimmerwarmes.

Um nun dem Einwande zu begegnen, als könnten in den soeben angeführten Versuchen nicht sowohl die farblosen Blutkörperchen, als vielmehr die zugleich mit ihnen injicierten Globuline den Erfolg der Injektionen verursacht haben, machte KRÜGER zwei Injektionen mit dem Niederschlage, welchen er in vorher filtriertem Pferde-

blutplasma durch Verdünnen mit eiskaltem Wasser erhielt; derselbe
bestand nur aus Globulinkörnchen, die ungelöst zur Anwendung
kamen, wie das ja auch mit dem Niederschlag des nicht filtrierten
Plasmas der Fall war. Beide Versuchsthiere blieben am Leben. Nur
bei dem einen dieser Thiere zeigte sich gleich nach der Injektion
eine einige Minuten dauernde Dyspnoe; losgebunden erholte sich
das Thier sehr bald. Mithin waren es die farblosen Blutkörperchen
gewesen, welche den specifischen, mit intravasculären Gerinnungen
verknüpften tödlichen Erfolg der vorhergehenden Injektionen herbeigeführt hatten.

Der positive Beweis, dass nur die Substanz der Zellen, resp.
ein Bestandtheil derselben, bei Erzeugung von intravasculären
Gerinnungen betheiligt sei, konnte nicht besser geliefert werden, als
durch Injektionsversuche mit dem ausgepressten Saft entbluteter
Froschmuskeln; denn dieser gehört doch nur der Zelle an. Zwei
betreffende Versuche (an Kaninchen) bestätigten durchaus die früheren
Ergebnisse; beide Thiere starben unter den gewöhnlichen Erscheinungen unmittelbar nach Schluss der Injektion. Bei der Sektion,
die nur an einem dieser beiden Thiere ausgeführt wurde, fand sich
das rechte Herz mit Gerinnseln gefüllt, welche sich bis in die feinsten Aste der Pulmonalarterie fortsetzten.

Für meine späteren Mittheilungen sind ferner folgende Versuche
von KRÜGER von Interesse. Er wusch unter mehrfachem Dekantieren
die Zellen von 1 Volum nicht filtrierten Pferdeblutplasmas mit dem
30 tausendfachen, die eines zweiten Volums mit dem 40 tausendfachen
und die eines dritten mit dem 63 tausendfachen Volum eiskaltem
dest. Wasser, sammelte sie und injicierte kleine Mengen des betreffenden Zellenbreies in der angegebenen Reihenfolge in das Gefässsystem einer Katze und zweier Kaninchen. Die Katze starb
10 Minuten nach der Injektion, das erste Kaninchen überlebte sie
um 12 Stunden, das zweite um 16—18 Stunden. Bei der Katze
fanden sich Gerinnsel, aber nur im Herzen, bei den Kaninchen aber
gar keine. Selbstverständlich war bei ihnen die reaktive Blutveränderung eingetreten. Verglichen mit den bereits erwähnten Versuchen mit weniger energisch gewaschenen farblosen Blutkörperchen
ist die Wirkung der Zelleninjektionen in diesen drei Fällen als eine
verhältnissmässig schwache zu bezeichnen.

Wenn nun RAUSCHENBACH fand, dass der coagulierend wirkende
Protoplasmabestandtheil den Zellen durch Wasser entzogen werden
kann und dies durch die Beobachtung begründet, dass das filtrierte
Wasserextrakt von Lymphdrüsenzellen auf filtriertes Blutplasma qua-

'litativ ganz ebenso wirkt, wie die Zellen selbst, also coagulierend,
so ist seine Angabe gewiss richtig, aber die soeben angeführten Versuche KRÜGER's beweisen zugleich, dass die Zellen einen Rest jenes
Bestandtheils ausserordentlich fest zurückhalten, da sie selbst durch
die grossen von ihm zum Waschen angewendeten Wassermengen,
ihrer specifischen Wirksamkeit auf das Blut seiner Versuchsthiere
nicht ganz verlustig gegangen waren. Noch deutlicher geht dies
. aus der Erfahrung von J. v. SAMSON-HIMMELSTJERNA hervor, welcher
Pferdeblutplasma vier Mal nach einander mit dem 80 fachen Volum
eiskalten Wassers dekantierte, die betreffenden Zellen also im Ganzen
mit dem 40 millionenfachen Volum des Plasmas wusch, und trotzdem
fand, dass sie noch immer auf filtriertes Blutplasma coagulierend
wirkten, wenn auch nicht so energisch, wie wenig gewaschene Zellen;
aus der Vergleichung dieser Versuchsresultate v. SAMSON's mit denjenigen KRÜGER's ersieht man aber zugleich, welchen Unterschied
es macht, ob das Plasma, welches mit dem Protoplasma in Wechselwirkung tritt, sich in einem indifferenten Glasgefäss oder in dem
Gefässsystem eines lebenden Thieres befindet. v. SAMSON's gewaschene Zellen hätten im Kreislauf einer Katze oder eines Kaninchens sicherlich gar nichts bewirkt, da die von KRÜGER schon so
schwach gewirkt hatten.

Die beiden Kaninchen in KRÜGER's Versuchen mit farblosen
Blutkörperchen starben, ohne dass sich intravasculäre Gerinnungen
im Herzen und in den grossen Gefässen nachweisen liessen, ein Fall,
der ja auch GROTH mehrfach vorgekommen ist. Ich habe schon
auf die Möglichkeit hingewiesen, dass die durch die Injektion herbeigeführte konsekutive Blutveränderung in solchen Fällen die Todesursache abgeben könnte. Die mehrfach von KRÜGER beobachtete
Thatsache, dass auch Hautgefässe thrombosiert waren, giebt der
Vermuthung Raum, dass dasselbe auch in dem Gefässsystem anderer,
lebenswichtigerer Organe geschehen dürfte, und dass auf diese Weise
Funktionsstörungen bewirkt werden, welche nicht nothwendigerweise
sofort den Tod herbeiführen müssten, ihn aber doch über Kurz oder
Lang herbeiführen könnten; vielleicht kommt, je nach Umständen,
beides als Todesursache zur Geltung. —

Sechstes Kapitel.
Über die Beziehung der rothen Blutkörperchen zu der Faserstoffgerinnung.

Ich habe schon gesagt, dass das Stroma der rothen Säugethierblutkörperchen, welches man nach dem Vorgange SEMMER's und
NAUCK's[1]) in sehr bequemer Weise durch Dekantieren mit kohlensäurereichem (oder schwach mit Essigsäure angesäuertem) Wasser
vom Hämoglobin vollkommen befreien und dann auf der Centrifuge
zu einem dicken Brei sammeln kann, dem filtrierten Plasma gegenüber sich ganz wie Protoplasma verhält, so dass auch hier Fermententwickelung und Abkürzung der Gerinnungszeit auf ein Minimum der
Ausdruck der zwischen beiden stattfindenden Wechselwirkung ist. Dieselbe Wechselwirkung findet auch Statt zwischen dem Stroma und einer
in bekannter Weise hergestellten künstlichen Gerinnungsmischung[2]);
ich habe speciell bei diesen, mit Stroma und den letzteren ausgeführten, Versuchen zwar keine besonderen Fermentbestimmungen
ausgeführt, aber die blosse Thatsache der Abkürzung der Gerinnungszeit weist ja schon deutlich genug auf ein Hinzukommen von Fibrinferment zu dem bereits vorhandenen, also auf eine Neuerzeugung,
hin. Doch war auch beim Blutkörperchenstroma die Abkürzung in
den künstlichen Gerinnungsmischungen nicht so bedeutend, wie im
zellenfreien Blutplasma.

Demnach erscheinen die Resultate meiner ersten Versuche jetzt
als selbstverständliche. Ich arbeitete damals fast nur mit Gerinnungsmischungen, welche aus Transsudaten (insbesondere aus
Hydroceleflüssigkeiten) einerseits und aus Blutserum oder defibriniertem Blute andrerseits bestanden, und die enorm coagulierende
Wirkung der rothen Blutkörperchen trat mir dabei von selbst entgegen. Ich hielt sie für hervorragend befähigt Gerinnungen zu erzeugen. Das Blutserum an sich konnte ja nur vermöge seines Gehalts an freiem, von der vorangegangenen natürlichen Gerinnung
stammendem, Ferment wirken, welcher oft recht unbedeutend ist.
Es musste sich also bei der vergleichsweise viel intensiveren Wir-

---

1) NAUCK. A. a. O. S. 39—51.
2) Der Ausdruck „künstliche Gerinnungsmischung" bezieht sich auf die mit
den Höhlenflüssigkeiten des Pferdes angestellten Versuche, im Unterschiede von
denen mit filtriertem Plasma und mit verdünntem Salzplasma.

kung des defibrinierten Blutes neben dem im Serum desselben bereits enthaltenen zugleich um einen Zuwachs an Ferment, und zwar durch Neuentstehung, handeln, da die rothen Blutkörperchen dasselbe als solches nicht enthalten. Theoretisch könnte man zwar in Bezug auf diese Neuentstehung daran denken, dass das Gemisch von Transsudat und defibriniertem Blute das Fibrinferment auch von den neben den rothen in demselben enthaltenen farblosen Blutkörperchen abspalten dürfte, aber ihre Menge ist doch gegenüber den durch das Stroma der rothen Blutkörperchen repräsentierten Protoplasmamassen zu unbedeutend. Hätte ich aber gleich zu Anfang eine Methode gehabt, um grössere Massen von farblosen Blutkörperchen aus dem Blutplasma oder Blutserum zu isolieren und zu sammeln, so hätte ich auch wohl bald eingesehen, dass dieselbe Wirkung, welche die rothen Blutkörperchen in meinen Gerinnungsmischungen faktisch ausübten, auch durch eine entsprechende Quantität der farblosen zu erzielen gewesen wäre. Es wäre dazu nur nöthig gewesen, dem Transsudat, statt defibrinierten Blutes, von den rothen Blutkörperchen getrenntes, aber statt ihrer künstlich mit farblosen Elementen reichlich Blutserum zuzusetzen.

Aber die Voraussetzung der Wirkung der rothen Blutkörperchen resp. ihres Stromas auf die Transsudate sowohl als auf verdünnte Salzplasmalösungen ist, dass die letzteren schon im Gerinnen begriffen sind, d. h. bereits einen Gehalt an freiem Ferment besitzen, wie das ja fast bei allen von den gewöhnlichen Versuchsthieren zu erlangenden Transsudaten, mit Ausnahme der vom Pferde stammenden, der Fall ist, und ebenso bei allen denjenigen verdünnten Salzplasmalösungen, welche trotz des Salzes noch einen gewissen Grad von Aktivität besitzen. Nur unter dieser Bedingung tritt die Wirkung des Blutkörperchenstromas, ebenso wie die aller anderen Zellenarten, als Gerinnungsbeschleunigung hervor; den typisch proplastischen Transsudaten des Pferdes aber und denjenigen verdünnten Salzplasmalösungen gegenüber, welche den letzteren an Inaktivität gleichkommen, verhält es sich gänzlich indifferent, es sei denn, dass man ihnen einen Gehalt an Fibrinferment in wässeriger Lösung oder in Gestalt von Blutserum giebt; auch hierin herrscht also Übereinstimmung mit dem Protoplasma anderer Zellenarten.

Die Behauptung, dass das Stroma und nicht das Hämoglobin der coagulierend wirkende Bestandtheil der rothen Blutkörperchen sei, wird weiter gestützt durch die leicht zu constatierende Thatsache, dass der krystallisierte Blutfarbstoff in dieser Hinsicht völlig unwirksam ist; doch ist, um ihn soweit vom Stroma und dessen zum

Theil löslichen wirksamen Bestandtheilen zu reinigen, mindestens ein ein- bis zweimaliges Umkrystallisieren erforderlich.

Aus dem Gesagten folgt, dass auch die intakten rothen Blutkörperchen, wenn es möglich wäre, sie von dem ihnen anhaftenden Serum vollständig zu befreien, auf die genannten inaktiven Flüssigkeiten gar keine Wirkung ausüben würden, während ihre coagulierende Kraft dem filtrierten Plasma und anderen aktiven Flüssigkeiten gegenüber unverändert dieselbe bliebe. Annähernd lässt sich ein solcher Versuch mit den rothen Blutkörperchen des Pferdes ausführen, da sie ihrer Schwere wegen so leicht vom grössten Theil des Serums befreit werden können und Wasser sie ausserdem relativ schwer angreift, so dass sie das Waschen damit bis zu einem gewissen Grade aushalten. Es genügt, um sich von der Richtigkeit des Gesagten zu überzeugen, ein ein- bis zweimaliges Dekantieren auf der Centrifuge gesammelter rother Pferdeblutkörperchen mit etwa dem gleichen Volum Wasser. Ein theilweiser Uebertritt des Hämoglobins findet dabei natürlich Statt, aber der unversehrte Rest der rothen Körperchen verhält sich ganz indifferent gegen die inaktiven gerinnbaren Flüssigkeiten, während er auf filtriertes Blutplasma, auf nicht ganz inaktive verdünnte Salzplasmalösungen und auf die künstlich hergestellten, fermenthaltigen Gerinnungsmischungen, nach Maassgabe des Grades ihrer Aktivität, die gewöhnliche, die Gerinnung beschleunigende Wirkung ausübt.

Aber in Betreff der coagulierenden Wirksamkeit der rothen Blutkörperchen resp. ihres Stromas bestehen grosse quantitative Unterschiede, je nach dem Artencharakter der Thiere. So wirkt z. B. das Stroma der Rinderblutkörperchen auf filtriertes Plasma viel energischer als das der Pferde- und Hundeblutkörperchen. Mir scheint, dass derselbe Unterschied mehr oder weniger auch für die farblosen Blutkörperchen dieser Thiere gilt, ja, dass er überhaupt alles Protoplasma betrifft, das sie in ihrem Leibe bergen.

Wenn sich nun aber auch herausgestellt hat, dass der Blutfarbstoff beim Gerinnungsprocess selbst sich ganz indifferent verhält, so kann er ihn doch mittelbar beeinflussen, indem er mit der Zeit das Stroma so angreift und verändert, dass es seine Wirksamkeit im Blutplasma und anderen in Bezug auf die Gerinnung aktiven Flüssigkeiten einbüsst. Aber auch in dieser Hinsicht macht das Stroma von den übrigen Formen des Protoplasmas keine Ausnahme. Es liegt nahe, daran zu denken, dass es sich hierbei nicht sowohl um eine Wirkung des Hämoglobins als des Oxyhämoglobins handelt. Was das Stroma der rothen Blutkörperchen anbetrifft, so unterliegt

es den schädigenden Einflüssen des Blutfarbstoffes um so leichter,
je geringer seine coagulierende Wirksamkeit ist; deshalb ist es für
die betreffenden Versuche günstiger, das Hundeblut zu benutzen als
z. B. das Rinderblut; Auflösung der Blutkörperchen durch Wasserzusatz beschleunigt den Schwund der coagulierenden Wirksamkeit
ihrer Stromata. Gewässertes Hundeblut braucht man nur ein Paar
Tage lang bei Zimmertemperatur an der Luft stehen zu lassen, so
wirkt es nur noch schwach coagulierend auf filtriertes Blutplasma. Ganz
entsprechende Erfahrungen machten RAUSCHENBACH [1]) mit filtrierten
wässerigen Extrakten von Lymphdrüsenzellen und GRUBERT [2]) mit
dem ausgepressten Saft entbluteter Froschmuskeln. Brachten sie zu
einer aus filtriertem Blutplasma und wässerigem Lymphdrüsensaft
bestehenden Gerinnungsmischung eine wässerige Lösung von rothen
Pferdeblutkörperchen unmittelbar, nachdem die Mischung hergestellt
worden, so addierte sich die coagulierende Wirkung des Stromas der
zerstörten rothen Blutkörperchen zu derjenigen des Zellenextrakts
resp. Muskelsafts hinzu, d. h. die Gerinnung des Plasmas wurde noch
mehr beschleunigt, als durch die letzteren allein für sich. Wurde
dagegen das Zellenextrakt oder der Muskelsaft zuerst mit der Blutkörperchenlösung gemischt und dann nach einigen Stunden zu dem
filtrierten Plasma hinzugefügt, so beeinflussten sie kaum noch die
Gerinnung desselben; insbesondere gilt dies von Drüsenzellenextrakt.
Die zerstörende Einwirkung des Blutfarbstoffes hatte sich hier also
nicht bloss auf das ihnen selbst angehörige Stroma, sondern auch auf
die im Zellenextrakt und im Muskelsaft enthaltenen Protoplasmabestandtheile erstreckt. —

Siebentes Kapitel.

**Über die in Folge der intravasculären Injektion der rothen
Blutkörperchen, bezw. ihres Stromas, eintretenden Blutveränderungen.**

An die Resultate der mit rothen Blutkörperchen und deren
Stroma extra corpus ausgeführten Gerinnungsversuche knüpfte sich nun
wiederum die Frage nach ihrem Verhalten und ihren Wirkungen im
Gefässsystem des lebenden Organismus. Dass durch intravenöse In-

---

1) A. a. O. S. 32.
2) A. a. O. S. 13.

jektion von wässerigen Auflösungen rother Blutkörperchen tödliche
Thrombosen erzeugt werden, so dass die Thiere meist schón auf
dem Operationstisch zu Grunde gehen, war bereits von NAUNYN [1])
und FRANCKEN [2]) festgestellt worden. Bei einer Wiederholung dieser
Versuche handelte es sich also darum, zu ermitteln, ob auch in Folge
dieser Injektionen eine übernormale, eventuell tödliche Fermententwickelung stattfindet, in welchem Falle zu erwarten war, dass
das Blut im Übrigen ähnliche Veränderungen aufweisen werde, wie
nach Injection von Fibrinferment oder von Protoplasma. Beides traf
in den betreffenden Versuchen von J. SACHSSENDAHL [3]) und N. BOJA-
NUS [4]) zu. Dass sie aber irrten, indem sie die tödlichen Wirkungen
ihrer Injektionen, ebenso wie NAUNYN und FRANCKEN es thaten, auf
das aufgelöste Hämoglobin bezogen, statt auf das Stroma der rothen
Blutkörperchen, liess sich schon aus den bald darauf folgenden Versuchen von RAUSCHENBACH erschliessen, worauf auch GROTH [5]) hin-
weist. Es war derselbe Irrthum in Bezug auf den wirksamen Bestandtheil der rothen Blutkörperchen, in welchen auch ich bei meinen
früheren Gerinnungsversuchen verfallen war.

Behufs Anstellung der erwähnten Versuche wurden die rothen
Blutkörperchen des Pferdes auf der Centrifuge präcipitiert, das Serum
entfernt, der zurückbleibenden rothen Schicht die zum Versuch erforderliche Menge entnommen, welche entweder sofort mit dem doppelten
Volum Wasser verdünnt wurde, oder erst nachdem sie durch wiederholtes Gefrieren- und Wiederaufthauenlassen aufgelöst worden war.
Beide Methoden wurden angewendet, weil SACHSSENDAHL bei seinen
extra corpus angestellten Gerinnungsversuchen bemerkt hatte, dass
einfach gewässerte Blutkörperchen weniger energisch coagulierend
wirkten, als solche, bei welchen der Wasserzusatz erst stattfand,
nachdem sie durch Gefrieren- und Wiederaufthauenlassen oder durch
kleine Quantitäten Äther aufgelöst worden waren.

Beim Trocknen hinterliessen diese Blutkörperchenlösungen einen
Rückstand von 10—12 Proc. Die Versuchsthiere waren Katzen, Kälber
und Schafe. Die Injektionsmenge betrug, auf die unverdünnten Blut-

1) B. NAUNYN. Untersuchungen über Blutgerinnung im lebenden Thier.
Arch. f. exp. Path. u. Therapie. Bd. I.
2) FRANCKEN. Blutgerinnung im lebenden Thier. Inaug.-Abh. Dorpat 1870.
3) J. SACHSSENDAHL. Über gelöstes Hämoglobin im circ. Blute. Inaug.-Abh.
Dorpat 1880. S. 23—47.
4) N. BOJANUS. Experim. Beiträge zur Physiol. und Pathol. des Blutes.
Inaug.-Abh. Dorpat 1881. S. 83—95.
5) A. a. O. S. 72.

körperchen bezogen, 2,4—3,1 Ccm. pro Kilo Körpergewicht. Nur
Ein Mal kam eine grössere Menge, nämlich 3,5 Ccm. pro Kilo zur
Anwendung. Die Resultate dieser Versuche will ich hier kurz zu-
sammenfassen.

In allen Fällen, in welchen die Blutkörperchen durch wiederholtes Gefrieren- und Aufthauenlassen zerstört worden waren, kamen
die Thiere während oder sogleich nach der Injektion um und bei
der Sektion fanden sich ausgedehnte Gerinnungen im rechten Herzen
und in den grossen Brustgefässen. Auch in denjenigen Fällen, in
welchen die zu injicierenden Blutkörperchen nicht durch Gefrieren und
Aufthauen, sondern bloss durch den Wasserzusatz zerstört worden waren,
kamen einzelne Thiere auf dem Operationstische um, aber die intravasculären Gerinnungen waren viel unbedeutender als in den zuerst
erwähnten Fällen; eines dieser Thiere starb erst am folgenden Tage
und bei der Sektion waren keine Thromben aufzufinden.

Dieselben wässerigen Blutkörperchenlösungen aber, welche unmittelbar nach ihrer Herstellung so gewaltige Thrombosen erzeugten,
bewirkten, wenn sie einige Tage alt waren, gar keine schweren
Symptome, oder die Thiere erkrankten zwar, und starben auch,
aber erst nach längerer Zeit, nachdem sie an Erbrechen, blutigen Stühlen und Hämoglobinurie gelitten hatten, und bei der
Sektion waren nirgends Andeutungen von Thromben aufzufinden.
Wurden die Blutkörperchen zunächst einige Tage nach der Blutentnahme kalt aufbewahrt und dann erst durch Wasserzusatz
zerstört, so erhielt SACHSSENDAHL ebenfalls nur schwache Wirkungen,
und die Thiere genasen. Auch wenn er die Auflösung der kalt auf-
bewahrten rothen Blutkörperchen zuerst durch die Methode des wiederholten Gefrieren- und Wiederaufthauenlassen bewirkte und dann erst,
um des Vergleiches mit den übrigen Versuchen willen, die erforderliche
Wassermenge hinzufügte, blieben sie relativ unwirksam. In allen
diesen Fällen hatte das Oxyhämoglobin Zeit gehabt, das Stroma
mehr oder weniger unschädlich zu machen und, ist diese Annahme richtig, so übt es diese Wirkung in gleicher Weise aus, mag es im Stroma
selbst eingeschlossen sein oder sich in wässeriger Lösung befinden.

Um die durch die intravenöse Injektion von zerstörten rothen
Blutkörperchen bewirkten Blutveränderungen genauer studieren zu
können, wurden den Versuchsthieren (Hunde, 2 Schafe und 1 Kalb)
kleinere Mengen derselben (von 0,4—2,2 Ccm. pro Kilo Körpergewicht) injiciert.

Beide Schafe starben zwar, aber erst nach 22 Stunden, resp.
nach 12 Tagen und ohne dass im Herzen und in den grossen Ge-

fässen Gerinnsel oder deren Residuen aufzufinden gewesen wären.
Das Kalb und sämmtliche Hunde zeigten die gewöhnlichen Krank-
heitserscheinungen, erholten sich aber bald und blieben am Leben.
Die Blutveränderungen entsprachen ganz denen, welche durch Injektion von Fibrinferment oder von Lymphdrüsenzellen, Eiter und
dergl. herbeigeführt werden, also im Allgemeinen: plötzliches, mit
Verminderung des Faserstoffes verbundenes Ansteigen des vitalen
Fermentgehalts und drauffolgendes, bald rasches, bald allmähliches
Sinken desselben, ferner gleichzeitige, die Zeit der Injektion oft
mehr oder weniger lang überdauernde Erhöhung der Gerinnungstendenz des dem Körper entzogenen Blutes und darauf folgende Abnahme derselben, bis zum gänzlichen Schwunde der Gerinnungsfähigkeit. Wenn bei diesen Vorgängen etwas den zerstörten rothen
Blutkörperchen Eigenthümliches zu bemerken ist, so wäre es die
hier besonders häufig auftretende Erscheinung, dass der vitale Fermentgehalt, indem er allmählich wieder auf die Norm zurücksinkt,
gewissermassen auf und ab wogt, als ob der Organismus in seiner,
in solchen Fällen meist siegreichen Ausgleichungsarbeit mitunter
nachliesse.

Wie das Fibrinprocent, so sinkt auch die postmortale Fermententwickelung nach Injektion von aufgelösten rothen Blutkörperchen
im Stadium der reaktiven Blutveränderung auf ein Minimum herab,
so dass sie auch in dieser Beziehung wirken wie alle anderen Zellen; es liegt hierin ein fernerer Beweis dafür, dass das normale
Verhältniss zwischen Plasma und Protoplasma durch die Injektion
von aufgelösten rothen Blutkörperchen eine Störung erfahren hat.

Zählungen der farblosen Blutkörperchen wurden mit diesen Versuchen leider nicht verbunden. —

In den bisher erwähnten Versuchen waren zwar beide Zerfall-
produkte der zerstörten rothen Blutkörperchen neben einander in
das Gefässsystem lebender Thiere injicirt worden, aber die Ähnlichkeit der Wirkungen mit denjenigen, welche nach Injektion anderer Zellenarten eintraten, liess es wohl kaum zweifelhaft erscheinen,
dass das Stroma und nicht der Blutfarbstoff den schädlichen, unter
Umständen tödlich wirkenden Bestandtheil der zerfallenen Blutkörperchen darstellte. Auch bei den künstlichen Gerinnungsversuchen
mit filtriertem Plasma u. s. w. bewährte ja das Stroma seine coagulative Wirksamkeit, während der Blutfarbstoff sich als ganz indifferent erwies. Indess sind die Verhältnisse im lebenden Organismus
doch so komplicirte, es greifen hier insbesondere so viele hemmende
Einflüsse mit ins Spiel, dass es geboten erschien, den Satz, dass die

Gefährlichkeit der intravenösen Injektion zerfallener rother Blutkörperchen auf dem Stroma derselben und nicht auf dem aufgelösten Blutfarbstoff beruhe, experimentell festzustellen. Zu diesem Behufe waren getrennte Injektionen von Blutfarbstoff und von Stroma erforderlich.

Injektionen von Lösungen krystallisierten Blutfarbstoffes vom Pferde sind von SACHSSENDAHL[1]) und BOJANUS[2]) ausgeführt worden und zwar von ersterem z w e i, von letzterem n e u n, alle nur an Katzen. Die Krystallmasse wurde mit Hülfe von ein Paar Tropfen sehr verdünnter Natronlauge aufgelöst, so dass ein ungelöster Überschuss zurückblieb; darauf wurde die Lösung filtriert; sie hinterliess beim Trocknen einen Rückstand von 10—12 %, war also ebenso concentriert, wie die bereits erwähnten wässerigen Blutkörperchenlösungen. In zwei von diesen 11 Fällen (beide von BOJANUS) waren die Blutkrystalle gar nicht, in allen übrigen Fällen aber mindestens Ein Mal u m k r y s t a l l i s i e r t worden. Die Injektionsmenge betrug 8,5—9,0 Ccm. pro Kilo Körpergewicht.

Nur in den so eben hervorgehobenen beiden Fällen, in welchen das krystallisierte Hämoglobin gar nicht umkrystallisiert worden war, starben die Thiere, aber erst nach 36 resp. 20 Stunden und ohne dass irgendwo hätten Thromben nachgewiesen werden können. Die Blutkrystalle erster Ausscheidung schliessen eben immer noch viel Stromabestandtheile ein, wenn auch nicht so viel, als zur Erzeugung momentan tödlicher Thromben erforderlich ist.

In allen übrigen Fällen blieben die Thiere am Leben und eine bald leichtere, bald heftigere Dyspnoe, welche aber immer rasch vorüberging, war fast die einzige, durch die betreffenden Injektionen hervorgerufene Erscheinung. Losgebunden erschienen die Thiere wohl und munter, frassen mit Appetit und entledigten sich des überschüssigen Blutfarbstoffes, wie es schien, ganz ohne Beschwerden, durch die Nieren, zuweilen auch durch den Darm, in Form von blutigen Stühlen. Alles dies ging aber gleichfalls bald vorüber. Man vergleiche hiermit die Resultate der Zelleninjektionen KRÜGER's, welche regelmässig tödliche Thrombosen herbeiführten, obgleich sie an Menge sowohl als an Concentration des injicierten Materials weit hinter diesen Hämoglobininjektionen zurückstanden.

Wie nun diese Versuche die Unschädlichkeit des e i n e n Bestandtheils einer wässerigen Blutkörperchenlösung, des Blutfarb-

---

1) A. a. O. S. 27.
2) A. a. O. S. 84—87.

stoffs, bewiesen, so gelang es Krüger, durch Injektion von gereinigter Stromasubstanz des Huhnes mächtige, den sofortigen Tod des Versuchsthieres herbeiführende intravasculäre Gerinnungen herbeizuführen.[1]) Die gleichen Erfahrungen habe ich mit der gereinigten Stromasubstanz von rothen Rinder- und Hundeblutkörperchen gemacht. Die Extraktion des Hämoglobins aus dem Stroma geschah, wie gewöhnlich, durch Dekantieren mit kohlensaurem Wasser. Die entfärbten Stromata wurden dann auf der Centrifuge gesammelt. Die Versuchsthiere waren Katzen. Der Stromabrei wurde in der Mehrzahl der Fälle ohne Weiteres injiciert; in einem Falle waren einige Tropfen verdünnter Natronlauge hinzugefügt worden, wodurch eine partielle Auflösung des Stromas bewirkt wurde. Der Augenblick des Todes fiel stets mit demjenigen der Injektion fast zusammen und rechtes Herz, Lungenarterie und grosse Venenstämme waren mehr oder weniger mit Gerinnseln erfüllt. Am intensivsten wirkte der durch verdünnte Natronlauge theilweise aufgelöste Stromabrei. Hier fanden sich massenhafte Gerinnsel auch in der linken Herzhälfte. Die Injektionsmenge betrug in Versuchen von Krüger 11,8 resp. 15,6 Ccm., bei mir 8—10 Ccm. pro Kilo. Der Stromabrei in meinen Versuchen hinterliess beim Trocknen in einem Falle einen Rückstand von 0,45 %, im zweiten von 0,52 und im dritten (nach anhaltendem Centrifugieren) von 0,98 %. Wie klein sind demnach die injicierten Stromamengen verglichen mit den Mengen des in den angeführten Versuchen injicierten krystallisierten, also vom Stroma befreiten Hämoglobins. Man begreift hiernach auch die Gefährlichkeit der Injektion einfach gewässerten Blutes.

In einem meiner Versuche kam ausnahmsweise die unmittelbar tödliche Wirkung des Stromas (vom Rinde) nicht zu Stande. Das Thier vermochte also zunächst der Schädlichkeit hinreichenden Widerstand zu leisten, um dem Eintritt intravasculärer Gerinnungen vorzubeugen, aber es erkrankte schwer und wurde am folgenden Tage tot gefunden. Die Sektion unterblieb.

Die Gefahren, mit welchen in Hämoglobin und Stroma zerfallene rothe Blutkörperchen den Organismus bedrohen, sofern sie sich im kreisenden Blut befinden, liessen sich auch an zwei Schafen erkennen, von welchen dem einen (15,7 Kilo schwer) nur 20 Ccm., dem anderen (24,9 Kilo schwer) nur 30 Ccm. ihres eigenen, unmittelbar vorher entzogenen, rasch defibrinierten und mit dem gleichen Volum Wasser verdünnten Blutes in die Vena jug. ext. zurückinjiciert wurden. Diese ge-

1) A. a. O. S. 219.

ringen Injektionsmengen enthielten zu wenig an Stromasubstanz, um intravasculäre Gerinnungen zu erzeugen, aber die Thiere erkrankten schwer; Dyspnoe, Hämoglobinurie und blutige Stühle traten gleich nach der Injektion auf, das kleinere Thier starb nach 12 Tagen, das grössere aber schon nach 6 Stunden.[1]) Bei dem letzteren wurden auch die farblosen Blutkörperchen vor und nach der Injektion gezählt und es ergab sich, dass sie schon 38 Minuten nach der Injektion auf 10 % der Normalzahl herabgesunken waren. Das Stroma der rothen Blutkörperchen hatte also auch in dieser Beziehung ganz ebenso wie jedes andere Protoplasma gewirkt. Übrigens muss ich hierbei bemerken, dass unter allen von mir untersuchten Thieren die Schafe am wenigsten derartige Blutalterationen vertragen. —

Eine Eigenthümlichkeit der rothen Blutkörperchen, durch welche sie sich von den farblosen und von den anderen Zellenarten wesentlich unterscheiden, wird dem Leser bereits aufgefallen sein; sie äussert sich darin, dass sie nur in dem Falle Gerinnungen im Gefässsystem lebender Organismen erzeugen, wenn sie selbst als solche nicht mehr existieren, sondern bereits in Hämoglobin und Stroma zergangen sind; das letztere muss gewissermassen frei geworden sein, um intravasculär wie injicietes Protoplasma zu wirken. Durch Injektion von intakten rothen Blutkörperchen wird man nie Thrombenbildung bewirken, namentlich nicht, wenn man sie vom Serum, welches wegen seines Fermentgehalts unter besonders günstigen Umständen gefährlich werden kann,[2]) befreit hat. Gleichartige Blutkörperchen werden ohne alle Beschwerde vertragen; fremdartige können sich zwar im Organismus nicht erhalten, sie gehen in der Blutbahn zu Grunde, wobei sich offenbar gleichfalls Stroma und Hämoglobin von einander trennen, da letzteres im Harn erscheint. Die Thiere erkranken deshalb und, wenn ihnen zu viel zugemuthet wird, so sterben sie auch; aber der Zerfall fremdartiger Blutkörperchen in der Blutbahn geht offenbar so allmählich vor sich, dass es dem Organismus möglich wird, den nächsten, unmittelbar tödlichen Wirkungen des freiwerdenden Stromas vorzubeugen. JACOWICKI[3]) hat sieben Hunden und zwei Katzen fremdartiges Blut mit intakten rothen Blutkörperchen in Quantitäten injiciert, welche in Relation zum Körpergewicht der Thiere 10.—15 Mal grösser waren, als z. B. diejenigen Mengen von verdünntem Lymphdrüsenzellenbrei, mit welchen KRÜGER

---

1) N. BOJANUS a. a. O. S. 93. F. HOFFMANN. Ein Beitrag zur Physiol. und Pathol. der farblosen Blutkörperchen. Inaug.-Abh. Dorpat 1881. S. 84.

2) A. KÖHLER. In der angef. Inaug.-Abh.

3) In der angef. Inaug.-Abh.

ausnahmslos den augenblicklichen Tod durch intravasculäre Gerinnungen herbeiführte. JACOWICKI's Thiere erkrankten zwar und ein
Theil derselben starb, aber frühestens erst am folgenden Tage, keines auf dem Operationstisch in Folge momentan tödlicher Thrombenbildung. Dies Ziel zu erreichen genügen viel kleinere Blutmengen als von JACOWICKI angewendet wurden, vorausgesetzt, dass
man die rothen Blutkörperchen vorher in Hämoglobin
und Stroma zerlegt hat; in solchem Falle ist aber für die Gefährlichkeit der Injektion nicht die Gleichartigkeit oder Fremdartig-
keit der rothen Blutkörperchen maassgebend, sondern der specielle
Artencharakter ihres Stromas in Bezug auf seine coagulative Wirksamkeit. Einem Hunde würde allerdings das eigne Stroma weniger
Gefahr bringen als etwa das Rinderstroma, einem Rinde aber würde
man wohl mit dem fremdartigen Hundestroma einen grösseren Ge-
fallen erweisen als mit dem eignen. Das Gefahrbringende, weil mit
ausgedehnter Thrombenbildung Drohende, ist aber immer nur das
Stroma, sofern es vom Blutfarbstoff getrennt worden und nicht der
Blutfarbstoff. Die Hämoglobinurie erscheint hiernach nur als das
an sich harmlose Symptom einer mit Zerfall der rothen Blutkörperchen einhergehenden Bluterkrankung, deren mehr oder weniger aus-
geprägte Bösartigkeit durch das bei diesem Zerfall freiwerdende
Stroma und nicht durch das Hämoglobin bestimmt wird. Nach Injektion von Blutkrystalllösung sind die Thiere bei starker Hämoglobinurie doch ganz gesund.

Die übrigen Zellenarten aber braucht man nicht erst zu zerstören, um ihnen die Eigenschaft zu ertheilen, im Gefässsystem
lebender Organismen Gerinnungen zu erzeugen. Die farblosen Blutkörperchen selbst, obgleich sie natürliche Insassen des Blutes sind,
erweisen sich dabei keineswegs als weniger gefährlich, als die aus
anderen Organen stammenden Zellenarten. KRÜGER sah eine Katze
von 1570 gr. Körpergewicht, welcher er die in 5 Ccm. Wasser
suspendierten und nur 38 Ccm. Pferdeblutplasma entsprechenden,
durch Dekantieren mit eiskaltem Wasser gereinigten, farblosen Blutkörperchen intravenös injicierte, während der Injektion unter den
gewöhnlichen Erscheinungen sterben und bei der sofort vorgenommenen Sektion zeigten sich „beide Herzen mit derben Gerinnseln
prall gefüllt, welche sich weit in die grossen Gefässe verfolgen
liessen."[1]) Man kann sich unschwer eine ungefähre Vorstellung von
der Kleinheit der Masse bilden, welche durch die in 38 Ccm. Blut-

---

1) A. a. O. S. 214.

plasma enthaltenen farblosen Blutkörperchen dargestellt wird. Gewiss
waren diese Zellen tot, als sie zur Injektion kamen, aber die drei
bereits erwähnten Versuche von GROTH bewcisen, dass lebende Zellen
nicht anders wirkten, als tote; und welcher Beweis liegt vor für
die Annahme, dass die rothen Elemente des defibrinierten Blutes,
welche man, wenn sie gleichartig sind, ohne Schaden in verhältnissmässig ungeheuren Quantitäten in das circulierende Blut bringen
kann, noch leben? Dass die zu unseren Injektionsversuchen benutzten Lymphdrüsenzellen, Eiterzellen, die Zellen aus den Peritonealflüssigkeiten und selbst die farblosen Blutkörperchen des Pferdes
im Blute von Katzen, Hunden und Kaninchen gleichfalls fremdartige
Elemente darstellen könnten, mag zugegeben werden, aber man vergleiche die verderblichen Wirkungen, welche sie dort entfalten, mit
derjenigen intakter fremdartiger rother Blutkörperchen. Plötz-
licher Tod durch innere Gerinnungen dort, vergleichsweise lang-
sames, oft mehrere Tage andauerndes und nicht einmal immer mit
dem Tode endendes Siechthum hier, und auch um dieses Siechthum
hervorzubringen, bedarf es, verglichen mit den Leukocyten, unge-
heurer Quantitäten fremdartiger rother Blutkörperchen. Sieht man
nun, dass es Fälle giebt, in welchen der Organismus auch der injicierten Leukocyten Herr wird und dass alsdann ein Siechthum erfolgt, welches dem durch die im Kreislauf zerfallenden rothen Blutkörperchen erzeugten ganz gleich ist, sieht man ferner, dass die
injicierten fremden gleichzeitig mit den eignen, präformierten Leukocyten gewissermassen unter den Augen des Beobachters als solche
im Blute verschwinden, um Protoplasmaderivate in der Blutflüssigkeit zurückzulassen, so wird man, wie mir scheint, zu der Vorstellung
gedrängt, dass alle diese Unterschiede zwischen Leukocyten und
rothen Blutkörperchen bedingt sind durch die geringe Dauerhaftig-
keit der ersteren, ihre Ohnmacht gegenüber den im Blute wirkenden
zerstörenden Kräften; die Plötzlichkeit ihrer Wirkungen, die augenblicklichen Gerinnungen, welche sie erzeugen, sind eben nur der
Ausdruck für diese ihre ausserordentliche Vergänglichkeit, welche
dem Organismus nicht die Zeit lässt, jene seinem Blute innewoh-
nenden zerstörenden Kräfte auf das erforderliche Maass herabzusetzen.
Es ist nicht möglich, solche Versuche an ein und demselben Individuum auszuführen, aber, nach der Summe meiner an vielen verschiedenen gesammelten Erfahrungen, glaube ich es aussprechen zu
dürfen, dass der Experimentator es in seiner Gewalt habe, seine
Versuchsthiere durch kleine Mengen von Leukocyten unter den gewöhnlichen begleitenden Erscheinungen augenblicklich zu töten,

und ihnen grössere Mengen derselben ohne tiefen Schaden beizubringen, — alles je nachdem er rasch und in einem Zuge operiert
oder langsam und in Absätzen, die kaum eine Minute zu dauern
brauchen. Hier kommt es wirklich auf Sekunden an, für das Ver-
suchsthier und für den Experimentator. Von hier ist aber nur noch
ein Schritt bis zur Annahme eines fortwährenden physiologischen
Zerfalles von Leukocyten im Kreislauf, denn die ureignen Leukocyten unterliegen denselben zerstörenden Kräften, wie die injicierten
fremden, und was die letzteren zunächst bewirken, ist, mögen sie
lebendig oder tot in das cirkulierende Blut gelangen, immer dasselbe, und namentlich nichts Neues oder qualitativ Anderes, sondern
nur die Steigerung einer wesentlichen, vitalen Eigenschaft des Blutes,
seiner Gerinnbarkeit. Die Substanz des toten Protoplasmas muss
doch immer dieselbe sein, mag der Tod inner- oder ausserhalb des
Organismus über sie gekommen sein, so lange im letzteren Falle
nicht äussere, tief eingreifende, gewissermassen fremde, chemische
Affinitäten sie zerstört oder Bakterien sie in ihre Stoffwechselprodukte
umgewandelt haben.

Zum Schlusse dieses Abschnitts will ich noch mit einigen
Worten auf den vitalen Fermentgehalt des Blutes und seine Änderungen zurückkommen. In vielen Fällen, in welchen die Versuchsthiere in Folge der durch die betreffenden Injektionen erzeugten
Gerinnungen zu Grunde gehen, findet man ihn zwar sehr hoch,
jedenfalls hoch genug, um den Schlusseffekt begreiflich zu machen;
solche hohe Werthe desselben wird man aber eben nur an dem
Blute wahrnehmen, welches man unmittelbar vor oder während der
Thrombenbildung dem Thiere entnimmt. In andern Fällen aber wird
man die Erfahrung machen, dass die inneren Gerinnungen von einer
verhältnissmässig geringen Erhebung des vitalen Fermentgehalts
über die Norm begleitet werden, während es Veränderungen des
Blutes giebt, bei welchen er viel höher anschwillt, ohne dass es zu
diesem Abschluss kommt. Die Lösung dieses Widerspruchs ergiebt
sich aber von selbst, sobald man überlegt, ein Mal, dass der lebende
Organismus erfahrungsgemäss nicht blos die Fähigkeit hat, das Fibrinferment aus dem Blute zu eliminieren, sondern bis zu einem gewissen Grade auch das Vermögen besitzt, seine Wirkungen, so lange
es nachweislich im Blute existiert, zu paralysieren; dann aber auch
dass er, um auch das letztere zu leisten, der Zeit bedarf; fehlt ihm
diese, so kann auch ein relativ geringes, aber schnelles Ansteigen
des vitalen Fermentgehaltes ihm momentan verderblich werden. Wo
aber die Schädlichkeit ganz allmählich in das Blut eindringt, so dass

der Widerstand des Organismus mit ihrem Wachsthum gleichen
Schritt halten kann, dort kann der vitale Fermentgehalt sich auf
eine fast unglaubliche Höhe erheben, ohne dass es zur Thrombosis
kommt, ja die Thiere überwinden häufig diesen Zustand vollständig
und bleiben am Leben. Solches langsame Ansteigen des vitalen
Fermentgehalts zu bedeutenden Höhen habe ich z. B. nach subcu-
tanen Injektionen von aufgelösten Blutkörperchen beobachtet; die
Maxima traten hier, was bezeichnend ist, mit den übrigen sie begleitenden Krankheitssymptomen erst am folgenden Tage ein. Ferner
ist zu berücksichtigen, dass in Fällen mit rasch tödlichem Verlauf auch das Wachsthum des vitalen Fermentgehalts nur einige
Augenblicke währt, um alsdann einer ebenso schnellen und tiefen
Abnahme Platz zu machen, so dass man zufrieden sein darf, wenn
es gelingt, auch nur eine einzige Blutabnahme in diese kurze Periode einzuschalten. Es ist aber klar, dass man unter solchen Umständen auch nur von einem beobachteten und nicht von dem
wirklich erreichten Maximum des vitalen Fermentgehalts reden darf
und es ist von vornherein viel wahrscheinlicher, dass man mit der
Blutabnahme irgend einen Punkt des auf- oder absteigenden Schen-
kels dieser Kurve treffen wird, als grade ihren Höhepunkt. Endlich aber stellen die in Folge von Zelleninjektion so plötzlich auftretenden Thromben, so voluminös sie erscheinen, an Masse des
Faserstoffs doch sehr wenig dar. Der Organismus legt eben sofort einen Widerstand, — jenachdem es ihm gelingt, einen absoluten oder relativen, — gegen den Process der Faserstoffbildung in
das Blut hinein, aber er kann andrerseits die betreffende Blutveränderung, wenn er vergeblich widerstanden hat, doch so wenig vertragen, dass ihn schon die ersten Phasen derselben, das Dicklich-
oder Gallertigwerden des Blutes, sofort zu Grunde richten. Und
mehr, als dass sie gallertig sind, kann man von jenen Thromben
nicht sagen; denn der Organismus hat durch sein reaktives Eingreifen
doch immer so viel erreicht, dass sie auch nach seinem Tode an
Consistenz nicht zunehmen. Die Bezeichnung derselben als „derbe
Gerinnsel", welche in den mir vorliegenden Sektionsprotokollen so
häufig vorkommt, ist verfehlt. Sie imponieren viel mehr dem Auge,
als dem Finger. —

Achtes Kapitel.
Über die Wechselwirkungen zwischen Protoplasma und Wasserstoffsuperoxyd.

Jedes Protoplasma zersetzt Wasserstoffsuperoxyd unter lebhafter, oft stürmischer, man könnte sagen explosionsartiger Sauerstoffentwickelung; wir haben es also hier, wie von P. Bergengruen nachgewiesen worden ist, mit einer allgemeinen Eigenschaft des Protoplasmas zu thun.[1] Zwar kann man sagen, dass es kaum etwas auf der Welt giebt, was keinen zersetzenden Einfluss auf diese lockere Verbindung ausübt; dann muss man aber hinzufügen, dass diese allgemeine Eigenschaft aller Dinge im Protoplasma bis zum höchsten Grade potenziert erscheint. Wenn indifferente Substanzen, wie Papier, Asbest u. s. w. das Wasserstoffsuperoxyd katalysieren, so geschieht dabei eigentlich nichts mehr, als dass die allmähliche Selbstzersetzung dieser Verbindung um ein Geringes beschleunigt wird; bei concentrierten Lösungen derselben dauert es 8—14 Tage, ehe die Zersetzung unter der Einwirkung solcher Mittel ihr Ende erreicht. Das Protoplasma aber, namentlich gewisse Formen desselben, bewirkt dies in Einem Moment; es lässt in dieser Hinsicht selbst den Platinschwamm weit hinter sich. Um sich von der Gewalt dieser Wirkung des Protoplasmas, resp. gewisser, später zu erwähnenden isolierbaren Protoplasmabestandtheile zu überzeugen, stelle man die betreffenden Versuche mit concentrierten Wasserstoffsuperoxydlösungen an, wie sie gegenwärtig aus den chemischen Fabriken, z. B. von Schering in Berlin, bezogen werden können; ich stelle sie mir gewöhnlich selbst dar, indem ich zu einer gesättigten Lösung von krystallisierter Weinsäure das mit Wasser zu einem mässig dünnen Brei verriebene Baryumsuperoxyd in kleinen Mengen unter fortwährendem Umrühren hinzufüge, bis die Reaktion schwach alkalisch ist, filtriere, den in das Filtrat in geringer Menge hinübergegangenen Baryt mit ein Paar Tropfen schwefelsaurer Natronlösung fälle, wieder filtriere und nun mit verdünnter Salzsäure neutralisiere. Auf 85 Th. Weinsäure kommen hierbei ca. 100 Th. Baryumsuperoxyd.[2]

[1] In der angef. Inaug.-Abh.
[2] Beim allmählichen Zusammenmischen beider entsteht zuerst eine steife, schwer zu verrührende Masse, welche erst mit dem Eintritt der alkalischen Reaktion dünnflüssig und filtrierbar wird.

Kein anderes Substrat des Organismus, also namentlich weder die Eiweissstoffe, noch die Extraktivstoffe, noch die Fermente können sich in Hinsicht auf diese Wirkung im Entferntesten mit dem Protoplasma messen, ja die Extraktivstoffe habe ich überhaupt ganz unwirksam gefunden und was die Fermente anbetrifft, so ist ihre geringe Wirksamkeit offenbar durch Verunreinigung mit Protoplasmabestandtheilen bedingt. Unter den Eiweissstoffen katalysieren gewisse Formen, welche wir als Derivate des Protoplasmas kennen lernen werden, zwar das Wasserstoffsuperoxyd, aber mit sehr geringer Kraft; das gereinigte Albumin fand ich ganz unwirksam. Das Wasserstoffsuperoxyd ist also ein Reagens gegen Protoplasma, speciell gegen gewisse Bestandtheile desselben, und zwar ein sehr empfindliches, da Spuren der letzteren hinreichen, um es heftig zu katalysieren. Man kann durch dasselbe die Anwesenheit von Protoplasmabestandtheilen auch ausserhalb der Zellen nachweisen an Orten, wo sie in so geringer Menge vorkommen, dass der Nachweis auf anderen Wegen unsicher ist. Deshalb ist diese Reaktion mehr als ein blosses Curiosum.

Aber es findet hierbei eine Wechselwirkung statt; während das Protoplasma das Wasserstoffsuperoxyd katalysiert, unterliegt es selbst von Seiten des letzteren Angriffen, durch welche es seine katalytische Kraft allmählich verliert. In dieser Hinsicht zeigen nun aber die verschiedenen Protoplasmaformen ganz ausserordentliche quantitative Differenzen, dabei stehen katalytische Kraft und Widerstandsfähigkeit gegen das Wasserstoffsuperoxyd in geradem Verhältnisse zu einander[1]). Als Beispiele führe ich nur die Leberzellen einerseits und die Milzzellen, sowie die farblosen Blutkörperchen andrerseits an[2]). Es genügt ein ausserordentlich geringer Zusatz von Leberzellen, um verhältnissmässig grosse Mengen von Wasserstoffsuperoxyd explosionsartig zu katalysieren; Milzzellen aber und farblose Blutkörperchen bedürfen, um das Wasserstoffsuperoxyd ebenso vollständig zu zerlegen, selbst wenn sie in relativ grösseren Mengen hinzugefügt werden, stets einiger Zeit. Hat dann die Gasentwickelung aufgehört, so findet man bei erneutem Zusatz von Wasserstoffsuperoxyd ihre katalytische Kraft entweder sehr geschwächt oder ganz verbraucht, in welchem Falle meist ein Theil des Wasserstoffsuperoxyds unzersetzt bleibt und nur durch erneuten Zellenzusatz kata-

---

1) Man thut gut, sich bei diesen Versuchen nur gereinigter Zellen zu bedienen.

2) Die Leber- und Milzzellen stammten vom Kalbe, die farblosen Blutkörperchen vom Pferde.

lysiert werden kann. Die Leberzellen dagegen wird man so hochgradig
wirksam finden, dass die Abnahme ihrer katalytischen Kraft nicht leicht
zur Wahrnehmung kommt; denn es bedarf dazu meist eines wiederholten Zusatzes von Wasserstoffsuperoxyd, wobei man dann bemerkt,
dass die Katalyse von Mal zu Male schwächer wird und länger
dauert, bis endlich auch hier die völlige Erschöpfung eintritt, gleichfalls daran erkennbar, dass nach völligem Aufhören der Gasentwickelung ein Überschuss an Wasserstoffsuperoxyd noch vorhanden ist und
bestehen bleibt, sofern man ihn nicht durch einen Zusatz von frischen
Zellen zerstört. Man kann natürlich auch mit Einem Male den
Zellen durch das Wasserstoffsuperoxyd die katalytische Kraft nehmen,
wenn man dasselbe von vornherein in sehr grossen Quantitäten auf
sie einwirken lässt; sie erschöpfen sich alsdann während der immer
langsamer werdenden und zuletzt aufhörenden Katalyse und ein etwaiger Ueberschuss des Wasserstoffsuperoxyds bleibt unzersetzt. Auch
bei diesem Verfahren erkennt man an den verbrauchten Quantitäten
der Wasserstoffsuperoxydlösung die grossen Unterschiede in der katalytischen Wirksamkeit und Widerstandskraft der verschiedenen
Zellenarten.

Ich habe mich mit Absicht des Ausdrucks „Erschöpfung" bedient, weil merkwürdigerweise die unwirksam gewordenen Zellen
nach einiger Zeit ihre Kraft das Wasserstoffsuperoxyd zu katalysieren
wiedererlangen. Entfernt man von den erschöpften Zellen, nachdem
man sie sich hat senken lassen, den unzersetzt gebliebenen Rest der
Wasserstoffsuperoxydlösung möglichst vollständig, fügt dann etwas
Kochsalzlösung von $^1/_2$—$^3/_4$ Proc. hinzu und wartet nun 1—2 Tage,
so findet man sie wieder wirksam und zwar, wie mir schien, kaum
weniger als ganz zu Anfange; nochmals erschöpft, erholten sie sich
wieder. Ob hier überhaupt ein Ende zu erreichen ist, weiss ich
nicht, da ich mit diesen Versuchen nicht weiter fortgefahren bin;
ich bezweifle es aber, weil die Zelle, wie wir weiterhin sehen werden,
einen unlöslichen das Wasserstoffsuperoxyd katalysierenden Bestandtheil enthält, welcher sich gegen dasselbe, eben seiner Unlöslichkeit wegen, wie Platin verhält. Was mir bei Benutzung der ganzen
Zelle zum Versuch deshalb auffällt, ist grade der Eintritt der Erschöpfung. Wenn die Zellen lebten, würde man von einem Ohn-
machtszustande, einer Lähmung, reden dürfen.

Das Stroma der rothen Blutkörperchen participiert auch an
dieser Protoplasmaeigenschaft und zwar finden sich hier die allergrössten quantitativen Differenzen je nach der Thierart, aus welcher
es stammt. Das aus dem Rinderblut gewonnene überragt in dieser

Hinsicht sogar bei Weitem die Leberzellen, während das des Hundebluts selbst hinter den farblosen Blutkörperchen (des Pferdes) zurückbleibt. Um das Rinderstroma seiner katalytischen Wirksamkeit
zu berauben, musste BERGENGRUEN einige Tropfen des Stromabreies
so weit mit Wasser verdünnen, dass dasselbe kaum merklich getrübt
erschien und nun das doppelte Volum einer concentrierten Wasserstoffsuperoxydlösung hinzufügen; es begann nun eine langsame Gasentwickelung, welche bis in den folgenden Tag hinein währte und
dann aufhörte, ohne die Zersetzung des Wasserstoffsuperoxyds zu
Ende geführt zu haben.

Kochen in Wasser vernichtet die katalytische Kraft der Zellen
sowohl als des Stromas der rothen Blutkörperchen augenblicklich und
zwar vollständig; ebenso concentrierte Säuren und Alkalien; Neutralisieren der letzteren stellt sie nicht wieder her, wobei das entstandene Salz nicht beschuldigt werden darf, da selbst ganz gesättigte
Neutralsalzlösungen der Zersetzung des Wasserstoffsuperoxyds durch
Protoplasma nicht das geringste Hinderniss bereiten. Mässig concentrierte Säuren und Alkalien bedürfen, um ebenso zu wirken, wie
die concentrierten, nur längerer Zeit, hochgradig verdünnte Alkalien
schienen unschädlich zu sein.

Je geringer die katalytische Kraft des Protoplasmas und seine
Widerstandsfähigkeit gegen das Wasserstoffsuperoxyd ist, desto geringere Mengen von Alkalien oder Säuren reichen hin, um den völligen
Verlust dieser Kraft herbeizuführen; die Zerstörbarkeit der verschiedenen Arten des Protoplasmas durch diese Mittel ist also keineswegs
eine gleiche. Dasselbe gilt von dem den verschiedenen Thierarten
entstammenden Stroma der rothen Blutkörperchen.

Ferner erleiden diejenigen Protoplasma- und Stromaarten, welche
durch Wasserstoffsuperoxyd, durch Alkalien und durch Säuren am
leichtesten zerstört werden, auch am leichtesten unter der bereits
erwähnten Einwirkung des Oxyhämoglobins Einbusse an ihrer Fähigkeit das filtrierte Plasma u. s. w. zu coagulieren.

Eine Blutkrystalllösung wird durch Wasserstoffsuperoxyd unter
schwacher Gasentwickelung sehr schnell bis zur Farblosigkeit oxydiert; dabei wird die Gasentwickelung um so schwächer und die
Oxydation verläuft um so rascher, je häufiger man das Hämoglobin
umkrystallisiert hat, bis die erstere fast unmerklich wird. Offenbar
besitzt der Blutfarbstoff an sich gar keine katalytische Wirksamkeit und würde deshalb durch Wasserstoffsuperoxyd ohne jegliche
Gasentwickelung zerstört werden, wenn es gelänge, ihn durch wiederholtes Umkrystallisieren von jeder Stromabeimengung zu befreien.

Ich habe dieses Ziel durch viermaliges Umkrystallisieren nicht ganz erreicht. Das Hämoglobin erster Krystallisation vom Pferde ist noch so reich an Stromabestandtheilen, dass es gewöhnlich gar nicht gelingt, es durch Wasserstoffsuperoxyd vollständig zu oxydieren, weshalb es auch nicht zu verwundern ist, dass Bojanus durch intravenöse Injektion nur ein Mal krystallisierten Pferdehämoglobins eine tödliche Erkrankung seiner Versuchsthiere herbeiführte. Anders verhält sich gegen das Wasserstoffsuperoxyd, wegen der viel leichteren Zerstörbarkeit der betreffenden Stromasubstanz, das Hämoglobin erster Krystallisation vom Hunde.

Was den Blutfarbstoff anbetrifft, so zeigt er gar keine von der Thierart abhängigen Unterschiede in Betreff seiner Oxydierbarkeit durch Wasserstoffsuperoxyd. Ferner macht es auch keinen Unterschied, ob man die möglichst gereinigte Blutkrystalllösung als solche oder nach stattgehabter Zersetzung durch Säuren, Alkalien oder durch Siedhitze der Einwirkung des Wasserstoffsuperoxyds unterwirft, d. h. das Hämatin besitzt die gleiche Oxydierbarkeit, wie das Hämoglobin.

Es ist nach dem Gesagten erklärlich, dass auch das Vollblut verschiedener Thierarten gewaltige Unterschiede in Hinsicht auf seine katalytische Wirksamkeit und seine Widerstandsfähigkeit gegen die den Blutfarbstoff betreffende oxydierende Wirksamkeit des Wasserstoffsuperoxyds zeigt. Mit 100 Theilen Wasser verdünntes Rinderblut z. B. zersetzte eine gegebene grosse Menge Wasserstoffsuperoxyd stürmischer und wurde dabei langsamer entfärbt, als ein dem angewandten Volum des verdünnten Rinderbluts gleiches Volum nicht verdünnten Hundebluts. Das Pferdeblut steht in dieser Hinsicht zwischen dem Rinder- und Hundeblut. Diese am Vollblut zu beobachtenden Unterschiede sind eben nur durch den Artencharakter des Stromas und nicht des Hämoglobins bedingt. Das Stroma schützt das Hämoglobin vor der Oxydation, indem es den disponiblen Sauerstoff des Wasserstoffsuperoxyds verjagt, und die Kraft dieses Schutzes hängt von seiner typischen katalytischen Wirksamkeit und seiner Widerstandsfähigkeit gegen das Wasserstoffsuperoxyd ab. Mengt man etwas Stromabrei vom Rinde dem Hundeblut oder einer aus dieser Blutart hergestellten Krystalllösung bei, so ist beides in demselben Grade unangreifbar für das Wasserstoffsuperoxyd geworden und zugleich ebenso verderblich für dieses selbst, wie es das Rinderblut von vornherein ist, und überall wo dieser von Seiten des Stromas dem Hämoglobin gewährte Schutz ein ausreichender gewesen ist, stellt die Flüssigkeit, nachdem der Sauerstoff voll-

ständig verjagt worden, einfach eine wässerige Blut- resp. Blutkrystalllösung dar.

Es ist ferner nach dem Gesagten verständlich, dass auch die
mit der stärksten katalytischen Kraft und der grössten Widerstandsfähigkeit gegen das Wasserstoffsuperoxyd bewaffneten Blutarten schon
durch kleine Mengen desselben rasch und ohne begleitende Sauerstoffentwickelung vollständig entfärbt werden, wenn man das in ihnen
enthaltene Stroma vorher durch die erforderliche Menge von Säuren
oder Alkalien zerstört hat. Lässt man die Säure oder das Alkali
nicht schon vorher auf das Blut einwirken, sondern gleichzeitig
mit dem Wasserstoffsuperoxyd, d. h. benutzt man zum Versuch nicht
eine neutrale, sondern eine saure oder alkalische Lösung desselben,
so gewinnt, falls sie nicht zugleich gradezu eine hochconcentrierte
Säure- oder Alkalilösung darstellt, das Stroma der rothen Blutkörperchen, bevor seine katalytische Kraft ganz vernichtet wird, Zeit,
dieselbe noch geltend zu machen; das Blut entfärbt sich zwar, aber
zugleich findet eine vorübergehende Sauerstoffentwickelung Statt und
zur Herbeiführung der vollkommenen Oxydation und Entfärbung des
Blutes ist man genöthigt, viel mehr von der Wasserstoffsuperoxydlösung zu verbrauchen, als in dem Falle, dass man dieselbe Säure-
oder Alkalimenge einige Zeit vor dem Zusatz des Wasserstoffsuper-
oxydes auf das Blut einwirken lässt. SCHÖNBEIN hat offenbar
nur die von ihm als „phosphatische Flüssigkeit" und als „Produkt
der langsamen Atherverbrennung" bezeichneten Wasserstoffsuperoxydlösungen zu seinen Versuchen mit Blut benutzt; beide Flüssigkeiten
reagieren stark sauer und sind zugleich sehr arm am Wasserstoffsuperoxyd, so dass man grosse Mengen derselben dem Blute zusetzen
muss, um überhaupt eine oxydierende Wirkung zu erzielen; hiermit gelangen nun aber auch zugleich grosse Säuremengen in dasselbe. Ausserdem ist aus seinen Angaben selbst mit der grössten
Wahrscheinlichkeit zu entnehmen, dass er nur mit Hundeblut gearbeitet hat. In Folge dieser Umstände stellte er als allgemein-
gültig den Satz auf, dass das Wasserstoffsuperoxyd die rothen Blutkörperchen unter lebhafter Sauerstoffentwickelung bis zur
Hinterlassung weisser käsiger Massen oxydiere. Es musste
ihm entgehen, dass er es hier mit zwei zwar gleichzeitigen aber
doch verschiedenen, entgegengesetzt gerichteten und von einander
trennbaren Vorgängen zu thun hat und dass es Fälle giebt, in welchen
das Blut den Sauerstoff einfach verjagt, ohne selbst im mindesten
von ihm angegriffen zu werden, sowie andere Fälle, in welchen das
Wasserstoffsuperoxyd das Blut einfach oxydiert, während man nur

mit Mühe eine Gasentwickelung wahrnimmt. Will man die wechselseitigen Reaktionen zwischen normalem Blute und Wasserstoffsuperoxyd kennen lernen, so muss man eben alle Komplikationen, welche ihrerseits Blutveränderungen herbeiführen, wie namentlich saure oder alkalische Reaktion der Wasserstoffsuperoxydlösungen, vermeiden. Hätte Schönbein das gethan, so hätte er gewiss bemerkt, dass nicht bloss die Sauerstoffentwickelung eine viel lebhaftere gewesen wäre, sondern auch, dass seine an Wasserstoffsuperoxyd so armen Flüssigkeiten selbst in Hundeblut keine Entfärbung bewirkt hätten; sie enthalten nämlich kaum ¹/₅₀ der disponiblen Sauerstoffmenge in den von Bergengruen und mir benutzten Wasserstoffsuperoxydlösungen.

Erwähnenswerth ist, dass, wenn die katalytische Kraft des Blutes auch in ganz hervorragender Weise durch die körperlichen Elemente, insbesondere durch die rothen Blutkörperchen dargestellt wird, sie doch der reinen Blutflüssigkeit und den zellenfreien Transsudaten nicht ganz fehlt. Dasselbe gilt vom Blutserum. Aber die katalytische Wirksamkeit dieser Flüssigkeiten ist so gering, dass die Gasentwickelung sehr bald aufhört und bei Weitem der grösste Theil des Wasserstoffsuperoxyds unzersetzt bleibt, selbst wenn die zugesetzten Mengen desselben nicht ein Hundertstel derjenigen Quantitäten darstellen, welche durch das Blut in Einem Moment katalysiert werden. Immerhin weist dieser Befund auf das Vorhandensein von Protoplasmaderivaten ausserhalb der Zellen hin. Ihre Menge ist aber offenbar so gering, oder ihre Natur ist so verändert worden, dass sie schon durch die kleinen Quantitäten von Wasserstoffsuperoxyd, welche ich auf sie einwirken liess, bewältigt und ihrer katalytischen Kraft beraubt wurden. Auch der Farbstoff der Blutflüssigkeit wird hierbei vollständig zerstört. —

Neuntes Kapitel.

Über die das Fibrinferment von seiner unwirksamen Vorstufe abspaltenden Protoplasmabestandtheile.

Die Aufgabe der vorstehenden Untersuchungen sollte, wie bereits in der Einleitung betont worden ist, nicht sowohl die Analyse der Blutgerinnung sein, als vielmehr die Ermittelung derjenigen Vorgänge im Blute, deren Consequenz sie ist, und zwar zunächst mit Rücksicht auf die Entstehung des Fibrinferments und seiner unwirksamen Vorstufe. Wir wissen nun bereits, dass dieses Ferment

mit grosser Geschwindigkeit sich entwickelt und aufspeichert, sobald
irgend welche Protoplasmaformen mit Flüssigkeiten in Berührung
kommen, welche bereits eine gewisse Gerinnungstendenz besitzen,
wohin vor Allem das zellenfreie Blutplasma zu zählen ist, dann aber
auch die aus den proplastischen Transsudaten hergestellten künstlichen Gerinnungsmischungen und endlich auch das verdünnte Salzplasma, sofern das Salz jene Tendenz in demselben nicht gänzlich
unterdrückt hat. Die genannten Flüssigkeiten und andere ihnen ähnliche, welche auf verschiedene Weise hergestellt werden können, und
ihren hervorragendsten Repräsentanten im zellenfreien Blutplasma
finden, stellen nun zugleich die e i n z i g e n Medien dar, in welchen es, bei
Gegenwart von Protoplasma, zur Erzeugung von Fibrinferment kommt;
suspendiert man die Zellen statt in diesen Flüssigkeiten in Wasser,
verdünnter Kochsalzlösung, in Blutserum oder in proplastischen, der
spontanen Gerinnung absolut unfähigen, Transsudaten, in Harn,
Galle u. s. w., so wird man nie eine Andeutung einer stattgehabten Fermententwickelung wahrnehmen. Ich habe mich bisher meist so ausgedrückt, dass das Plasma spaltend auf das Protoplasma wirke und
halte auch jetzt diese Ausdrucksweise aufrecht, aber ich möchte
damit nicht das Vorurtheil erwecken, als müsse es ein dem Plasma
s p e c i f i s c h angehöriges, nur in ihm vorkommendes Substrat sein,
welches spaltend auf ein andres, ebenso s p e c i f i s c h nur im Protoplasma enthaltenes und das spaltbare Material darstellendes Substrat einwirke. Das Plasma ist das einzige Vehikel, in welchem es
zu dem naturgemässen, auch im lebenden Organismus stattfindenden
Wechselverkehr und Austausch zwischen Zelle und umgebender oder
umspülender Flüssigkeit kommt; was ist unter solchen Umständen
n u r Plasmabestandtheil und was n u r Zellenbestandtheil? Ohne
Zweifel ist das Plasma das unmittelbare Medium der Faserstoffgerinnung, denn auch das z e l l e n f r e i e Plasma gerinnt, enthält also Alles,
was zur Gerinnung erforderlich ist; wenn wir nun sehen, dass auch
im zellenfreien Blutplasma das Fibrinferment, soviel davon sich hier
entwickelt, nur zum allerkleinsten Theil als vitaler Fermentgehalt aus
dem lebenden Organismus stammt, zum grössten Theil aber ausserhalb
desselben, trotz des Mangels der körperlichen Elemente, sich e r s t e n t -
w i c k e l t, so werden wir wohl mit Recht sagen können, das Plasma
(resp. ein Bestandtheil desselben) spaltet das Fibrinferment von seinem
Zymogen ab. Beides, das Spaltende und das Spaltbare, sind hier
offenbar gelöste Bestandtheile der Blutflüssigkeit selbst. Wenn wir
nun aber weiter wahrnehmen, dass der Gerinnungsprocess in der
Blutflüssigkeit bei Anwesenheit der körperlichen Elemente einen viel

grossartigeren Verlauf nimmt, sowohl was den Umfang der Fermententwickelung und die davon abhängige Geschwindigkeit der Gerinnung, als auch was die Masse des Fermentationsprodukts, des Faserstoffs, anbetrifft, so werden wir weiter schliessen dürfen, dass die
Gerinnung in strenger Abhängigkeit von den Zellen steht, in dem
Sinne, dass sie der Flüssigkeit sowohl das Spaltende als das Spaltbare, als auch endlich das eiweissartige Material, aus welchem der
Faserstoff entsteht, liefern.   Letzteres kennen wir schon, es wird
durch die Globuline des Plasmas dargestellt und die Aufgabe in Betreff derselben besteht nur darin, ihre Abkunft aus den Zellen, mit
welchen die Blutflüssigkeit verkehrt, nachzuweisen. Aber auch die
Muttersubstanz des Fibrinferments und das spaltende Agens müssen
erst noch gefunden werden. Dann erst erwächst uns die weitere
Aufgabe, auch deren Herkunft festzustellen. Nach dem eben Gesagten müssen sie zunächst Bestandtheile der Blutflüssigkeit
darstellen; da aber die Gerinnung der letzteren durch das Hinzukommen von Zellen eine enorme Steigerung in allen ihren Phasen
erfährt, also nur einer quantitativen und nicht einer qualitativen
Änderung unterliegt, so folgt, dass auch sie in relativ bedeutend
grösseren Mengen in den Zellen, als ihren Vorrathskammern, enthalten sind und zwar in derselben oder in einer ähnlichen Gestalt,
wie sie in der Blutflüssigkeit vorkommen.

Ob die hier vorausgesetzte Verwandlung von Zellenbestandtheilen
in Flüssigkeitsbestandtheile nur ausserhalb des Organismus stattfindet
oder, wenigstens theilweise, auch schon innerhalb desselben, ob sie
auf Zellenzerfall beruht oder nur auf Zellenstoffwechsel, ob alle Zellen,
mit welchen die Blutflüssigkeit in Berührung kommt, oder nur die
in ihr suspendierten dabei betheiligt sind, sind Fragen, auf welche
ich später zurückkommen werde. Dasselbe gilt auch von der Frage
nach der Herkunft der Globuline. Was mich zuerst beschäftigt hat
und worauf ich auch hier zuerst eingehen will, war der Versuch, festzustellen, ob sich aus den von mir untersuchten Zellen Stoffe darstellen
lassen, welche auf filtriertes Plasma u. s. w. ganz ebenso coagulierend wirken wie die Zellen selbst, wobei es alsdann späteren Untersuchungen überlassen bleiben musste zu entscheiden, ob ich
mit den fraglichen Zellenbestandtheilen das spaltende Agens oder
den Mutterstoff des Fibrinfermentes oder beides zusammen in Händen hatte. Meine bezüglichen Untersuchungen betrafen also zuerst
die Zellen und als ich hier mein Ziel erreicht hatte, suchte ich auch
in der zellenfreien Blutflüssigkeit nach demselben, was ich dort gefunden hatte.

RAUSCHENBACH hatte bereits beobachtet, dass das filtrierte wässerige Extrakt von Lymphdrüsenzellen in filtriertem Plasma qualitativ dasselbe leistete, wie die Zellen selbst, der coagulierend wirkende Zellenbestandtheil konnte also auch von der Zelle getrennt seine Thätigkeit entfalten; aber neben dem Fermentzuwachs und dem durch denselben bewirkten beschleunigten Gerinnungsverlauf führte das Zellenextrakt zugleich auch eine beträchtliche Erhöhung des Fibrinprocents in dem als Reagens dienenden filtrierten Plasma herbei. Hieraus folgte zunächst, dass die Lymphdrüsenzellen in seinen betreffenden Versuchen nicht blos bei der Bildung des Fibrinferments betheiligt gewesen waren, sondern dass ihre Substanz auch in genetischem Zusammenhange mit der S u b s t a n z des Faserstoffes gestanden hatte. Meine frühere Annahme, dass ein solcher Zusammenhang zwischen dem Faserstoff und den farblosen Blutkörperchen bestände, hatte also durch diesen Versuch eine Erweiterung erfahren; aber andrerseits war das Resultat desselben ein gemischtes und es kam mir deshalb darauf an, eine Methode zu finden, welche es ermöglichte, aus der Zelle die fermentabspaltenden Bestandtheile, u n d n u r d i e s e , zu meinen Versuchszwecken zu isolieren. Aus naheliegenden Gründen schien es geboten, bei dieser Zerlegung der Zelle Siedhitze, Säuren, concentrierte Alkalien, kurz alle energisch eingreifenden Mittel, welche ja auch im Organismus nicht vorkommen, zu vermeiden.

J. v. SAMSON-HIMMELSTJERNA [1]) und gleich nach ihm NAUCK [2]) waren, indem sie nach dem Mutterstoff des Fibrinferments suchten und die Eiweissstoffe, Fette und Kohlehydrate a priori ausschlossen, auf die Produkte der regressiven Metamorphose der Eiweissstoffe verfallen. Sie prüften eine ganze Reihe derselben mit filtriertem Plasma und mit den nach DENIS' Methode dargestellten Plasminlösungen, einfach salzigen Lösungen der beiden Plasmaglobuline, und fanden in der That, dass jene Stoffe eine mit Fermententwickelung einhergehende coagulierende Wirkung auf dieselben ausübten, aber nur sofern sie nicht überschüssig zur Anwendung kamen; war dieses der Fall, so hinderten sie die Gerinnung. Ein Zuviel dieser Substanzen hemmte also ihre eigne Wirkung. Den Punkt im voraus zu bestimmen, von welchem an das Zuviel begann, hielt schwer, da er nicht blos von der Natur der betreffenden Stoffe, sondern auch von der Beschaffenheit der als Reagentien dienenden gerinnungs-

---

1) In der angef. Inaug.-Abh.
2) In der angef. Inaug.-Abh.

fähigen Flüssigkeiten abhing. Im Allgemeinen wurde mit sehr kleinen Mengen gearbeitet, da es mehr darauf ankam, die Thatsache dieser Wirkung festzustellen, als darauf, den höchstmöglichen Grad derselben zu erreichen. Bei den Plasminlösungen war die Gefahr eines ungünstigen, d. h. in einer Gerinnungshemmung bestehenden, Resultates geringer, als beim Plasma selbst; aber auch bei ihnen war man des Erfolges nicht ganz sicher; es kam vor, dass ein gegebenes Quantum dieser Stoffe auf die eine Plasminlösung coagulierend wirkte, während sie die Gerinnung einer anderen, aus einem anderen Plasma gewonnenen, Plasminlösung schon hemmend beeinflusste.

Für den Versuch mit den in Rede stehenden Substanzen bietet das Gallensalzplasma ein noch günstigeres Objekt dar, als die Plasminlösung. Das tauro- sowohl, als das glycocholsaure Natron lassen nämlich die Spaltungen im Blute, welchen das Fibrinferment seine Entstehung verdankt, und damit also auch die Gerinnung nicht zu Stande kommen. Beim filtrierten Plasma genügt 1 % des Gallensalzes, um diesen Effekt zu erzielen, beim nicht filtrierten waren dazu 2 % erforderlich. Viel weniger energisch beeinflussten sie den Vorgang der Fermentation selbst, um so weniger, je weiter er bereits gediehen war, bevor das Gallensalz hinzugebracht wurde; eine hemmende Wirkung desselben war gar nicht zu verspüren, wenn der Zusatz kurz vor dem Augenblicke geschah, in welchem das fertige Fermentationsprodukt durch die Plasmasalze aus der löslichen in die unlösliche Form übergeführt wird. Die Gallensalze stimmen also darin mit den Neutralsalzen überein, dass sie vor Allem die Entstehung des Fibrinferments hemmen, viel weniger die Wirkung desselben im freien Zustande und gar nicht die fällende Wirkung der Salze. Aber sie unterscheiden sich dadurch von den Neutralsalzen, dass sie, wenigstens in den oben angegebenen relativen Mengen, sich gewissermassen an der Grenze ihrer, die Spaltungen hemmenden, Wirksamkeit befinden, so dass schon ein sehr kleiner Wasserzusatz die Gerinnung wieder auslöst, während das Salzplasma, insbesondere das der schwefelsauren Magnesia, wenn es gut gelungen ist, mit 10—20 Theilen Wasser verdünnt werden kann, ohne dass es seine spontane Gerinnungsfähigkeit dabei wiedererlangt.

Je grösser der Wasserzusatz ist, desto schneller erfolgt natürlich die Gerinnung des Gallensalzplasmas, aber andrerseits ist die Gefahr, dass die Produkte der regressiven Metamorphose der Eiweisskörper gerinnungshemmend und nicht gerinnungsbeschleunigend wirken, um so geringer, je langsamer die Gerinnung verläuft, d. h. in langsam nach Wasserzusatz gerinnendem Gallensalzplasma wirken

Quantitäten jener Substanzen noch beschleunigend auf die Gerinnung, welche sie in schneller gerinnendem hemmen, also für das letztere schon zu gross sind; je grösser also die durch die Verdünnung hervorgerufene Gerinnungstendenz des Plasmas ist, desto kleinere Mengen jener Stoffe wirken bereits als überschüssige und es ist begreiflich, warum dieser Fall so häufig beim natürlichen Plasma vorkam. Etwa 5 % Wasser zu einem 1procentigen zellenfreien Gallensalzplasma genügte, um, je nach der Beschaffenheit des Plasmas selbst, in 5 bis 72 Stunden die Gerinnung auszulösen und es war nun möglich, an verschiedenen Proben dieser Plasmapräparate diejenige Menge jedes einzelnen der erwähnten Extraktivstoffe aufzusuchen, welche den Process am günstigsten beeinflusste, also das Optimum des Zusatzes für das gegebene Plasmapräparat darstellte. Ich will nicht unerwähnt lassen, dass NAUCK die Thatsache, dass das Gallensalz die Fermentabspaltung im Plasma unterdrückt, ebensowohl wie die Thatsache, dass die stickstoffhaltigen Derivate der Eiweissstoffe sie wieder hervorrufen, durch besondere Fermentbestimmungen nach der bekannten Methode der Coagulierung durch Alkohol u. s. w. feststellte.

Es kam aber auch, wenngleich selten, vor, dass das filtrierte Pferdeblutplasma eines grösseren als 1procentigen Zusatzes an Gallensalz bedurfte, um permanent flüssig zu bleiben; in solchem Falle genügten auch nicht 2 % desselben, um diese Wirkung auf das unfiltrierte Plasma auszuüben. Bei relativ zu wenig Gallensalz enthaltenden und deshalb auch von selbst gerinnenden Plasmapräparaten bedurfte es natürlich nicht eines Wasserzusatzes, um die Wirkung der Extraktivstoffe zu demonstrieren.

Ein Zellenzusatz ruft selbstverständlich gleichfalls die Gerinnung des Gallensalzplasmas hervor, selbst des nicht mit Wasser verdünnten, also permanent flüssigen, auf welches, wie es scheint, die Extraktivstoffe gar keine Wirkung ausüben. Hieraus erklärt sich, warum grössere Mengen von Gallensalz erforderlich sind, um das nicht filtrierte, farblose Blutkörperchen enthaltende Blutplasma flüssig zu erhalten. Die letzteren sowohl als die zur Trübung des Pferdeblutplasmas wesentlich beitragenden Körnchenmassen lösen sich im Gallensalz bis zur vollständigen Klärung des Plasmas auf.

Auf künstliche, aus einem Transsudat und Blutserum bestehende Gerinnungsmischungen wirken die Extraktivstoffe ebenso ein, wie auf die eben besprochenen gerinnungsfähigen Flüssigkeiten. Des Gallensalzes bedarf man hier nicht, da man die Gerinnungstendenz durch Regulierung des Serumzusatzes beliebig normieren kann, wozu nur einige Vorversuche erforderlich sind. Die Versuche mit diesen Flüssigkeiten sind viel einfacher und bequemer, weil man die Gerinnungstendenz der Mischungen im Voraus kennt und die Voroperationen des Filtrirens in der Kälte, resp. der Darstellung von Plasminlösungen, wegfallen.

Es kamen bei diesen Versuchen folgende Extraktivstoffe zur Verwendung: Lecithin, Hypoxanthin, Leucin, Glycin, Taurin, Kreatin, Xanthin, Guanin, Harnsäure, Harnstoffe. Alle, mit Ausnahme des Harnstoffes, erwiesen sich als wirksam.

Schon vor v. Samson und Nauck hatte Wooldridge gefunden, dass das Lecithin auf Peptonplasma, dessen farblose Blutkörperchen mittelst Centrifugieren entfernt worden waren, coagulicrend wirkt, sofern zugleich Kohlensäure durch die Flüssigkeit geleitet wurde [1]), eine Bedingung, welche weder für das filtrierte Plasma, noch für das Gallensalzplasma, noch für die Plasminlösungen Geltung hat.

Eine Prüfung der Wirkung der Extraktivstoffe auf verdünntes Salzplasma hat nicht stattgefunden; ich bin aber überzeugt, dass sie solches Salzplasma, welches noch einen Rest von spontaner Gerinnungsfähigkeit sich bewahrt hat, qualitativ ebenso beeinflussen werden, wie die bereits erwähnten Flüssigkeiten.

Auf die Frage, ob diese Stoffe, wie v. Samson und Nauck annahmen, die Mutterstoffe des Fibrinferments selbst darstellen, mithin der Spaltung durch das Plasma unterliegen, oder ob sie ihrerseits fermentabspaltend auf irgend einen anderen Bestandtheil des Plasmas einwirken, werde ich später zurückkommen. —

Ich ging nun von der Annahme aus, dass alle diese Stoffe Produkte der Zellenthätigkeit sind und deshalb wohl auch ursprüngliche Zellenbestandtheile darstellen, unbeschadet ihres Vorkommens in den Körperflüssigkeiten. Viele derselben sind in Alkohol löslich, und wenn manche als darin unlöslich angegeben werden, so gilt das von den chemisch reinen Substanzen und es fragt sich, ob die Gegenwart anderer, in Alkohol löslicher Zellenbestandtheile nicht auch ihre Löslichkeitsverhältnisse modificirt. Ein weiterer Grund für den Versuch, durch Alkohol den Zellen die coagulicrend wirkenden Stoffe zu entziehen, lag in der bereits erwähnten Thatsache, dass es durch Waschen der Zellen selbst mit den ungeheuersten Wassermengen nicht gelang, ihnen ihre coagulierende Wirksamkeit zu nehmen; dass die letztere von in Wasser löslichen Zellenbestandtheilen abhange, erschien wenigstens unter solchen Umständen nicht gut denkbar.

---

1) L. Wooldridge. Zur Gerinnung des Blutes. Du Bois-Reymond's Archiv für Physiologie. 1883. S. 389.

Als ich mit Anthen über die Wirkung der Leberzellen auf das Hämoglobin arbeitete, disponierten wir ein Mal über eine grössere Quantität dieser Zellen in gewaschenem Zustande; die über ihnen stehende Flüssigkeit opalisierte etwas, zeigte aber keine Spur einer Blutfärbung. Etwas von diesem Zellenbrei in filtrirtes Plasma gebracht, übte die gewöhnliche coagulierende Wirkung aus.

Wir brachten nun eine grössere Quantität des Zellenbreies in das zehnfache Volum starken Alkohols; nach drei Tagen entfernten wir den Alkohol und ersetzten ihn durch neuen, wiederholten dieses noch ein Mal und fanden nun, dass der Alkohol kaum mehr etwas aus den Zellen aufnahm. Jetzt wurde der gesammelte Alkohol, der beim Abgiessen etwas vom zelligen Bodensatz mitgenommen hatte, filtriert, auf dem Dampfbade eingedampft, der klebrige, gelbbraune Rückstand mit einem Spatel abgeschabt und im Mörser mit Wasser zu einer dünnen Emulsion verrieben, welche sauer reagierte. Sie wurde mit einigen Tropfen stark verdünnter Natronlauge neutralisiert und nun zu den Versuchen benutzt.

Das zu diesen Versuchen benutzte filtrierte Pferdeblutplasma gerann, sich selbst überlassen, erst nach mehreren Stunden. Nach Zusatz von ein paar Tropfen jener Emulsion zu 2—3 Ccm. Plasma aber erfolgte die Gerinnung in wenigen Minuten; es gelingt leicht die Zeit noch mehr abzukürzen.

Die von den alkoholischen Extraktivstoffen befreite Zellenmasse wurde auf ein Filtrum gebracht, das Abtropfen des Alkohols abgewartet, ein Mal mit wenig Wasser gewaschen, und eine ganz kleine Quantität des Breies in ein paar Ccm. des filtrierten Plasmas vertheilt. Die Gerinnung begann erst am folgenden Tage.

Dieselben Zellen also, welche vorher in so hohem Grade coagulierend gewirkt hatten, wirkten jetzt, nach der Extraktion mit Alkohol, im ganz entgegengesetzten Sinne und die mit dem letzteren fortgenommenen Stoffe spielten nun die Rolle im Plasma, welche früher von der ganzen Zelle gespielt worden war; ja sie übertrafen noch die Wirksamkeit der letzteren, weil sie der ihnen immerhin entgegenwirkenden, wenn auch ihnen unterliegenden, hemmenden Zellenbestandtheile ledig geworden waren.

Der mit Alkohol extrahierte nur ein Mal mit Wasser gewaschene Zellenbrei wurde mit wenig Wasser verrieben und nach einigen Stunden filtrirt. Das Filtrat wirkte, zu 1 Theil mit 3 Theilen Plasma gemischt, ganz wie der Zellenrückstand selbst d. h. energisch gerinnungshemmend. Das Substrat dieser Wirkung ist also in Wasser löslich; da es diese Eigenschaft sich bewahrt hatte, trotzdem die betreffenden Leberzellen 9 Tage lang der Einwirkung von starkem Alkohol ausgesetzt gewesen waren, so kann es, wenigstens nach den gewöhnlichen Vorstellungen, kein Eiweisskörper sein.

Dass wir mit den gewaschenen Leberzellen in Bezug auf die hemmende Wirkung derselben grade an ein ungünstiges Präparat gerathen waren, wird man leicht einsehen, sobald man bedenkt, dass der betreffende Stoff in Wasser löslich ist. Es war nur Zufall, dass diese Wirkung überhaupt wahrnehmbar wurde; die Leberzellen waren in diesem Falle entweder sehr reich an gerinnungshemmendem Material, oder sie waren noch nicht genug gewaschen, worüber ich in meinen Notizen nichts angemerkt habe. Für gewöhnlich findet sich dieser Stoff in stark gewaschenen Zellen nicht mehr vor. Zur Gewinnung der alkoholischen Extraktivstoffe kann man sich gewaschener Zellen bedienen, nicht aber, wenn es sich darum handelt, nach Entziehung der Extraktivstoffe des gerinnungshemmenden Zellenbestandtheils habhaft zu werden. Am besten eignen sich zu diesen Versuchen die Lymphdrüsenzellen. Man zerkleinert die Lymphdrüsen, nachdem man sie vom anhängenden Fett befreit hat, zu einem Brei, rührt denselben mit $^1/_8$ Volum Wasser an (weil das Auspressen sonst zu schwer von Statten geht), und centrifugiert die Zellen in ihrem eigenen Saft. Der letztere wird dann abgehoben und der zellige Bodensatz in das zehnfache Volum Alkohol von 96° gebracht; es haftet ihm natürlich immer noch etwas vom Lymphdrüsenserum an, was aber deshalb nichts schadet, weil dasselbe gleichfalls, wenn auch in viel geringeren Mengen als die Zellen, sowohl die alkoholischen Extraktivstoffe, als auch den gerinnungshemmend wirkenden Stoff enthält; beide gehören, sofern sie im Lymphdrüsenserum vorkommen, wohl zugleich sowohl den unter der Presse zertrümmerten und den trotz des Centrifugierens in der Flüssigkeit suspendiert bleibenden Zellen an.

Eine durch diesen Stoff permanent gehemmte Gerinnung wird durch einen Zusatz jener Bestandtheile des alkoholischen Zellenextrakts wieder hervorgerufen, wobei man, je nachdem man diesen Zusatz variiert, jede beliebige Gerinnungsgeschwindigkeit erzielen kann, und umgekehrt kann man die Wirkung der letzteren durch unmittelbar drauffolgenden Zusatz der ersteren in beliebigem Grade hintanhalten. Im Ganzen aber zeigt sich, dass kleine Mengen der coagulierenden Stoffe grossen Mengen der coagulationshemmenden äquivalent sind. Wenigstens gilt dies für den extra corpus angestellten Versuch.

Ich lasse nun den gerinnungshemmend wirkenden Zellenbestand-

theil vorläufig fallen, um mich mit den alkoholischen, ihnen entgegengesetzt wirkenden Extraktivstoffen der Zellen zu beschäftigen.

Dieselben verlieren beim Abdampfen des Alkohols auf dem Wasserbade ihre Wirksamkeit nicht; da aber die Abdampftemperatur 100^0
nicht erreicht, so verrührte ich Lymphdrüsenzellenbrei mit dem zehnfachen Volum einer 1 procentigen Kochsalzlösung und kochte nun anhaltend. Der Kochsalzzusatz fand Statt, um das Zusammenballen
der Masse zum Zwecke des Filtrierens zu begünstigen. Darauf wurde
filtriert, das Kochsalz vom Rückstande auf dem Filtrum weggewaschen
und eine kleine Probe des letzteren in filtriertem Plasma mechanisch
vertheilt. Die coagulierende Wirkung war dieselbe, wie die der ungekochten Zellen. Auch in wässeriger Emulsion kann man die vom
Alkohol aus den Zellen aufgenommenen Stoffe, ohne Beeinträchti-
gung ihrer coagulierenden Wirksamkeit, der Siedetemperatur aus-
setzen. —

Abgesehen von den genannten beiden Zellenarten habe ich die
coagulierend wirkenden Stoffe auf dem angegebenen Wege gewonnen
aus den gewaschenen Milzzellen, aus den durch anhaltendes Dekantieren mit eiskaltem Wasser isolierten farblosen Blutkörperchen des
Pferdes, aus dem ausgepressten Saft entbluteter Froschmuskeln, aus
Gehirnsubstanz, aus dem Pankreas, aus der Magenschleimhaut und
endlich in grosser Menge aus den rothen Blutkörperchen.

Ausserdem finden sich diese Substanzen auch im Blutplasma und
im Blutserum. Beim Coagulieren dieser Flüssigkeiten mit starkem
Alkohol bleiben sie zum grossen Theil in dem letzteren gelöst zurück.
Doch schliesst auch das Eiweisscoagulum einen Theil derselben ein
und nur durch wiederholtes und anhaltendes Extrahieren mit Alkohol
lassen sie sich aus ihm ganz entfernen. Nach einem Versuch zu urtheilen, beträgt der Gehalt des klaren, körperchenfreien Pferdeblutserums an diesen Extraktivstoffen 0,7 Proc., der des filtrierten Pferdeblutplasmas etwa ebensoviel und der des Rinderblutserums 0,9 Proc.
Das Vorkommen derselben in diesen Flüssigkeiten veranlasst mich
eben zur Annahme, dass auch der Gehalt der Zwischenflüssigkeit des
ausgepressten Lymphdrüsensafts an diesen Stoffen nur theilweise
den unter der Presse zertrümmerten und den trotz des Centrifugierens in ihr suspendiert bleibenden Zellen, theilweise aber ihr selbst
angehört.

In den Flüssigkeiten der Körperhöhlen sind zwar auch durch
Alkohol extrahierbare Substanzen enthalten, aber ihre coagulierende
Wirksamkeit ist um so geringer, je geringer die Neigung derselben
ist, spontan zu gerinnen; an Masse scheinen sie dabei hinter den

alkoholischen Extraktivstoffen des Blutplasmas und des Blutserums
nicht zurückzustehen, aber sie sind offenbar anderer Art. Der alkoholische Auszug der Pericardialflüssigkeit von zwei Pferden hinterliess beim Eindampfen einen gelben, zum grössten Theil in Wasser
leicht löslichen Rückstand, welcher auf filtrirtes Plasma gar keine
coagulirende Wirkung ausübte.

In viel grösserer Menge, als aus dem Blutplasma und aus dem
Blutserum, erhält man diese Substanzen aus den Zellen. DEMME bestimmte in einem Versuch den Gesammtrückstand von 100 gr eines
auf der Centrifuge gesammelten Lymphdrüsenzellenbreis zu 11,41 gr;
hierin waren enthalten 3,47 gr alkoholischer Extraktivstoffe, was
30,44 Proc. des Gesammtrückstandes ausmacht [1]). Um sie aus den
rothen Blutkörperchen darzustellen, bietet sich als bequemstes Material wiederum das Pferdeblut dar. Es macht dabei keinen Unterschied, ob man dazu die rothen Blutkörperchen des bereits geronnenen,
oder des noch nicht geronnenen Pferdebluts benutzt.

Um sich von dem Einfluss zu überzeugen, welchen diese Stoffe
auf die Entwickelung des Fibrinferments ausüben, füge man zu einer
Probe Pferdeblutplasma eine kleine Quantität derselben in wässeriger,
schwach alkalisch reagierender Emulsion hinzu und vergleiche nach
beendeter Gerinnung die coagulirende Kraft des betreffenden Serums
mit derjenigen des aus demselben Plasma durch die gewöhnliche
Gerinnung erhaltenen Serums; man wird finden, dass das erstere, nach
der Zeit der Wirkung beurtheilt, um ein Vielfaches reicher an Fibrinferment ist, als das letztere. Aber man suche sich des Serums so
früh als möglich zu diesem Versuche zu bemächtigen, weil der Fermentgehalt desselben zu Ende der Gerinnung sein Maximum erreicht und
von diesem Augenblicke an rasch auf ein Minimum heruntergeht. Ganz
besonders gilt dies vom Pferdeblutserum. Deshalb ist es besser, sich zu
diesen Versuchen des gewöhnlichen, zellenhaltigen Pferdeblutplasmas,
dessen Gerinnung in 1—2 Stunden sicher zu Ende ist, zu bedienen.
Dem filtrierten Plasma kann man zwar durch Zusatz der alkoholischen Zellenextraktivstoffe jede beliebige Gerinnungsgeschwindigkeit ertheilen, aber das Vergleichsplasma, dessen Gerinnung
zwar häufig 1—2 Stunden nach dem Filtrieren bei Zimmertemperatur
beginnt, braucht doch meist 24—48 Stunden, ehe es damit zu Ende
kommt. Drückt man die Flüssigkeit früher aus dem Kuchen heraus,
so erhält man Nachgerinnungen; das Ausgepresste ist demnach immer
noch Plasma und kein Serum.

1) W. DEMME. Über einen neuen Eiweiss liefernden Bestandtheil des Protoplasmas. Inaug.-Abh. Dorpat 1890. S. 15.

Indem ich also durch meine Zusätze zum filtrierten Plasma den natürlichen Gehalt desselben an den durch Alkohol auszichbaren Zellenbestandtheilen erhöhte, beschleunigte ich nicht bloss, sondern vertiefte ich zugleich die der Faserstoffgerinnung vorausgehenden Spaltungen, deren Produkt das Fibrinferment ist; denn der beträchtliche Zuwachs an dem letzteren setzt einen gesteigerten Verbrauch an spaltbarem Material voraus. Die viel kleineren und dabei sehr allmählich sich entwickelnden Fermentmengen im Vergleichsplasma können natürlich auch ihrerseits eine durchaus erschöpfende Gerinnung herbeiführen; der Process nimmt eben nur einen viel langsameren Verlauf.

Somit hat sich herausgestellt, — was ich nochmals betonen will, — dass diese bei der Blutgerinnung eine so hervorragende Rolle spielenden Substanzen einerseits, und zwar in weit überwiegender Menge, Protoplasmabestandtheile darstellen, andrerseits aber doch auch in der Blutflüssigkeit, als gelöste Bestandtheile derselben enthalten sind. Ein Gehalt von nahezu 1 Proc. ist, wenn er auch hinter dem der Zellen weit zurücksteht, an sich genommen nicht gering. Eine vollständige Extraktion dieser Stoffe würde wohl auch mit geringeren Mengen Alkohol, als ich verbraucht habe, gelingen, wenn man ihn heiss anwendete; ich habe nur mit kaltem Alkohol gearbeitet, weil es mir stets darauf ankam, aus dem Coagulum der Zellen nach den Extraktivstoffen auch den gerinnungshemmenden Stoff zu gewinnen; dieser zersetzt sich aber in der Hitze. Das Alkoholcoagulum des Blutserums seinerseits leistete mir im lufttrocknen Zustande die Dienste cines Fermentreservoirs, durfte also auch nicht höheren Temperaturen ausgesetzt werden.

Das Fehlen dieser Substanzen in den typisch proplastischen Transsudaten erklärt zunächst ihre völlige Unfähigkeit spontan zu gerinnen; aber ein Zusatz derselben führt trotzdem ihre Gerinnung nicht herbei; es fehlt ihnen eben, wie wir sehen werden, ein zweiter wesentlicher Gerinnungsfaktor, nämlich das Objekt der specifischen Wirkung dieser Stoffe. Mischt man sie nun mit Blutserum zusammen, so kommt zunächst das freie Ferment des letzteren auf das in den ersteren enthaltene präformierte Gerinnungssubstrat zur Wirkung, die Flüssigkeit gerinnt; aber diese Gerinnung wird nun durch Zusatz von alkoholischen Zellenextraktivstoffen, ebenso wie durch Zusatz von Zellen, wesentlich beschleunigt und zwar unter einem nachweisbaren Zuwachs an Fibrinferment; mit dem Blutserum ist also auch jenes Objekt der Wirkung der Zellenextraktivstoffe in das Gemenge gelangt. Zwar besitzt das Serum ausserdem selbst einen Gehalt an

wirksamen Extraktivstoffen, aber zwischen ihnen und ihrem Objekt hat
sich bei seiner Entstehung aus Blutplasma ein Zustand der Indifferenz hergestellt, der nur durch eine Vermehrung der ersteren gestört
werden kann.

Anders liegt die Sache, wenn man diesen Stoffen gegenüber die
inaktive, verdünnte Salzplasmalösung als Reagens benutzt. Diese
Flüssigkeit ist darin dem normalen filtrierten Plasma gleich, dass sie
Alles, was zur Faserstoffgerinnung gehört, in sich enthält; ihre Besonderheit ist, dass der wirkliche Eintritt der Fermentspaltung durch
das Salz unterdrückt ist. Aber während dies auch für den Fall gilt,
dass man Zellen in das verdünnte Salzplasma bringt, gelingt es
bei Zusatz ihrer alkoholischen Extraktivstoffe fast immer die
Spaltungen in demselben und damit auch die Gerinnung wieder ein-
zuleiten. Dieser Unterschied in der Wirkung der ganzen Zelle und
ihrer in Alkohol löslichen Bestandtheile gilt wenigstens für die von
mir stets eingehaltenen quantitativen Verhältnisse des Salzzusatzes
und des späteren Verdünnungsgrades mit Wasser. Oft muss der Zusatz, um zu wirken, sehr gross sein und bei einer schwächeren Verdünnung oder bei einem von vornherein grösseren Salzgehalt des Prä-
parates würde er wohl trotzdem wirkungslos bleiben. Immer aber
haben die Zellenextraktivstoffe es beim verdünnten, inaktiven Salzplasma mit ganz anderen Spaltungswiderständen zu thun als beim
normalen Blutplasma und wenn sie dieselben, in hinreichender Menge
angewendet, auch schliesslich besiegen, so kommt es doch immer
nur zu sehr späten, oft erst nach mehreren Tagen eintretenden und
sehr langsam verlaufenden Gerinnungen, durch welche nur Flocken
und Flöckchen zu Tage gefördert werden. Viel rascher verläuft der
Process natürlich, wenn das verdünnte Salzplasma noch einen Überschuss an spaltenden, ihm selbst angehörigen Kräften besitzt, so
dass es gar nicht als inaktiv bezeichnet werden kann.

Ich wüsste keinen anderen Grund für diese, verglichen mit den
ganzen Zellen, energischere Wirksamkeit ihrer alkoholischen Extraktivstoffe gegenüber dem Salzplasma anzugeben, als den, dass sie
in diesen Versuchen eben allein und nicht in Begleitung der gerinnungshemmenden Zellenbestandtheile zur Anwendung kamen.

Die zuletzt angeführten Beobachtungen geben einen Anhalt zur
Beurtheilung der Frage, ob die in Rede stehenden Zellenbestandtheile selbst die Mutterstoffe des Fibrinferments darstellen, oder ob
sie die Träger der spaltenden Kräfte des Blutes sind. Es scheint
mir nämlich nicht wohl annehmbar zu sein, dass die spaltenden

Kräfte einer Flüssigkeit, nachdem sie durch gewisse Einwirkungen, im vorliegenden Falle von Seiten des Magnesiasalzes, auf Null reduciert worden, dadurch wieder lebendig und wirksam gemacht werden sollten, dass man den Vorrath an spaltbarem Material, dessen Bewältigung ihnen oblag, also damit auch die von ihnen zu leistende Arbeit, vergrössert. Meiner Überzeugung nach stellen diese Stoffe ebensowenig, wie die von P. v. SAMSON und NAUCK in dieser Hinsicht untersuchten Produkte der regressiven Metamorphose der Eiweisskörper das Material dar, aus welchem das Fibrinferment entsteht; sie sind die Träger der spaltenden Kräfte des Plasmas, das Material, welches durch sie gespalten wird, den Mutterstoff des Fibrinferments suche ich anderswo. Ich sehe sie demnach nicht als die Gebärer, sondern als die Erzeuger des Fibrinferments an und, um dieser Vorstellung auch durch eine kurze Bezeichnung Ausdruck zu geben, will ich sie von nun an zymoplastische Substanzen nennen; denn es giebt ihrer offenbar viele.

Es macht keinen Unterschied in qualitativer Hinsicht, ob diese Substanzen auf das filtrierte oder auf das nichtfiltrierte Pferdeblutplasma einwirken. Die durch sie bewirkte Beschleunigung ist bei dem letzteren vergleichsweise weniger in die Augen springend, weil dasselbe der in ihm enthaltenen Zellen wegen an sich viel rascher gerinnt als das filtrierte Plasma.

Beim Zusatz der zymoplastischen Substanzen zum filtrierten Plasma und zu den anderen gerinnbaren Flüssigkeiten braucht man nicht ängstlich zu verfahren, weil die bei den einzelnen, chemisch reinen, Produkten der regressiven Metamorphose der Eiweisskörper beobachtete Gefahr eines überschüssigen, gerinnungshemmend wirkenden Zusatzes hier so gut wie gar nicht vorliegt; namentlich gilt dies vom Pferdeblut und -Blutplasma; hier habe ich nur beobachtet, dass sehr grosse Zusätze die Gerinnung weniger beschleunigten als mittlere; dies erreichte ich, indem ich zu 3 Theilen Blut 1 Theil eines dicken, aus diesen Substanzen bestehenden Breies hinzufügte. Mit solchen Massen hat man aber keinen Grund zu arbeiten. Eine durch die zymoplastischen Substanzen bewirkte Verlangsamung der Gerinnung gegenüber dem normalen Blut ist mir beim Pferdeblut nicht vorgekommen. Beim Hunde- und Katzenblut schien das Optimum des Zusatzes etwas tiefer zu liegen. Mit 1—3 Tropfen einer dünnen Emulsion dieser Substanzen pro 1 Ccm. dieser Blutarten wird man immer gut fahren.

Immerhin besteht aber, wenn auch nicht in qualitativer, so doch in quantitativer Hinsicht ein wesentlicher Unterschied zwischen

v. Samson's und Nauck's Beobachtungen und den meinigen; die Erklärung möchte wohl in dem Umstande zu suchen sein, dass sie es
mit den isolierten, chemisch reinen Stoffen, ich aber mit einer in
der Zelle vorgebildeten Kombination zu thun hatte, in welcher manches enthalten sein mag, was ihnen nicht in die Hände gelangt ist.

Von den Substanzen, welche der Alkohol aus den Zellen aus-
zieht, ist ein Theil zugleich auch in Äther, ein anderer in Wasser
löslich. Der Ätherauszug aus dem Rückstande des alkoholischen
Zellenextraktes ist gelb gefärbt und hinterlässt beim Verdampfen
des Äthers einen gelben Rückstand, welcher, mit Wasser verrührt,
sauer reagiert. Die in Wasser löslichen Bestandtheile des alkoholischen Zellenauszuges erhält man am bequemsten, wenn man den
letzteren eindampft und den Rückstand wiederum in Alkohol aufnimmt; wenn man hierbei nicht ebenso grosse Alkoholmengen auf-
wendet, wie zum Extrahieren der Zellen verbraucht wurden, so bleibt
ein Rest zurück, der sich schon in sehr wenig Wasser zu einer gelben,
schwach sauer reagierenden Flüssigkeit auflöst. Dieser Bestandtheil
des alkoholischen Zellenauszuges ist also viel leichter in Wasser als
in Alkohol löslich; aber die coagulierende Wirkung, welche die Ge-
sammtheit der im alkoholischen Zellenauszug enthaltenen Substanzen
ausübt, kommt in gleicher Weise wie den nur in Alkohol, so auch
den in Wasser und in Äther löslichen Componenten derselben zu.
Die in Wasser löslichen können ohne Weiteres, nach Neutralisieren
der Lösung, zum Versuch benutzt werden; die in Äther löslichen
werden zunächst vom Äther durch Abdampfen befreit, dann mit
Wasser verrührt und schliesslich neutralisiert.

Der alkoholische Zellenauszug enthält also ein Gemenge verschiedener chemischer Individuen; ob sie alle bei der Fermentabspaltung sich betheiligen, weiss ich nicht, aber jedenfalls giebt es
sowohl unter den nur in Alkohol, als auch unter den zugleich auch
in Wasser resp. in Äther löslichen Bestandtheilen dieses Gemenges
solche, welchen man diese Wirkung zuschreiben muss. Bei der
qualitativen Analyse des Gesammtrückstandes des alkoholischen
Zellenauszuges wurden, ausser Stickstoff noch Schwefel, Phosphor und
Eisen nachgewiesen; eine specielle chemische Untersuchung desselben
ist eine erst noch zu lösende Aufgabe. Mir war es zunächst nur
um die physiologische Wirkung dieser Substanzen zu thun; sicher
ist es, dass unter ihnen das Lecithin in bedeutender Menge vorkommt.

Die ganze Substanzgruppe löst sich leicht und vollständig in
verdünnter Natronlauge auf. Um keinen Überschuss an Natron zu
haben, bewirkte ich die Auflösung stets so, dass ein ungelöster Rest

zurückblieb, dann filtrirte ich. Das alkalisch reagierende Filtrat
wirkte in ausgezeichneter Weise zymoplastisch, selbst wenn die darin
enthaltene Alkalimenge gross genug war, um, allein für sich genommen, die Gerinnung des filtrierten Blutplasmas zu verzögern, oder
selbst ganz zu hemmen. Bei Hinzufügung eines wässerigen Breies
dieser Substanzen kommen also sowohl die von vornherein schon in
Wasser gelösten, als auch die in den alkalisch reagierenden Reaktionsflüssigkeiten (filtriertes Plasma, Salzplasma etc.) sich auflösenden
Bestandtheile desselben zur Wirkung.

Die in Wasser löslichen Bestandtheile des alkoholischen
Extraktes sind es, derentwegen man, um zur Reindarstellung des
gleichfalls in Wasser löslichen, gerinnungshemmenden Zellenbestandtheils zu gelangen, so grosse Alkoholmengen zu verbrauchen genöthigt ist; denn sie sind eben in Alkohol schwer löslich. Und obgleich ich den Zellenbrei 3—4 Mal nach einander mit je dem zehnfachen Volum Alkohol, im Ganzen 9—12 Tage lang, zu extrahieren
pflege, so ist es mir doch nie gelungen sie ganz fortzuschaffen, so
dass bei der nun folgenden Extraktion mit Wasser neben dem gerinnungshemmenden Stoff stets noch kleine Mengen dieser Substanzen
aufgenommen werden, eine Verunreinigung, welche nur durch weitere
Behandlung des Wasserextraktes mit Alkohol beseitigt werden kann.
Ich habe auch versucht, zunächst mit kleineren Alkoholmengen auszukommen, dann mit Wasser zu extrahieren und nun den im Wasserextrakt enthaltenen gerinnungshemmenden Zellenbestandtheil zu reinigen, allein ich fand keinen Vortheil dabei; denn bei dieser Reinigung
ging vollständig wieder auf, was ich an Alkohol beim Extrahieren
der Zellen erspart hatte, oder die Reinigung gelang nicht, das Filtrieren ging schwer von Statten u. s. w.

Der zugleich in Alkohol und in Wasser lösliche Theil der zymoplastischen Substanzen bedingt eine Eigenthümlichkeit der Fibrin-
fermentlösungen, welche ich bisher mir nicht zu erklären vermochte.
Kocht man nämlich eine wässerige Fermentlösung und prüft sie nach
dem Erkalten mit Salzplasma, so wird man zwar zunächst, beim
Vergleich mit einer ungekochten, oft nahezu momentan wirkenden,
Lösung, zu glauben geneigt sein, sie sei absolut unwirksam geworden.
Nach einiger Zeit jedoch, je nach der Beschaffenheit des Salzplasmas,
nach einigen Stunden oder im Laufe von Tagen, findet man häufig,
dass in der Flüssigkeit eine sehr langsam sich fortschleppende Gerinnung sich einstellt. Nun pflege ich das Fibrinferment aus Rinderserum mir herzustellen, welches ja gleichfalls, wie wir bereits wissen,

einen Gehalt an zymoplastischen Substanzen, und zwar auch an den in Wasser löslichen, besitzt. Ich richtete bisher mein Augenmerk nur auf die möglichst vollkommene Coagulierung der Eiweissstoffe und liess deshalb den Alkohol mindestens 14 Tage auf das Coagulum einwirken, bevor ich zur Herstellung der Wasserextrakte aus dem letzteren schritt; aber ich erneuerte den Alkohol nicht. Deshalb blieb ein geringer Theil der in Wasser leicht, in Alkohol schwerer löslichen zymoplastischen Substanzen im Coagulum zurück und ging nach dem Trocknen und Pulverisieren desselben neben dem Ferment in das betreffende Wasserextrakt über. Diese Verunreinigung ist es, auf welcher die geringfügige Wirksamkeit der der Siedhitze ausgesetzt gewesenen Fermentlösung beruht; das Ferment selbst ist beim Sieden vollkommen zerstört worden, aber seine wässerige Lösung enthält eine Beimengung, welche zwar nicht unmittelbar fermentierend wirkt, wohl aber das Ferment im verdünnten Salzplasma erzeugt; denn diese Beimengung wird durch Siedhitze absolut nicht geschädigt, wie wir bereits wissen. Daher das späte Auftreten der Gerinnung, welche für die Wirkung der zymoplastischen Substanzen, selbst grosser Mengen derselben, auf Salzplasma, im Gegensatze zu derjenigen des freien Ferments, charakteristisch ist. Die Richtigkeit der hier gegebenen Erklärung wird auch durch die Beobachtung gestützt, dass beim Eindampfen einer wässerigen Lösung des Fibrinferments, neben Spuren von geronnenem Eiweiss, stets ein Anflug einer, zuweilen gelblich gefärbten, Substanz zurückbleibt, welcher sich in Alkohol löst. Die Fermentlösung enthält also zugleich eine Substanz, welche sowohl in Wasser, als auch in Alkohol löslich ist. Nimmt man diesen Anflug in wenig Wasser auf und fügt ihn zu verdünntem Salzplasma, so ist, da das Ferment beim Eindampfen zerstört worden ist, der Erfolg grade derselbe, wie nach Zusatz einer gekochten Fermentlösung, d. h. langsame Gerinnung.[1]

Ich bin schon so oft Einwendungen gegen das Fibrinferment begegnet, dass ich mich beinahe wundere, warum der eben erwähnte Punkt niemals berührt worden ist; gegen ein Ferment, das durch Siedhitze nicht vollkommen zerstört wird, liesse sich doch Manches sagen, und dass es sich mit dem Fibrinferment so verhielt, war nicht schwer zu bemerken. Um nun aber meinerseits etwaigen künftigen

1) Die gekochte Fermentlösung wird aber, da sie nur Spuren von zymoplastischen Substanzen enthält, nur in dem Falle auf Salzplasma eine wahrnehmbare Wirkung ausüben, dass dasselbe keinen genügenden Salzüberschuss besitzt, also auch einen geringen Grad von spontaner Gerinnungsfähigkeit nach dem Verdünnen mit Wasser noch zeigt.

bezüglichen Einwendungen zu begegnen, unternahm ich noch folgenden Versuch.

Zwei Portionen eines frischen vollkommen klaren, körperchenfreien Rinderserums wurden mit dem 12fachen Volum Alkohol von 96° coaguliert und 4 Wochen der Einwirkung desselben ausgesetzt, in welcher Zeit aber der Alkohol der einen Portion 5 Mal gewechselt wurde. Für häufiges Umschütteln beider wurde natürlich gesorgt. Darauf wurden die Coagula in gewöhnlicher Weise verarbeitet und aus relativ gleichen Gewichtstheilen derselben mit je dem 20fachen Gewicht Wasser die betreffenden Fermentlösungen gewonnen und mit Hülfe eines Assistenten die beiden Mischungen mit dem vorher abgemessenen Salzplasma absolut gleichzeitig hergestellt. In 18 Secunden gerannen beide Präparate. Die fermentative Wirksamkeit der beiden Wasserextrakte war also eine absolut gleiche, woraus, so lange wir eines besseren Maassstabes entbehren, doch wohl zu schliessen erlaubt ist, dass sie auch einen gleichen Fermentgehalt besassen. Jetzt wurde der Rest der beiden Wasserextrakte ein Mal aufgekocht, erkalten gelassen und nun die Versuche mit dem Salzplasma wiederholt; das letztere besass noch einen geringen Grad von spontaner Gerinnungsfähigkeit, da eine einfach mit Wasser verdünnte Probe desselben am dritten Tage kleine Flöckchen abzuscheiden begann. Nach Zusatz der gekochten Fermentlösungen aber traten die ersten Anzeichen der Gerinnung in der einen Gerinnungsmischung nach 5½ Stunden auf, in der anderen, welche dem mehrfach mit Alkohol extrahierten Serumcoagulum entsprach, erst am Abend des folgenden Tages. Das aus diesem Coagulum stammende Wasserextrakt besass also die nach dem Kochen noch übrigbleibende Wirksamkeit in viel geringerem Grade als das andere, während vor dem Kochen beide ganz gleich intensiv wirkten; das letztere war offenbar von beiden das viel reinere Präparat. Nach dem Eindampfen der Fermentlösungen, Ausspülen der Schale mit heissem Alkohol, Filtrieren und Wiedereindampfen des Filtrats, blieb von dem reineren Präparat gar nichts Wahrnehmbares übrig, wohl aber hatte der Alkohol vom anderen Präparat etwas aufgenommen, das sich, nach dem Abdampfen, in einigen Tropfen Wasser löste und auf verdünntes Salzplasma in derselben Art, d. h. ebenso langsam wirkte, wie die entsprechende Fermentlösung nach dem Kochen.

In den nach meinen bisherigen Angaben hergestellten Fermentlösungen hat man es also immer mit zwei Faktoren zu thun, einem unmittelbar und einem mittelbar wirkenden oder mit dem Ferment.

selbst und mit den ihm beigemengten Spuren von zymoplastischen
Substanzen. Unter gewöhnlichen Verhältnissen wird das erstere sofort
seine Wirkung entfalten, bevor die letzteren überhaupt zu Worte
kommen; um ihnen dazu die Gelegenheit zu geben, muss das Ferment
zerstört werden, was durch Kochen geschieht. Aber qualitativ ist
die schliessliche Wirkung beider natürlich eine identische, —
die Gerinnung.

Diese Identität des Erfolges veranlasste mich, die Gründe noch
genauer zu präcisieren, welche mich dazu zwingen, das Ferment von
den zymoplastischen Substanzen als etwas Besonderes abzutrennen.
Die letzteren sind leicht in grösseren Mengen zu beschaffen und also
auch der Untersuchung viel leichter zugänglich als das erstere; es
könnte deshalb die Meinung entstehen, das, was ich als Ferment
bezeichnet habe, sei nichts Anderes als die zymoplastischen Substanzen selbst, und es sei ihre Wirkung überhaupt gar keine fermentative, sondern gehöre in irgend eine andere Kategorie von chemischen Vorgängen. Ganz abgesehen aber von den in dieser Arbeit
bereits angeführten Gründen, welche den bei der Gerinnung wirkenden Stoff als ein Ferment erscheinen lassen, wird die Annahme der
Identität desselben mit den zymoplastischen Substanzen durch folgende
Thatsachen unmöglich gemacht:

1. Die nach der bekannten Methode dargestellten Fermentlösungen
hinterlassen beim Trocknen einen Rückstand, der als relativ minimal
bezeichnet werden muss; ihre Wirkung auf Salzplasma aber, nach
der Zeit bemessen, ist eine relativ eminente. Demgegenüber sind
die zymoplastischen Substanzen in meinen Versuchen als mehr oder
weniger dicker Brei zur Anwendung gekommen, also in relativ grossen
Massen, ihre Wirkung auf dasselbe Reagens aber ist, gleichfalls
nach der Zeit bemessen, eine relativ minimale.

2. Die zymoplastischen Substanzen sind in Alkohol löslich und
werden durch denselben, wie aus den Zellen, so auch aus dem betreffenden Serumcoagulum extrahiert. Das Ferment aber wird im
Coagulum durch den Alkohol fixiert und geht nur in das Wasserextrakt desselben über. Ob ich das Coagulum in derselben Zeit fünf
Mal mit Alkohol extrahierte oder nur ein Mal war für die vom
Ferment abhängige Wirksamkeit der betreffenden, nach der Extraktion mit Alkohol hergestellten Wasserextrakte ganz gleichgültig.
Ebensowenig vermag der Alkohol aus dem im Vacuum erhaltenen
geringfügigen Rückstand einer wässerigen Fermentlösung das Ferment
selbst aufzunehmen; er entzieht ihm eben nur, wie leicht nachzuweisen, die verunreinigenden zymoplastischen Substanzen und der nach

Entfernung des Alkohols in Wasser aufgenommene Rückstandsrest wirkt ebenso energisch fermentativ wie vor der Behandlung mit Alkohol.

3. Im verdünnten Salzplasma bewirkt das von aussen hineingebrachte Ferment zwar eine s c h n e l l a b l a u f e n d e Gerinnung, aber es erleidet dabei zugleich Verluste, so dass eine nach Beendigung der Gerinnung mit derselben Flüssigkeit hergestellte zweite Gerinnungsmischung mit Salzplasma viel langsamer gerinnt als die erste. In Folge des Zusatzes von zymoplastischer Substanz aber entsteht im verdünnten Salzplasma zwar eine s e h r l a n g s a m fortschreitende Gerinnung, aber nach Beendigung derselben ist die Flüssigkeit sehr reich an überschüssigem freiem Ferment, so dass eine mittelst derselben und mit Salzplasma hergestellte, zweite Gerinnungsmischung ebenso energisch gerinnt, wie eine mit einer kräftigen Fermentlösung bereitete. Dort war fertiges Ferment v e r b r a u c h t worden, hier war dasselbe in einer Flüssigkeit, die ursprünglich höchstens nur Spuren davon enthielt, unter der Einwirkung der zymoplastischen Substanzen während der langen Dauer der durch sie herbeigeführten Gerinnung e n t s t a n d e n, und zwar in viel grösserer Menge, als bei der Gerinnung selbst verloren ging, so dass ein wirksamer Überschuss übrig blieb, grade wie bei der gewöhnlichen Blutgerinnung selbst [1]).

4. Die typisch proplastischen Transsudate werden durch das freie Ferment coaguliert, keineswegs aber durch die zymoplastischen Substanzen (und deshalb auch nicht durch Zellenzusatz). Warum sie sich in diesen Flüssigkeiten ganz unwirksam verhalten, habe ich vorläufig bereits angedeutet; jedenfalls aber ist dieser Unterschied zwischen ihnen und dem Ferment ein absoluter.

Schon lange hat man sich veranlasst gesehen, für das Trypsin einen in seinen Bildungszellen präformierten, unwirksamen Mutterstoff des Ferments anzunehmen. Existiert aber ein solches Verhältniss, so muss es auch Substrate geben, welche das Ferment aus seiner unwirksamen Verbindung frei und damit wirksam machen. Ich vermuthe, dass es nicht schwer sein wird, für alle ungeformten Fermente die zugehörigen zymoplastischen Substanzen aufzufinden.

Es ist mir schliesslich auch gelungen, das Fibrinferment von den erwähnten Verunreinigungen vollkommen zu befreien und Lösungen desselben herzustellen, welche nichts Anderes enthielten als die Fer-

---

1) Zu den unter Punkt 3 angeführten Versuchen muss man sich gleichfalls solcher Salzplasmalösungen bedienen, welche noch einen gewissen Grad von Aktivität besitzen.

mentmoleküle selbst, Lösungen, welche eminent wirksam waren, nach nur einmaligem Aufkochen aber sich ebenso unwirksam verhielten, wie destilliertes Wasser. Das von mir hierbei eingeschlagene Verfahren bestand in Folgendem:

Ich extrahierte 1 gr eines lufttrocknen, fein pulverisierten Coagulums von Rinderblutserum, das 8 Wochen lang unter starkem Alkohol gestanden hatte, eine halbe Stunde lang mit 30 Cem. Wasser, filtrierte, engte das Filtrat im Vacuum auf etwa 3 Cem. ein und brachte es in 75 Cem. absoluten Alkohol. Es entstand eine schwache Trübung und nach einigen Stunden hatte sich ein höchst geringer Bodensatz von coaguliertem Eiweiss gebildet; die drüberstehende Flüssigkeit opalisierte, enthielt aber keine sichtbaren trübenden Partikelchen. Ich trennte nun die Flüssigkeit vom Bodensatz und filtrierte sie allmählich durch ein kleines etwa 7—8 Cem. fassendes Filtrum. Die Opalescenz war keineswegs stark, aber ich war erstaunt über die Langsamkeit der Filtration; sie dauerte über 3 Stunden. Nachdem der Alkohol klar abgetropft, wurde das Filtrum, in welchem natürlich nicht die Spur eines Rückstandes wahrnehmbar war, mit Wasser allmählich ausgespült, bis das wasserklare Filtrat nahezu 20 Cem. betrug; diese Filtration ging so leicht von Statten, als hätte ich es eben einfach nur mit Wasser zu thun gehabt. Das Filtrat wurde wiederum im Vacuum auf etwa 3 Cem. eingeengt und nochmals mit 75 Cem. absolutem Alkohol gemischt. Es entstand keine Spur einer Trübung resp. eines Niederschlags, aber die Opalescenz war wieder da und die nach einigen Stunden vorgenommene Filtration ging ebenso schwer von Statten, wie das erste Mal; auch hier tropfte der Alkohol klar ab; darauf wurde das Filtrum, nachdem noch ein Mal mit absolutem Alkohol nachgewaschen worden, zur Entfernung des vom Papier aufgesogenen Alkohols unter eine Glasglocke über Chlorcalcium gestellt, und, nachdem es trocken geworden, mit der ursprünglichen Wassermenge, nämlich mit 30 Cem., ausgewaschen. Das Wasser nahm die am Papier haftenden Fermentmoleküle mit und das Filtrat, welches natürlich völlig wasserklar war, entsprach in Betreff seiner Wirksamkeit durchaus einer aus demselben Serumcoagulum mit relativ der gleichen Wassermenge erhaltenen frischen Fermentlösung; aber dasselbe enthielt offenbar nur das Ferment und gar keine zymoplastischen Beimengungen, denn nach einmaligem Aufkochen war es absolut unwirksam geworden.

Die zymoplastischen Substanzen waren also bei diesem Verfahren vollständig vom Alkohol mit fortgenommen worden, das aus dem Serum stammende, die Fermentlösung noch verunreinigende, Minimum von Eiweiss war durch ihn allendlich coaguliert und dann durch Filtrieren beseitigt worden, aber die Fermentmoleküle befanden sich im Alkohol in einem Zustande, welcher weder als Fällung, noch als Lösung angesehen werden kann, für den es nur das Wort Quellung giebt. Dabei erreichen sie eine Grösse, welche es ihnen unmöglich macht, die Poren des Filtrierpapiers zu passieren, — zum Glück; — denn hierauf beruht die Möglichkeit, sie vom Alkohol mit den in ihm gelösten zymoplastischen Substanzen zu trennen. Wasser führt sie in den vollkommen gelösten Zustand über, weshalb in diesem Medium keine Spur von Opalescenz durch die Fermentmoleküle bewirkt wird und das Filtrieren so leicht von Statten geht. Beim Coagulieren des Blutserums mit Alkohol wird also das Fibrinferment nicht direkt, sondern indirekt gefällt, indem die gequollene Substanz, resp. ihre vergrösserten Moleküle vom coagulierten (geschrumpften) Eiweiss eingeschlossen und mit niedergerissen werden, welchem sie unter solchen Umständen natürlich auch nicht durch Alkohol, sondern nur durch Wasser entzogen werden können.

Ich schliesse hieran die Bemerkung, dass die auf diese Weise dargestellten, sehr wirksamen Fermentlösungen das Wasserstoffsuperoxyd nicht im mindesten katalysierten, sofern es sich um die Sauerstoffentwickelung handelt; das Ferment selbst aber wird durch das Wasserstoffsuperoxyd vollständig vernichtet [1]).

In den auf die bisher übliche Weise dargestellten Fermentlösungen ist also neben dem Ferment etwas enthalten, welches nach der Zerstörung des ersteren nicht direkt, sondern indirekt fermentierend, d. h. zymoplastisch, wirkt. Darum gelingt der Versuch, mit einer gekochten Fermentlösung Gerinnungen zu erzeugen, auch nur bei solchen Flüssigkeiten, auf welche, abgesehen vom Ferment, auch die aus den Zellen extrahierten zymoplastischen Substanzen coagulierend wirken, d. h. bei Flüssigkeiten, welche nicht bloss das Material, aus welchem der Faserstoff, sondern zugleich auch dasjenige, aus welchem das Fibrinferment entsteht, enthalten, also beim filtrierten Plasma und dem daraus hergestellten Salzplasma, nicht aber bei den typisch proplastischen Transsudaten, welchen das letztere Material fehlt. —

---

1) P. Bergengruen a. a. O. S. 115. Es wird an dieser Stelle auch angegeben, dass auch das Paraglobulin und die fibrinogene Substanz durch Wasserstoffsuperoxyd unfähig gemacht werden bei der Faserstoffgerinnung mitzuwirken; das Paraglobulin verliert dabei seine Löslichkeit in Neutralsalzen.

In meinen früheren Arbeiten habe ich angegeben, dass das Fibrinferment im freien Zustande nicht blos im Blutserum, sondern, wenngleich in sehr geringen Mengen, auch in vielen anderen thierischen
Flüssigkeiten vorkommt, so im Speichel, im humor aqueus, im Wasserextrakt der Hornhaut und der Krystalllinse, im neutralisierten Magen-
saft u. s. w.   Spuren von freiem Ferment fand RAUSCHENBACH auch
im Filtrat des reichlich mit Wasser verdünnten Zellenbreies von
Lymphdrüsen und J. KLEMPTNER beobachtete endlich, dass der ausgepresste Saft entbluteter Froschmuskeln in dieser Hinsicht sogar wirksamer war, als selbst das defibrinierte Froschblut, wobei allerdings
zu bemerken ist, dass das Blut des Frosches verglichen mit dem
des Säugethiers sehr wenig Ferment entwickelt.   Als Reagens zur
Erkennung des Ferments diente uns aber damals, da wir noch keinen
Unterschied zwischen Ferment und fermentbildenden Substanzen zu
machen verstanden, nur das verdünnte Salzplasma; die gegen die
letzteren ganz indifferent sich verhaltenden Transsudate des Pferdes
kamen uns damals zu selten zu Gesichte, als dass es möglich gewesen wäre, mit ihnen eine Versuchsreihe durchzuführen.   Im verdünnten Salzplasma führten die genannten Flüssigkeiten aber immer
Gerinnungen herbei, wenn dieselben auch sehr spät eintraten und
sehr langsam verliefen.   Es entsteht nun aber der Verdacht, dass
wir es in allen diesen Versuchen nicht mit geringen Mengen von
freiem Fibrinferment, sondern mit zymoplastischen Substanzen zu thun
gehabt haben, von welchen ja ein Theil auch in Wasser löslich ist,
also unter Anderem auch in RAUSCHENBACH's wässerige Zellenextrakte
übergegangen sein könnte.

Da ich die Sache für wichtig genug hielt, um ihre Entscheidung
anzustreben, so wiederholte ich die Versuche mit folgenden Flüssigkeiten: 1. filtriertes, wässeriges Extrakt von Lymphdrüsenzellen,
2. filtrierter, mit Wasser verdünnter Speichel, 3. filtriertes, wässeriges
Hornhautextrakt, 4. filtrierter humor aqueus, 5. filtriertes Linsen-
extrakt, 6. filtrierte Glaskörperflüssigkeit.

Von jeder dieser Flüssigkeiten wurde ein Theil auf dem Wasserbade eingedampft, der Rückstand mit heissem starkem Alkohol extrahiert, filtriert, das alkoholische Filtrat wiederum auf dem Wasserbade eingedampft und der Rückstand in Wasser aufgenommen, worin
er sich vollständig auflöste.   Diese Lösungen bewirkten in verdünntem Salzplasma spät auftretende und langsam fortschreitende Gerinnungen.

---

1) A. a. O. S. 33—35.

Alle diese Lösungen enthielten also Stoffe, welche in Wasser und zugleich auch in Alkohol löslich sind, auf verdünntes Salzplasma coagulierend wirken und diese Eigenschaft beim Abdampfen auf dem Wasserbade nicht verlieren, d. h. sie besitzen alle einen Gehalt an zymoplastischen Substanzen; derselbe ist meist sehr gering, variiert dabei in relativ weiten Grenzen, aber er ist immer da.

Sie enthalten aber auch alle neben diesen Stoffen geringe Mengen von freiem Fibrinferment; wäre dies nicht der Fall, so würde man durch Aufkochen dieser Flüssigkeiten keine Verlangsamung ihrer coagulierenden Wirkung auf verdünntes Salzplasma herbeiführen können, thatsächlich aber tritt die Verlangsamung immer ein; der Unterschied der Gerinnungszeiten ist zwar nicht gross, aber er ist eben auch immer da.

Das Fibrinferment im freien Zustande ist also nicht bloss im cirkulierenden Blute in geringen Mengen enthalten, sondern hat in kleinen Mengen offenbar ein sehr verbreitetes Vorkommen im ganzen Organismus. —

Zehntes Kapitel.

Über die in Folge der intravasculären Injektion der das Fibrinferment abspaltenden Protoplasmabestandtheile eintretenden Blutveränderungen.

Auch in Bezug auf die zymoplastischen Substanzen war nun zunächst die Frage zu beantworten: was geschieht, wenn man sie experimentell, durch intravenöse Injektion, in das Blut bringt, resp. wie wird ihre Wirkung auf die Blutflüssigkeit unter den hier herrschenden Bedingungen, etwa durch das Eingreifen des Organismus, modificiert?

Nach den Erfahrungen, welche ich mit filtriertem Plasma als Reagens gegen diese Substanzen gemacht hatte, erwartete ich von der Injektion derselben grössere Effekte, als ich anfangs erhielt. Ich applicierte nach einander vier Katzen Quantitäten dieser Substanzen, welche hingereicht hätten, eine ihrer präsumptiven Blutmenge gleiche Menge von filtriertem Plasma in wenigen Minuten unter starker Fermententwickelung zu coagulieren, ohne dass irgend eine Wirkung während oder nach der Injektion an den Thieren wahrnehmbar geworden wäre; nicht einmal die Fresslust derselben war gestört.

8 *

Es war, als hätte ich ihnen etwas Wasser oder verdünnte Kochsalzlösung injiciert. Auch an den nach der Injektion den Thieren entnommenen Blutproben war nichts Abnormes zu bemerken; sie stimmten
in Bezug auf die Faserstoffmenge mit der Normalblutprobe überein,
eine vorübergehende Beschleunigung der Gerinnung beruht auf Wasserwirkung, auf welche wir später zurückkommen werden.

Die Injektionsmenge betrug in diesen Versuchen 15—20 Ccm.,
welche 0,05—0,15 Gr. Substanz pro 1 Kilo des Thieres enthielten;
die letztere war theils einfach mit Wasser zu einer schwach sauren
Emulsion verrieben worden, theils wurde sie mittelst einiger Tropfen
sehr verdünnter Natronlauge zum grössten Theil aufgelöst, wobei die
Reaktion schwach alkalisch wurde; bei dieser Reaktion vertheilt
sich der ungelöst bleibende Rest der Substanz beim Schütteln ausserordentlich fein, so dass wohl angenommen werden kann, dass er von
der alkalischen Blutflüssigkeit vollständig aufgelöst wird.

Nun hatte ich aber schon oft genug die Erfahrung gemacht,
dass auch Zelleninjektionen, wenn ihr Umfang nicht eine gewisse
Grenze überschreitet, welche je nach der Individualität der Thiere
verschieden weit liegt, von ihnen gut vertragen werden. Ich vermuthete daher, dass grössere Mengen der zymoplastischen Substanzen zum Ziele führen würden.

Demgemäss veranlasste ich den stud. E. v. RENNENKAMPFF,
zweien Katzen, von welchen die eine 2,5, die andere 2,2 Kilo wog,
1,5 resp. 1,0 Gr. zymoplastischer Substanzen (0,60 resp. 0,45 Gr. pro
Kilo), in 20 Ccm. Wasser verrieben und mit verdünnter Natronlauge
bis zur ganz schwach alkalischen Reaktion versetzt, zu injicieren.[1]
Der Erfolg war schlagend; bei beiden Thieren schon während der
Injektion heftige Athemnoth, Krämpfe, Tod; bei beiden das rechte
Herz mit Blut überfüllt, hier sowohl wie im linken Herzen Gerinnsel,
ebenso in der Art. pulmonalis.

Der Effekt war also hier ganz derselbe, wie in denjenigen Fällen von Zelleninjektion, in welchen die Thiere auf dem Operationstisch an inneren Gerinnungen zu Grunde gingen. Die zymoplastischen
Substanzen sind demnach diejenigen Bestandtheile der Zellen, vermöge welcher sie die von RAUSCHENBACH entdeckte coagulierende
Wirkung auf das Blutplasma ausüben und bei intravasculärer Injektion auch jene inneren Gerinnungen im Gefässsystem lebender
Thiere herbeiführen. Sie sind die Träger der fermentabspaltenden
Kräfte der circulierenden Körperflüssigkeiten.

1) E. v. RENNENKAMPFF. Über die in Folge von intravasculärer Injektion
von Cytoglobin eintretenden Blutveränderungen. Inaug.-Abh. Dorpat 1891. S. 35.

Hat sich so ergeben, dass die zymoplastischen Substanzen bis etwa 0,15 Gr. pro Kilo Körpergewicht von Katzen gut vertragen werden, während sie in Mengen von 0,4—0,5 Gr. pro Kilo durch Erzeugung von Thromben fast augenblicklich die Thiere töten, so liegen zwischen diesen Grenzen diejenigen Injektionsmengen, welche ein schweres, mehr oder weniger lange andauerndes, häufig zum Tode führendes Siechthum verursachen. Leider verbot sich die Benutzung grösserer Thiere durch den Mangel an Material; bei den Katzen konnte sich die Untersuchung der durch die Injektion bewirkten Blutveränderungen nur über ein paar Stunden erstrecken. Soweit sich aber übersehen liess, stimmten die Blutveränderungen durchaus mit denjenigen überein, welche ich nach Zelleninjektionen habe eintreten sehen. Also zunächst sehr beschleunigte Gerinnung bei gleichzeitiger rapider Abnahme der Fibrinziffer; letztere hob sich zwar sehr bald wieder um etwas, es folgte aber ein zweites, wie es schien, andauerndes Sinken derselben; auch die Gerinnungszeit verlängerte sich wieder. Die Frage, ob auch die konsekutive vollkommene Gerinnungsunfähigkeit des Blutes eintritt, kann ich wegen Mangel an Erfahrungen nicht beantworten. Das Wesentliche ist jedenfalls, dass die zymoplastischen Substanzen, ebenso wie die Zellen, tödliche Thrombosen herbeiführen können.

In einer Beziehung machte sich aber ein Unterschied zwischen beiden geltend; nach Injektion von zymoplastischen Substanzen nahm nämlich die Leukocytenzahl zwar ab, aber nur um ein sehr Geringes. Die zerstörende Wirkung, welche die Zellen in dieser Hinsicht ausüben, beruht also offenbar nicht auf diesen Bestandtheilen derselben, bezw. die Wirkung der reinen zymoplastischen Substanzen betrifft überwiegend nur die Blutflüssigkeit. —

Elftes Kapitel.

Über das verschiedene Verhalten der rothen und farblosen Elemente bei der Blutgerinnung.

Schon der Umstand, dass die Zellen bis 30 % ihres festen Rückstandes an zymoplastischen Substanzen besitzen, während die Blutflüssigkeit nur 0,7—0,9 %, also auf den festen Rückstand bezogen, in maximo etwa 10 %, enthält, weist auf die Abstammung der-

selben aus den ersteren, als ihren Bildungsherden, hin; aber es
scheint mir andrerseits undenkbar zu sein, dass sie als Bestandtheile
der Zelle selbst, so lange sie von ihr eingeschlossen sind und festgehalten werden, irgend eine direkte materielle Wirkung auf die
Blutflüssigkeit ausüben könnten; dazu müssen sie offenbar erst Bestandtheile der letzteren werden und von diesem Standpunkte be-
urtheile ich auch die so oft in Folge der Injektion von Zellen auftretende
Thrombosis, da dieselben in der Gefässbahn so rasch zerfallen und
zugleich die präformierten farblosen Blutkörperchen in ihren Untergang mit hineinziehen.

Aber auch eine indirekte Einwirkung der zymoplastischen Substanzen auf die Blutflüssigkeit, etwa durch Abspaltung des Fibrinferments innerhalb der Zelle selbst, setzt doch immer den
Übertritt des betreffenden Spaltungsprodukts in die Blutflüssigkeit
voraus. Es liegt aber zunächst keine Nöthigung vor, diese Vorstellung weiter zu verfolgen; denn wir wissen bereits, dass die Blutflüssigkeit selbst einen Gehalt an zymoplastischen Substanzen besitzt,
der, an sich betrachtet, gar nicht so gering ist; wir wissen ferner,
dass sich in ihr, auch nach Entfernung aller Zellen, das Fibrinferment
entwickelt, kurz, dass sie, wie ich bereits betont habe, alles enthält, was zur Faserstoffgerinnung erforderlich ist.

Trotz Alledem gerinnt das Blut im Organismus nicht, ja, wir
haben gesehen, dass man seinen natürlichen Gehalt an zymoplastischen Substanzen, so wirksam jede durch einen extra corpus stattgehabte Zusatz bewirkte Vermehrung desselben sich erweist, nicht
unbeträchtlich erhöhen kann, ohne das Wohlbefinden des Thieres zu
stören, geschweige Thromben zu erzeugen. Es scheint mir daraus
klar hervorzugehen, dass der Organismus diese Stoffe in seiner Gewalt hat und ihren Wirkungen vorzubeugen vermag, so dass unter
normalen Verhältnissen nur jene mehr oder weniger eng begrenzten,
aber ununterbrochenen Spaltungen in der cirkulierenden Blutflüssigkeit stattfinden können, als deren Produkt wir hier unter anderem
stets geringe Mengen von Fibrinferment vorfinden, welches seinerseits
den stetig wirkenden zerstörenden Kräften des Organismus anheimfällt. Aber jene Gewalt ist doch auch wieder eine begrenzte, so
dass bei Überschreitung der Grenze durch künstliche Zufuhr von
zymoplastischen Substanzen in das cirkulierende Blut schliesslich auch
hier die Gerinnung erfolgt.

Acceptieren wir zunächst diese Vorstellung ohne zu fragen, auf
welche Weise und mit welchen Mitteln der Organismus den Wirkungen
der zymoplastischen Substanzen vorbeugt, so folgt, dass ein unge-

zügelter Chemismus sofort beginnen muss, sobald man das Blut dem Organismus und damit den hier wirkenden regulierenden Kräften entzieht, so dass jetzt gewissermassen in überstürzter Weise geschieht, was dort einen geordneten Verlauf nimmt, vergleichbar dem Abschnurren eines im Gange befindlichen Uhrwerks nach Entfernung der Hemmung.

Hierbei erhebt sich nun aber die Frage, ob und inwieweit bei diesem plötzlich einbrechenden Chemismus n e b e n den zymoplastisch wirkenden Bestandtheilen der Blutflüssigkeit s e l b s t auch die in den Blutzellen, rothen und farblosen, enthaltenen bei den nun eintretenden Spaltungen direkt oder indirekt betheiligt sind, denn es ist eine in die Augen springende Thatsache, dass die normale, die präformierten Zellen enthaltende, Blutflüssigkeit eine viel mächtigere Gerinnungstendenz besitzt und auch mehr Faserstoff produciert, als die durch Filtrieren von den Zellen befreite. Die Differenz der Fibrinziffern ist dabei aber sehr klein, verglichen mit derjenigen der bei der Gerinnung freigewordenen Fermentmengen, welche Hunderte von Procenten betragen, während es sich in Betreff der Fibrinziffer höchstens um einen Unterschied von 15—25 % handelt, wobei ausserdem noch die vom Faserstoff mechanisch eingeschlossenen Reste der farblosen Blutkörperchen in Betracht kommen. Diese Angaben beziehen sich ¡natürlich nur auf Versuche mit filtriertem und nicht filtriertem Plasma, bei Ausschliessung der rothen Blutkörperchen.

In Betreff der letzteren komme ich nochmals auf die Erfahrung zurück, dass ihre An- oder Abwesenheit in der Blutflüssigkeit keinen irgend erkennbaren Einfluss auf deren Gerinnung, weder in Hinsicht auf ihre Geschwindigkeit, noch auf den Umfang der ihr vorausgehenden und sie begleitenden Fermententwickelung ausübt, während die Mitwirkung der farblosen Blutkörperchen bei diesen Vorgängen so leicht zu constatieren ist, dass ein Zweifel daran unmöglich wird.

Ich fasste nun zuerst die Möglichkeit in's Auge, dass nach Entfernung des Blutes aus dem Körper von Seiten der farblosen Blutkörperchen ein Zuwachs an zymoplastischen Substanzen zu den in der Blutflüssigkeit bereits vom Kreislauf her vorhandenen stattfindet und bestimmte den Gehalt des vom betreffenden Gerinnsel spontan abgeschiedenen, ganz körperchenfreien Serums von nicht filtriertem sowohl als von filtriertem Plasma an diesen Substanzen. Zu diesem Zwecke wurden beide Sera, die natürlich von einem und demselben Aderlass stammten, gewogen, mit dem 15fachen Volum starken Alkohols coagulirt, der Alkohol erneuert, bis er nichts mehr aufnahm, die gesammelten und filtrierten alkoholischen Extrakte eingedampft und der Rückstand getrocknet und gewogen. Drei solche Versuche ergaben das übereinstimmende Resultat, dass das Serum vom nicht filtrierten und vom filtrierten Plasma ganz den gleichen Gehalt an zymoplastischen Substanzen besass, mit welchem auch derjenige des Serums vom Gesammtblute, der jedes Mal mitbestimmt wurde, übereinstimmte. Es kamen zwar Differenzen in der zweiten Decimale vor, aber, abgesehen von ihrer Geringfügigkeit, waren sie bald positiv, bald negativ, so dass sie zu keinem Schluss in dem oben angedeuteten Sinne berechtigten. Die höchste in diesen Versuchen beobachtete Ziffer für den Gehalt an zymoplastischen Substanzen war 0,86 % und die niedrigste 0,71 %, aber so, dass die zu je einem Versuch gehörigen drei Ziffern innerhalb dieser Grenze einander sehr nahe lagen.

Weder von den rothen, noch von den farblosen Blutkörperchen erhält also die Blutflüssigkeit extra corpus einen irgend nachweisbaren Zuschuss an zymoplastischen Substanzen. Für die rothen war dieses Resultat aus den früher angegebenen Gründen vorauszusehen; was die farblosen anbetrifft, so könnte man darauf hinweisen, dass im Aderlassblute eine Stoffabgabe ihrerseits trotzdem wohl stattfinden könnte, aber der geringen Menge dieser Elemente wegen kaum durch die Wage nachweisbar sein dürfte. Diese Möglichkeit durchaus zugegeben, so folgt dann eben auch weiter, dass eine Vermehrung der in der Blutflüssigkeit gelösten zymoplastischen Substanzen um einen so geringen Bruchtheil auch an ihren Wirkungen nicht erkennbar sein kann, d. h. dass die so sehr in die Augen fallende Begünstigung der Blutgerinnung durch die farblosen Blutkörperchen überhaupt nicht durch die Annahme eines auf Ausscheidung oder Zerfall derselben beruhenden Übertritts von zymoplastischen Substanzen in die Blutflüssigkeit erklärt werden kann. Wenn der Zuwachs von Seiten der farblosen Blutkörperchen auch nur $^1/_{50}$ des in der Flüssigkeit bereits enthaltenen Vorraths an diesen Substanzen betrüge, so würde die Wage ihn angeben; er erreicht also jedenfalls diese Grösse nicht. Und doch kann man sagen, dass die Kräfte, welche die Gerinnung des mit farblosen Blutkörperchen versehenen Blutplasmas herbeiführen, mindestens zehn Mal grösser sind als die im filtrierten Plasma wirkenden.

Dass das Blutserum stets den gleichen Gehalt an zymoplastischen Substanzen besitzt, mag es vom Gesammtblut, vom unfiltrierten oder vom filtrierten Plasma stammen, könnte indess durch meine obigen Versuche für nicht bewiesen erachtet werden, weil möglicherweise die von mir gewogenen Rückstände der alkoholischen Zellenextrakte ungleich zusammengesetzte Gemenge von Stoffen darstellten, von welchen nur einzelne zymoplastisch wirksam sind. Dem gegenüber führe ich aber an, dass ich die zymoplastische Kraft gleicher Quantitäten dieser Rückstände zu wiederholten Malen und auf verschiedene Weise geprüft und stets gleich befunden habe. Sind also nur gewisse Bestandtheile dieser Gemenge die wirksamen, so sind sie in den betreffenden Rückständen doch gleichmässig vertheilt.

Bei alledem halte ich aber an der Annahme fest, dass die zymoplastischen Substanzen der Blutflüssigkeit in letzter Instanz aus Zellen stammen, aber im Kreislauf und nicht bloss aus den im Blute suspendierten Zellen. Denn wie die farblosen Blutkörperchen, so wirken auch alle anderen Formen des Protoplasmas, die specifisch modificierten miteingerechnet, auf die Blutflüssigkeit.

Nur die rothen Blutkörperchen machen in dieser Hinsicht eine Ausnahme, denn sie verhalten sich offenbar indifferent bei der Blutgerinnung. Aber dies gilt nur von der natürlichen Blutgerinnung. Von der mächtigen coagulierenden Wirksamkeit, welche sie beim künstlichen Gerinnungsversuch entfalten, habe ich bereits gesprochen. Die zu diesen Versuchen benutzten rothen Blutkörperchen stammten aber selbstverständlich von solchem Blute, welches seine natürliche Gerinnung bereits abgeschlossen hat. Es scheint demnach, dass sie bei diesem Vorgange eine Veränderung ihrer Substanz erleiden, welche sie unfähig macht, bei einem folgenden Gerinnungsakte indifferent zu bleiben. Vielleicht hat ihr Gefüge dabei eine Lockerung erfahren und vielleicht ist zugleich die Flüssigkeit, in welcher sie sich zunächst suspendiert befinden, das Blutplasma, dasjenige Vehikel, in welchem sie sich am besten zu erhalten und von den Einflüssen der Umgebung abzuschliessen vermögen. Dass sie die farblosen Blutkörperchen und alle echten Protoplasmazellen an Festigkeit und Widerstandskraft übertreffen, ersahen wir schon aus ihrer relativen Persistenz nach intravasculärer Injektion, welche bis zu einem gewissen Grade auch selbst den fremdartigen Blutkörperchen zukommt und auf welcher ihre relative Unschädlichkeit beruht. Aber ein Mal durch ein so indifferentes Mittel, wie Wasser, zerlegt, kommen sie, bezw. ihr Überbleibsel, das Stroma, den farblosen Elementen an coagulierender Kraft und an Verderblichkeit mindestens gleich und überragen sie unter gewöhnlichen Umständen durch ihre grosse Masse. Auch bei der natürlichen Blutgerinnung veranlasst man die rothen Blutkörperchen durch Wasserzusatz zur Mitwirkung; schon $1/10$ Vol. Wasser reichte hin, um die Gerinnungszeit des Pferdebluts auf die Hälfte abzukürzen. Am günstigsten wirkte ca. $1/4$ Vol. Wasser.

Grössere Wassermengen, etwa vom doppelten bis zum dreifachen
Vol. an, verzögerten wegen der Erniedrigung des Salzgehalts die
Gerinnung, eigentlicher gesagt, die Ausscheidung des Faserstoffes.
Überall hatte nach Maassgabe der Grösse des Wasserzusatzes ein
Hämoglobinaustritt stattgefunden, waren also rothe Blutkörperchen
zerfallen.

Zwölftes Kapitel.

Über die übrigen zur Faserstoffgerinnung in Beziehung stehenden Bestandtheile des Protoplasmas.

1. Allgemeine Methode ihrer Darstellung.

Da es meine Absicht war, die physiologischen Wirkungen
der Zellen auf die Blutflüssigkeit noch weiter kennen zu lernen und
die Abhängigkeit dieser Wirkungen von den betreffenden Zellenbestandtheilen festzustellen, so war es mir natürlich vor allem darum zu thun, die letzteren womöglich in der Gestalt von einander
zu trennen, in welcher sie in der Zelle präexistieren. Dieser Zweck
selbst veranlasste mich den Versuch zu machen, ob und in welcher
Art sich die Zellen durch Mittel von der denkbar grössten chemischen Indifferenz zerlegen lassen; als solche dienten mir mit Vortheil
der Alkohol, das Wasser und eine Kochsalzlösung von 10%.
Jedes dieser drei Mittel extrahiert aus der Zelle etwas Besonderes,
was in seinen Eigenschaften und Wirkungen mit gewissen besonderen
Eigenschaften und Wirkungen der Zelle übereinstimmt, was also als
Träger derselben erscheint. Ganz dasselbe gilt von der Masse, welche
als Viertes zurückbleibt, nachdem man die Zerklüftung der Zelle
mit den obigen drei Mitteln beendet hat. Sie stellt den festen Grundstoff der Zelle dar und kann ohne Zersetzung nicht in Lösung gebracht werden.

Ich darf also annehmen, dass durch die Methode der Zerlegung
selbst die von mir aufgefundenen Zellenbestandtheile keine wesentlichen Veränderungen erlitten haben. Sobald man dieselben aber
der Einwirkung von Mitteln mit energisch chemischen Affinitäten,
wie namentlich Säuren und Alkalien, oder der Siedhitze unterwirft,
so gehen sie ihrer specifischen Eigenschaften und Wirkungen unter

wesentlicher Veränderung ihrer Substanz verlustig und ganz denselben Verlust erleidet auch die ganze, unzerlegte Zelle, wenn sie den gleichen Einwirkungen unterliegt.

Es ist aber nicht gleichgültig, in welcher Reihenfolge man jene drei Zerlegungsmittel anwendet. Ich habe mit dem Alkohol den Anfang gemacht, zunächst nur, weil es mir darauf ankam, der coagulierend wirkenden Zellenbestandtheile habhaft zu werden und weil ich die Erfahrung gemacht hatte, dass es nicht möglich war, den Zellen diese ihre Wirksamkeit durch Waschen mit den allergrössten Wassermengen zu nehmen. Bald aber sah ich, dass die Extraktion mit Alkohol den Anfang machen muss, um auch die in Wasser und in Kochsalzlösung löslichen Zellenbestandtheile in reiner Gestalt zu gewinnen. Extrahiert man den Zellenbrei zuerst mit Wasser, so ist das Filtrieren so gut wie unmöglich; die Zellen schlüpfen in Massen durch das Filtrum und verstopfen es bald ganz. Dabei werden den Zellen zwar die in Wasser löslichen Bestandtheile entzogen, aber, wie wir bereits wissen, zugleich auch gewisse Stoffe, welche man besser thut mit dem Alkohol, in welchem sie gleichfalls löslich sind, zu extrahieren, da sie ihrem physiologischen Verhalten, ihren Eigenschaften und Wirkungen nach vielmehr zu den alkoholischen Extraktivstoffen gehören als zu den übrigen, nur in Wasser oder in Kochsalzlösung löslichen, Zellenbestandtheilen. Der Versuch einer nachträglichen Trennung durch Fällen mit Alkohol u. s. w. hat, abgesehen von den Kosten, welche er verursacht, wegen der in das wässerige Filtrat übergegangenen Zellen keinen Sinn. Lässt man zuerst die Kochsalzlösung auf den Zellenbrei einwirken, so verwandelt er sich in eine Schleimmasse, mit welcher gar nichts anzufangen ist. Extrahiert man aber vor Allem den Zellenbrei möglichst vollständig mit Alkohol, filtriert dann und trocknet den Filterrückstand mit Hülfe von Äther, so gehen alle späteren Manipulationen leicht und reinlich von Statten. Der getrocknete Zellenrest lässt sich leicht pulverisieren, das Pulver sich leicht und erschöpfend mit wenig Wasser extrahieren und mit dem Filtrieren hat es gar keine Schwierigkeiten. Da unter diesen Umständen verhältnissmässig kleine Wassermengen zum Extrahieren genügen, so ist man auch in der Lage, die Luftpumpe behufs weiterer Eindickung des Wasserextraktes anzuwenden, was bei der Nothwendigkeit demselben zur Fällung gewisser gelöster Bestandtheile mindestens das 10 fache Volum absoluten Alkohols hinzuzufügen, den Interessen meines Institutes mit Rücksicht auf den Kostenpunkt entsprach. Wichtig ist auch, dass bei der auf die Behandlung mit Alkohol folgenden Extraktion mit zehnprocentiger Kochsalzlösung keine Spur einer schleimigen Umwandlung eintritt.

Die Zellen, und zwar die eigentlichen Protoplasmazellen, besitzen die nachfolgenden Eigenschaften, welche man, nachdem sie auf die angegebene Weise zerlegt worden, an den einzelnen Zerlegungsprodukten in verschiedener Vertheilung wiedererkennt:

1. Sie wirken coagulierend (zymoplastisch).

2. Sie beeinflussen, wie schon seit lange von mir nachgewiesen worden ist, in geradem Verhältnisse das Fibringewicht.

3. Sie katalysieren das Wasserstoffsuperoxyd unter stürmischer Sauerstoffentwickelung.

Diese allgemeinen Eigenschaften des Protoplasmas vertheilen sich nun auf seine vier Zerlegungsprodukte folgendermaassen:

1. Die in Alkohol löslichen Protoplasmabestandtheile, nebst den zu ihnen gehörigen, ausser in Alkohol auch in Wasser oder Äther löslichen sind die einzigen, welche coagulierend, d. h. zymoplastisch wirken; sie beeinflussen das Faserstoffgewicht nicht und verhalten sich gegen Wasserstoffsuperoxyd völlig indifferent.

2. Der in Wasser lösliche Protoplasmabestandtheil katalysiert energisch das Wasserstoffsuperoxyd, wirkt, getrennt von der Zelle, gerinnungshemmend, erhöht aber, bei Herstellung gewisser Bedingungen, das Faserstoffgewicht.

3. Der in Wasser unlösliche, in Kochsalzlösung (und in verdünnten Alkalien) lösliche Protoplasmabestandtheil katalysiert sehr schwach das Wasserstoffsuperoxyd, wirkt schwächer gerinnungshemmend als der in Wasser lösliche, beeinflusst aber in demselben Sinne und in noch höherem Grade als dieser das Faserstoffgewicht.

4. Der in Wasser unlösliche, nach Beendigung aller Extraktionen übrigbleibende Protoplasmabestandtheil katalysiert energisch das Wasserstoffsuperoxyd, wirkt also wie das Platin durch blossen Contakt und beeinflusst als solcher weder den Vorgang der Faserstoffgerinnung noch das Faserstoffgewicht. Aber aus ihm kann künstlich der in Wasser lösliche Protoplasmabestandtheil dargestellt werden.

Wir finden also, nachdem wir die Zelle in dieser Weise zerlegt haben, in den einzelnen Stücken nicht bloss die drei erwähnten allgemeinen Protoplasmaeigenschaften wieder, sondern wir entdecken zugleich an zweien dieser Stücke eine weitere Eigenschaft, welche wir an der intakten Zelle nicht wahrnehmen, ich meine die Fähigkeit des in Wasser resp. des in Kochsalzlösung löslichen Zellenbestandtheils, die Faserstoffgerinnung unter gewissen Umständen zu unterdrücken, eine Fähigkeit, welche in der intakten Zelle scheinbar schlummert.

Ich will gleich bemerken, dass es ausser den genannten vier noch einen fünften allgemeinen, an Masse offenbar sehr zurücktretenden Protoplasmabestandtheil giebt, welcher aber bei der von mir befolgten Methode der Zellenzerlegung zerstört wird; es ist die unwirksame Vorstufe des Fibrinferments, auf welche ich in einem späteren Kapitel zurückkommen werde.

Von den übrigen Zellenbestandtheilen habe ich die im Alkoholextrakt befindlichen als zymoplastische Substanzen bereits besprochen; den in das Wasserextrakt übergehenden habe ich in einer vorläufigen Mittheilung Cytoglobin genannt[1]); er ist von W. DEMME genauer beschrieben worden.[2]) Der von der Kochsalzlösung aufgenommene Zellenbestandtheil wird weiterhin besprochen werden. Für den unlöslichen, von A. KNÜPFFER beschriebenen Zellenrest habe ich den Namen Cytin vorgeschlagen.[3])

Einige das Verfahren bei dieser Zellenanalyse betreffende Bemerkungen dürften hier am Platze sein:

Ich extrahiere den Zellenbrei, über dessen Gewinnung ich später berichten werde, mit dem zehnfachen Volum Alkohol von 96 ° und zwar drei bis vier Male nach einander, jedes Mal drei Tage lang. Mehrmals täglich werden die Zellen im Alkohol durch Umrühren oder Umschütteln vertheilt. Beim Wechsel wird der Alkohol einfach bis zur Grenze der in der vorangegangenen Nacht zu Boden gesunkenen Zellenmasse abgegossen und durch neuen ersetzt. Nach Beendigung der letztmaligen Extraktion wird der Bodensatz auf ein grosses Filtrum gebracht, einige Male mit starkem, dann mit absolutem Alkohol und endlich mit Äther nachgewaschen. Die alkoholische Waschflüssigkeit wird mit den mittlerweile gesammelten und filtrierten Alkoholextrakten vereinigt und auf dem Wasserbade bis zur beginnenden Trübung eingedampft. Alsdann wird soviel Alkohol hinzugefügt, dass die Flüssigkeit sich wieder klärt. In dieser Gestalt lassen sich die zymoplastischen Substanzen unbegrenzt lange aufbewahren; wie man mit ihnen zum Zwecke der erwähnten Gerinnungsversuche zu verfahren hat, ist bereits besprochen worden.

---

1) A. SCHMIDT. Über den flüssigen Zustand des Blutes. Centralbl. für Physiol. 1890.

2) W. DEMME. Über einen neuen Eiweiss liefernden Bestandtheil des Protoplasmas. Inaug.-Abh. Dorpat 1890.

3) A. KNÜPFFER. Über den unlöslichen Grundstoff der Lymphdrüsen- und Leberzellen. Inaug.-Abh. Dorpat 1891.

Der Filterrückstand wird mit dem Filtrum aus dem Trichter herausgehoben, das Filtrum oben zusammengelegt, der Rand umgefaltet, durch vorsichtiges Drücken mit den Händen, dann durch Pressen zwischen Lagen von Fliesspapier der Äther möglichst entfernt, der flache bröckelige Kuchen vom Papier mit einem Spatel abgehoben, zerkleinert, auf einer Glastafel oder in einer Porzellanschale flach ausgebreitet und zuerst an der Luft, dann über Chlorcalcium getrocknet.

Nach Verlauf von 2—3 Tagen wird die trockene Masse gewogen, mit dem 30 fachen Gewicht Wasser allmählich verrieben und 20—24 Stunden stehen gelassen, dann filtriert und mit wenig Wasser in das Filtrat nachgewaschen. Das Filtrat enthält das Cytoglobin. Da dasselbe nun aber nur aus koncentrierten Lösungen durch Alkohol vollständig gefällt wird und da es ausserdem immer noch durch beigemengte Reste der zymoplastischen Substanzen verunreinigt ist, und zwar von solchen, welche in Wasser leichter als in Alkohol löslich sind und deshalb nur theilweise in das alkoholische Extrakt übergehen, so wird das Filtrat im Vacuum über Schwefelsäure auf $\frac{1}{6}$—$\frac{1}{7}$ seines Volums eingeengt, dann mit dem 10—15 fachen Volum absoluten Alkohols gefällt und, nach dem Absitzen des das Cytoglobin darstellenden Niederschlags, der Alkohol möglichst vollständig abgegossen und der Niederschlag auf ein Filtrum gebracht. Es gelingt so, den Rest von zymoplastischen Substanzen vom Cytoglobin vollständig zu trennen.

Das letztere befindet sich nun auf dem Filtrum und wird ganz wie der mit Alkohol erschöpfte Zellenbrei mehrfach erst mit starkem, dann mit absolutem Alkohol und endlich mit Äther gewaschen, der letztere durch Drücken zwischen den Fingern und Pressen zwischen Fliesspapier grösstentheils entfernt, die Masse vom Papier abgehoben, zerkleinert, in angegebener Weise getrocknet und pulverisiert. Man erhält ein weisses, zuweilen gelbliches, Pulver, das in Wasser sehr leicht löslich ist.

Bei der Extraktion mit 30 Gewichtstheilen Wasser gewinnt man übrigens nicht sämmtliches in den Zellen enthaltene Cytoglobin, aber der zurückbleibende Rest ist gering und erfordert zu seiner vollständigen Extraktion grosser Wassermengen. Die mit Alkohol erschöpfte Zelle giebt nämlich das Cytoglobin anfangs leicht, dann immer schwerer an das Wasser ab und um die letzten Spuren desselben zu extrahieren, bedarf es sehr grosser Wassermengen, wodurch das Einengen des Wasserextrakts im Vacuum in einem Grade erschwert würde, welcher mit dem Gewinnst an Material in keinem

Verhältniss steht. Ich verzichtete daher lieber auf die Gewinnung sämmtlichen Cytoglobins. Das Verhältniss von 30 Gewichtstheilen Wasser zu einem Gewichtstheil Substanz entsprach der Leistungsfähigkeit meiner Luftpumpe. Sie reducierte im Laufe von 24 Stunden, bei zweimaligem Wechsel der Schwefelsäure 60—70 Ccm. des Wasserextraktes auf 7—8 Ccm.

Nach dem Abfiltrieren des Wasserextrakts wird nun der Rückstand auf dem Filtrum zur Entfernung des Cytoglobinrests, so lange mit Wasser ausgewaschen, bis eine Probe des Filtrats beim Kochen mit concentrierter Essigsäure und schwefelsaurem Natron ganz klar bleibt. Jetzt beginnt das Waschen mit der zehnprocentigen Kochsalzlösung, welches so lange fortgesetzt wird, bis ein Pröbchen des salzigen Filtrats beim Kochen mit einem Tropfen Essigsäure keine Trübung resp. Opalescenz mehr zeigt. Das Kochsalz wird nun aus dem Rückstande mit Wasser, das Wasser mit Alkohol ausgewaschen und die ganze Masse dann noch auf ein Paar Tage unter absoluten Alkohol gestellt, durch welchen die zuweilen noch vorhandenen Spuren von zymoplastischen Substanzen entfernt werden. Die nach dem Abfiltrieren des Alkohols und Nachwaschen mit Äther lufttrocken gewordene Masse, das Cytin, lässt sich leicht zu einem feinen Pulver verreiben, und ist, je nach ihrer Herkunft, verschieden gefärbt; das Cytin der Lymphdrüsenzellen sieht sehr dunkel, fast schwarz aus, das der Milzzellen und farblosen Blutkörperchen weissgrau und das der Leberzellen hellgelb.

Die von DEMME und KNÜPFFER in meinem Institut ausgeführten Untersuchungen betrafen das Cytin und Cytoglobin, liessen aber den in Kochsalz löslichen Zellenbestandtheil ausser Acht. Sie berücksichtigten ausserdem nur das chemische Verhalten dieser Stoffe und nicht ihre physiologischen Wirkungen und Beziehungen zu anderen Substraten des Körpers, worauf es mir hier ankommt. Als Grundlage für meine ferneren Mittheilungen)halte ich es aber für nöthig, die Ergebnisse jener Untersuchungen, durch Zusätze meinerseits vermehrt, hier zusammenzufassen.

2. Über den in Wasser löslichen Bestandtheil des Protoplasmas und dessen Zersetzungsprodukte.

Dasselbe ist bisher aus folgenden Zellen gewonnen worden: 1. Lymphdrüsenzellen (vom Rinde), 2. Milzzellen (vom Kalbe), 3. farblose Blutkörperchen (vom Pferde), 4. Leberzellen (vom Kalbe), 5. Schleimhaut des Schweinsmagens, 6. Pankreas vom

Rinde, 7. entblutete Froschmuskel, 8. Wasserextrakt der Cornea, 9. Hefezellen.

Das Waschen der Zellen mit verdünnter Kochsalzlösung ist nicht rathsam, weil man dabei Verluste an Cytoglobin erleidet. Es sind zwar ungeheure Mengen einer 0,6—0,7 procentigen Kochsalzlösung erforderlich, um den Zellen das Cytoglobin vollständig zu entziehen, aber man wird mit Rücksicht auf die Mühe, welche die Herstellung dieser Substanz verursacht, auch particlle Verluste nicht gern hinnehmen wollen. Ausserdem ist das Waschen hier auch überflüssig, da man sich der Gewebstrümmer auch auf andere Weise, wenigstens zum grössten Theil entledigen kann und die in den betreffenden Organen enthaltenen, gewöhnlich sehr geringen, Blutmengen keine Störung bedingen, weil die farblosen Blutkörperchen die einzigen Bestandtheile des Blutes der Säugethiere sind, welche Cytoglobin enthalten; wegen ihrer geringen Menge kommen sie aber gegenüber der Masse der Parenchymzellen des Organs, aus welchem das Cytoglobin gewonnen werden soll, gar nicht in Betracht.

Das Verfahren bei Gewinnung des Zellenmaterials variierte nach der Beschaffenheit der verschiedenen Organe. Ich will es kurz schildern:

1. Lymphdrüsenzellen. Frische im Schlachthause gesammelte Mesenterialdrüsen vom Rinde wurden vom anhangenden Fette befreit und in der Fleischhackmaschine zerkleinert, der Brei, mit ⅛ Volum Wasser verrührt, in einen Lappen von starker Leinwand eingeschlagen und in der Muskelpresse ausgepresst. Der ausfliessende, sehr zellenreiche Saft kam auf die Centrifuge und die hier entstehende Zellenschicht, welche beim Trocknen einen Rückstand von 9—11 % hinterliess, wurde nun der Extraktion mit Alkohol unterzogen. Niemals habe ich in der über der Zellenschicht stehenden Flüssigkeit eine blutige Färbung bemerkt.

2. Milz- und Leberzellen. Das betreffende Organ wird durchschnitten, das Parenchym mit einem Hornspatel oder einer Glasscherbe herausgeschabt, der Brei durch ein Tuch gepresst, auf dessen anderer Seite die dicke Masse haften bleibt. Sie wird abgeschabt und ohne Weiteres unter Alkohol gebracht [1]. Die ausgepresste Masse bestand fast nur aus Zellen, besonders bei der Leber enthielt sie kaum Gewebstrümmer. Die im Tuch zurückbleibenden Gewebstheile hielten aber auch das Blut zurück, wenigstens zum grössten Theil,

---

[1] Die Lebern wurden Allem zuvor vom Krahn der Wasserleitung aus durch die Pfortader kurze Zeit mit Brunnenwasser ausgespült.

so dass sich nach beendeter Extraktion mit Alkohol in dem Zellenrest die Bestandtheile zersetzten Hämoglobins nicht nachweisen liessen.
Übrigens kann man, ohne erhebliche Verluste an Cytoglobin befürchten
zu müssen, den dicken Zellenbrei auch in dem 10—12fachen Volum
einer 0,6procentigen Kochsalzlösung vertheilen, die zellenreiche Flüssigkeit von den rasch zu Boden sinkenden Gewebstrümmern abgiessen,
die Senkung der Zellen abwarten und sie schliesslich auf der Centrifuge sammeln.

3. Farblose Blutkörperchen. Das Plasma gekühlten Pferdebluts wird mit 15 Volum eiskalten destillierten Wassers verdünnt
und die Senkung der Zellen abgewartet. Die Flüssigkeit muss unterdess bei 0⁰ erhalten bleiben. Am folgenden Tage wird dekantiert
und der aus farblosen Blutkörperchen und in der Kälte ausgeschiedenen Globulinen bestehende Niederschlag auf der Centrifuge gesammelt und in Alkohol gebracht. In einem quantitativen Versuche
lieferten mir die in 120 Ccm. Pferdeblutplasma enthaltenen farblosen
Elemente 0,052 Gr. Cytoglobin.

4. Schleimhaut des Schweinsmagens. Sie wurde abgeschabt, mit Glaspulver zerrieben und ohne Weiteres in den Alkohol
gebracht.

5. Pankreas. Dasselbe wurde in der Fleischhackmaschine zerkleinert und dann unter Alkohol gesetzt. Es war sehr blutarm und
nach beendeter Extraktion mit Alkohol hatten die getrockneten Fragmente das Ansehen von schneeweissen Fetzen. Ebenso weiss war das
betreffende gepulverte Cytoglobin. Ich habe zwei Pankreas verarbeitet, das eine ganz frisch, das andere nachdem es 24 Stunden der
Zimmertemperatur ausgesetzt gewesen. Die betreffenden Cytoglobine
verhielten sich nach ihren chemischen Eigenschaften ganz gleich.

6. Froschmuskeln. Die Frösche wurden mit einer 0,6pro-
centigen Kochsalzlösung entblutet, die Muskeln der unteren Extre-
mitäten abgeschnitten, in der Muskelpresse ausgepresst und der
abfliessende Saft, ohne Rücksicht darauf, ob sich Gerinnungserscheinungen einstellten oder nicht, mit dem zehnfachen Volum Alkohol
coaguliert.¹) Hier befand sich das Cytoglobin gelöst in der ausgepressten Flüssigkeit und der Alkohol hatte zunächst nur die Aufgabe,
es zusammen mit dem Muskeleiweiss zu fällen und dadurch von den
zymoplastischen Substanzen zu befreien. Das mit Äther getrocknete
Alkoholcoagulum wurde mit Wasser extrahiert, filtriert, das Filtrat

1) Der hier häufige Frosch (R. temporaria) giebt sehr oft auch ohne Anwendung der Kälte einen spontan gerinnenden Muskelsaft.

im Vacuum concentriert, mit Alkohol gefällt u. s. w. Die Ausbeute an Cytoglobin war sehr gering. Dass der Muskel wenig von dieser Substanz enthält, war vorauszusehen; dazu kam nun noch, dass durch das Auswaschen mit der verdünnten Kochsalzlösung sicherlich ein grosser Theil derselben aus dem Muskel entfernt worden war. Das Vorkommen des Cytoglobins im Muskel erkennt man übrigens schon an der energischen Wirkung, welche der ausgepresste Saft entbluteter Froschmuskeln auf Wasserstoffsuperoxyd ausübt.

Ich halte übrigens jetzt, seit ich darüber ins Klare gekommen, dass die rothen Blutkörperchen höchstens nur Spuren von Cytoglobin enthalten, die Blutflüssigkeit aber gar keines, das Entbluten der Muskeln für überflüssig. Ebensowenig bedarf es der grossen Wassermengen, welche DEMME zur Isolierung der farblosen Blutkörperchen anwandte, durch welche er natürlich bedeutende Verluste an Cytoglobin erlitt. Der Hauptzweck des Waschens ist hier die Entfernung des Plasmas und die Sammlung der farblosen Blutkörperchen aus einer möglichst grossen Plasmamenge in einem möglichst kleinen Flüssigkeitsvolum. Beides geschieht in hinreichendem Maasse durch Verdünnen des Plasmas mit dem 10—15fachen Volum eiskalten Wassers, Abgiessen der Flüssigkeit von den zu Boden gesunkenen farblosen Elementen und Centrifugieren des Bodensatzes.

7. Wasserextrakt der Hornhaut. Die Hornhäute einiger Rindsaugen wurden fein zerschnitten, 24 Stunden lang mit Wasser extrahiert und dann filtriert. In dem Filtrat wurde das Cytoglobin sowohl durch die Wirkung auf Wasserstoffsuperoxyd als durch die später anzuführenden chemischen Reaktionen erkannt. Weitere Versuche wurden mit der Substanz nicht angestellt, namentlich keine Versuche mit filtriertem Plasma.

8. Hefezellen. Ich habe nur einen bezüglichen Versuch angestellt und die Ausbeute sowohl an zymoplastischen Substanzen als an Cytoglobin war gering. Wahrscheinlich wurde die Extraktion mit Alkohol sowohl als mit Wasser durch die Cellulosehülle erschwert. Die Prüfung sowohl mit filtriertem Plasma als mit Wasserstoffsuperoxyd ergab positive Resultate. —

Eigenschaften und Vorkommen des Cytoglobins. Dasselbe ist löslich in Wasser, wird durch Alkohol aus dieser Lösung in Gestalt von Flocken gefällt, welche Eiweissflocken durchaus gleich sehen; der Niederschlag aber ist in Wasser ebenso leicht löslich wie vor der Fällung durch den Alkohol.

In wässeriger Lösung reagiert das Cytoglobin neutral und wird durch Ansäuern mit Essigsäure zersetzt; es entsteht ein gleichfalls flockig sich ausscheidender, in Wasser unlöslicher, von mir in meiner vorläufigen Mittheilung Präglobulin genannter Eiweisskörper und ein andres, in Lösung bleibendes Produkt, welches zwar sehr stickstoffreich ist, aber doch keinen Eiweisskörper darstellt. Diese Lösung hinterlässt beim Eindampfen auf dem Wasserbade einen gelblichen, in Wasser leicht löslichen, ausserordentlich hygroskopischen, in Alkohol und Äther unlöslichen Rückstand, welcher sich Eiweissreagentien gegenüber vollständig negativ verhält.

Die dem Cytoglobin in hervorragender Weise zukommende Eigenschaft, das Wasserstoffsuperoxyd zu katalysieren, verliert es beim Kochen seiner wässerigen Lösung vollständig und unwiederbringlich, ebenso unter der Einwirkung von concentrierten Alkalien und Säuren. Neutralsalze hemmen die Katalyse nicht.

Das Präglobulin ist unlöslich in Wasser, ausserordentlich leicht löslich in verdünnten und in kohlensauren Alkalien, unlöslich in Essigsäure, selbst beim Kochen. Concentrierte Salz-, Schwefelund Salpetersäure lösen das Präglobulin auf, aber offenbar unter wesentlicher Veränderung seiner Substanz. Die salpetersaure Lösung wird durch Übersättigen mit Ammoniak orange gefärbt.

Zersetzt man eine wässerige Cytoglobinlösung durch die gerade erforderliche Menge Essigsäure und fügt man nun eine mässig concentrierte Kochsalzlösung hinzu, so löst sich das ausgeschiedene Präglobulin leicht und vollständig wieder auf. Aber diese Leichtlöslichkeit in Kochsalz ist nur durch die Gegenwart des zweiten, in Lösung bleibenden Spaltungsprodukts bedingt. Das von diesem durch Filtrieren befreite und auf dem Filtrum gründlich mit Wasser gewaschene Präglobulin erfordert zu seiner Auflösung einer langdauernden Einwirkung sehr grosser Mengen der Kochsalzlösung. Die Auflösung in der letzteren geht aber wieder leicht von Statten, wenn man das zweite Spaltungsprodukt des Cytoglobins, in wenig Wasser gelöst und neutralisiert, zu ihr hinzufügt.

Aus der Lösung in Kochsalz wird das Präglobulin durch Essigsäure gefällt. Kochen begünstigt diese Fällung.

Das aus nahezu 0,5 Gr. Cytoglobin gewonnene Präglobulin suspendierte ich, nachdem es auf dem Filtrum gründlich ausgewaschen worden, in 5 Ccm. Wasser, fügte 4 Ccm. gesättigte Kochsalzlösung hinzu und filtrierte, um dem Salz Zeit zu geben, die Substanz aufzulösen, erst nach drei Tagen; doch war ein nicht unbeträchtlicher Theil des Präglobulins unaufgelöst geblieben. In dieser salzigen Lösung des gereinigten Präglobulins wurde dasselbe weder durch

Verdünnen mit Wasser noch durch Sättigen mit Kochsalz gefällt. Ich kann demnach die Angabe DEMME's, dass die salzige Lösung des Präglobulins durch beide Mittel theilweise gefällt werde, nicht bestätigen.[1]) Vielleicht ist sie richtig für den Fall, dass das in einer Cytoglobinlösung durch die erforderliche Säuremenge erzeugte Präglobin sich in dieser seiner Mutterflüssigkeit befindet.

Eine alkalische Präglobulinlösung wird, auch wenn kein Alkaliüberschuss vorhanden ist, weder durch Kochen noch durch Alkohol gefällt, ausser wenn Neutralsalze zugegen sind oder wenn man es geradezu mit einer rein salzigen Lösung dieser Substanz zu thun hat. In solchen Fällen stellt aber nur der durch Kochen gefällte Körper coaguliertes Eiweiss dar. Der Alkoholniederschlag des gereinigten Präglobulins ist, wie früher, leichtlöslich in hochgradig verdünnter Natronlauge, wird aus dieser Lösung durch Essigsäure als ein im Ueberschuss der Säure unlöslicher, in Kochsalz löslicher Körper gefällt, kurz eine Veränderung der Substanz hat nicht stattgefunden.

Concentrierte Alkalien wandeln das Präglobulin in Alkalialbuminat um.

Das Cytoglobin sowohl als das Präglobulin sind wenig oder gar nicht durch Pepsinsalzsäure und durch Trypsin verdaulich.

In Blutserum und in filtriertem Plasma löst sich das Präglobulin, da sie alkalisch reagieren, leicht auf. Hierbei hebt das Präglobulin gleichfalls die spontane Gerinnungsfähigkeit des Plasmas auf; die zymoplastischen Substanzen rufen auch hier die Gerinnung wieder hervor.

Das Präglobulin wirkt nur sehr schwach katalysierend auf Wasserstoffsuperoxyd; das andere in Wasser lösliche Spaltungsprodukt verhält sich in dieser Hinsicht vollständig indifferent, ebenso auch gegenüber der Faserstoffgerinnung.

In der wässerigen neutralisierten (resp. schwach alkalisch gemachten) Lösung des zweiten Spaltungsprodukts löst sich das Präglobulin wieder auf, ohne dass indess die frühere Wirksamkeit auf Wasserstoffsuperoxyd wiederkehrte.

Zum Cytoglobin zurückkehrend bemerke ich noch, dass Kohlensäure dasselbe nur bei sehr grossem Ueberschuss zersetzt, also nur wenn es sich in höchst verdünnter wässeriger Lösung befindet. Es entsteht dabei zunächst nur Opalescenz und erst allmählich trübt sich die Flüssigkeit schwach und setzt einen höchst unbedeutenden

---

1) A. a. O. S. 29.

Niederschlag ab. Die Zersetzung betraf aber immer nur einen sehr kleinen Bruchtheil der Substanz.

Mehreren Versuchen zufolge liefert das Cytoglobin bei der Zersetzung durch Essigsäure 56—61 % Präglobulin.[1])

Eine wässerige Cytoglobinlösung wird durch Kochen weisslich getrübt, bei Gegenwart von etwas Kochsalz scheidet sich beim Kochen ein Eiweisskörper in Gestalt von Flocken und Klumpen aus, welche sich nur in heisser Natronlauge auflösen. Der ausgeschiedene Eiweisskörper betrug in einem Versuch 36,9, in einem zweiten 35,1 % des verwendeten Cytoglobius; die Zersetzung des Cytoglobins in der Siedhitze ist also eine andere, als die durch Essigsäure. Das in Lösung bleibende, durch Kochen erzeugte, Spaltungsprodukt hinterlässt beim Eindampfen einen braunen in Alkohol und Äther unlöslichen, in Wasser leicht löslichen Rückstand; diese Lösung reagiert schwach alkalisch.

Beim vollständigen Eindampfen einer neutralen wässerigen Cytoglobinlösung bleibt gleichfalls ein brauner Rückstand zurück, aus welchem mit Wasser der färbende in Alkohol und Äther unlösliche Körper extrahiert wird, während ein weisser, schwammiger, den Wänden der Schale fest anhaftender und nur in heisser Natronlauge löslicher Eiweisskörper zurückbleibt. Dieselbe Spaltung findet auch statt, wenn man gepulvertes lufttrocknes Cytoglobin bis 110° C. erhitzt.

Die bisher angeführten Charaktere beziehen sich gleichmässig auf das Cytoglobin der Lymphdrüsen-, der Milzzellen und der farblosen Blutkörperchen. Das Cytoglobin der Leberzellen unterscheidet sich in Bezug auf diese Eigenschaften von den genannten Cytoglobinen durch seine besondere Leichtlöslichkeit in Wasser, ferner durch die grössere Resistenz seiner wässerigen Lösung der Siedhitze gegenüber und endlich durch die Unmöglichkeit bei der Zersetzung durch Ansäuern sämmtliches Präglobulin zur Fällung zu bringen. Beim vorsichtigen Ansäuern einer wässerigen aus Leberzellen gewonnenen Cytoglobinlösung mit verdünnter Essigsäure trübt sie sich zwar anfangs, aber lange ehe die Zersetzung beendet ist, schwindet die Trübung bei weiterem Säurezusatz wieder. Wendet man von vorneherein concentrierte Essigsäure an, so kommt es überhaupt gar nicht zur Trübung. Das Cytoglobin der Leberzellen katalysiert ferner das

---

1) Diese Schwankungen des Präglobulinprocents beruhen wohl hauptsächlich auf Fehlern der Bestimmung, da dieselbe wegen Mangel an Vorrath nur an kleinen Cytoglobinmengen ausgeführt wurde.

Wasserstoffsuperoxyd unter allen von mir untersuchten Arten bei Weitem am stürmischsten; am schwächsten wirkte in dieser Hinsicht das Cytoglobin der farblosen Blutkörperchen und der Lymphdrüsenzellen.

Das Cytoglobin dreht die Polarisationsebene nach rechts, das Präglobulin nach links. Die specifische Drehung des ersteren fand ich + 46,9 °, die des letzteren — 81,4 °. Die zu diesen Bestimmungen benutzte wässerige Cytoglobinlösung enthielt 1,180 % Substanz; sie opalisierte aber sehr stark, so dass die Bestimmung nicht ohne Weiteres ausgeführt werden konnte. Durch Zusatz von 0,24 Ccm. Normalnatronlauge auf 12 Ccm. der Lösung und darauffolgendes Filtrieren wurde die hierzu nöthige Klärung erreicht. Die Präglobulinlösung enthielt 2,175 % Substanz. Zur Auflösung derselben genügten für 13 Ccm. der Flüssigkeit 0,4 Ccm. Normalnatronlösung. Aber auch jetzt opalisierte sie zu stark, weshalb, um die Bestimmung auszuführen, zu 8 Ccm. derselben noch 1 Ccm. Normalnatronlösung hinzugefügt werden musste. Wie das Präglobulin in salziger Lösung auf den polarisierten Lichtstrahl wirkt, habe ich bisher noch nicht ermittelt.

Wenn es möglich wäre eine nicht opalisierende und doch für den Polarisationsapparat genügend concentrierte wässerige Cytoglobinlösung herzustellen, so würde ihre Rechtsdrehung wohl noch stärker ausfallen, als ich sie oben angegeben habe; denn der Natronzusatz vermindert die Rechtsdrehung um so mehr, je grösser er ist, und verwandelt sie schliesslich in eine Linksdrehung. Eine wässerige Cytoglobinlösung von der oben angegebenen Concentration, aber mit der dreifachen Natronmenge geklärt, war optisch inaktiv, und als ich ihren Alkaligehalt verdoppelte, so drehte sie nach links. Der Rotationswinkel betrug etwa ¼ Stunde nach dem letzten Natronzusatz — 15,8' und am folgenden Morgen — 22,7. Offenbar wird also auch unter der Einwirkung von Alkalien ein Eiweisskörper vom Cytoglobin abgespalten, welcher indess in Lösung bleibt. Durch Neutralisieren wird er nicht gefällt, die Flüssigkeit wird nur hochgradig opalisierend. Erst beim Ansäuern fällt er heraus. Er verhält sich etwas anders als das Präglobulin; er ist nämlich nicht unlöslich in Essigsäure, sondern schwerlöslich, schwerlöslich in Kochsalzlösung, leicht löslich in verdünnten Alkalien. Ich habe leider nicht viel Versuche mit diesem Körper anstellen können, da ich erst kürzlich auf diese Art der Zersetzung des Cytoglobins aufmerksam geworden bin. Indess habe ich doch noch die Möglichkeit gehabt, seine Eigenschaften in einzelnen Hinsichten zu ermitteln und werde deshalb später gelegentlich auf ihn zurückkommen. Der ganze Befund scheint mir nicht unwichtig zu sein, da er uns die Möglichkeit der Bildung eines Eiweisskörpers aus dem Cytoglobin in den alkalisch reagierenden Körperflüssigkeiten nahelegt.

Zur Erkennung des Cytoglobins dient die Fällbarkeit durch Alkohol und die Wiederauflöslichkeit des Niederschlags in Wasser, ferner die Ausscheidung eines Eiweisskörpers durch Essigsäure, welcher in Kochsalzlösung löslich, im Überschuss der Säure aber unlöslich ist, dann die Wirkung auf Wasserstoffsuperoxyd und endlich auf den polarisierten Lichtstrahl. Es ist hierbei jedoch zu bemerken, dass sehr verdünnte Cytoglobinlösungen durch Alkohol nicht gefällt werden; an der Grenze aber, wo diese Reaktion versagt, tritt noch eine Trübung von ausgeschiedenem Präglobulin bei Säurezusatz ein; noch kleinere Cytoglobinmengen erkennt man an der Trübung, welche sich beim Kochen der Lösung mit Essigsäure und einem Neutralsalz einstellt. Sehr geringe Cytoglobinmengen kündigen sich auch durch die langsame Gasentwickelung an, welche sie in einer neutralen Wasserstoffsuperoxydlösung bewirken. In solchen Fällen wird man aber immer am besten thun, die Flüssigkeit, in welcher man die Anwesenheit von Cytoglobin vermuthet, zunächst im Vacuum zu concentrieren und dann mit den obigen Mitteln durchzuprüfen. Die Kenntniss der Herkunft des fraglichen Körpers wird übrigens für gewöhnlich Zweifel an seiner Natur nicht aufkommen lassen.

Eine von DEMME ausgeführte Analyse ergab für 100 Gr. des auf der Centrifuge gesammelten Zellenbreis (von Lymphdrüsen) einen Gesammtrückstand von 11,41 Gr. Derselbe besass die folgende procentische Zusammensetzung:

1. Durch Alkohol extrahierte Stoffe 30,40
2. In Alkohol lösliche, aber erst mit dem Cytoglobin
   in das Wasserextrakt übergegangene Stoffe . 6,33
3. Cytoglobin 27,81
4. Unlöslicher Rest 35,46
                                           ─────────
                                             100,00

Der Rest wurde aus der Differenz berechnet. Er bestand aus Cytin und der geringen Menge des in Kochsalz löslichen Zellenbestandtheils, welcher in diesem Versuche nicht besonders bestimmt wurde. Beziehen wir den Cytoglobingehalt der Zellen auf den nach beendeter Erschöpfung mit Alkohol übrigbleibenden Zellenrest (mit Einschluss der unter pct. 2 angegebenen Stoffe), so beträgt er 39,96 %; in einem zweiten Versuch betrug er, gleichfalls auf diesen Zellenrückstand bezogen, 41,23 %.

Viel ärmer an Cytoglobin sind die Leber- und Milzzellen; in
den ersteren fand Demme 15 % und in den letzteren 11 % des mit
Alkohol erschöpften Zellenrestes. Übrigens habe ich den Gehalt der
Lymphdrüsenzellen in späteren Versuchen sehr variabel gefunden,
wenn er auch immer höher ist, als der der Milz- und Leberzellen.

Einer Eigenschaft des Cytoglobins, welche freilich den Aufgaben
dieser Arbeit fernliegt, will ich hier noch Erwähnung thun, um die
Aufmerksamkeit der betreffenden Fachautoritäten auf sie zu lenken.
Eine wässerige Cytoglobinlösung ist nämlich ein ganz ausserordentlicher Nährboden für Bakterien, wenigstens für die gewöhnlichen
Fäulnissbakterien; schon innerhalb 24 Stunden bedeckt sie sich mit
einem Rahm von Bakterien, welcher rasch in die Tiefe wächst. Keine
Eiweisslösung kann in dieser Hinsicht den Vergleich mit ihr aushalten, aber durch Auflösung einer Spur von Cytoglobin in der letzteren steigert man ihre Fäulnissfähigkeit in hohem Grade. Sehr
rasch verliert das Cytoglobin dabei die Eigenschaft das Wasserstoffsuperoxyd zu katalysieren. Weitere Beobachtungen habe ich in dieser
Hinsicht nicht gemacht. Die mit der Faserstoffgerinnung zusammenhängenden protoplasmazerstörenden Eigenschaften der Blutflüssigkeit
erstrecken sich nach den Beobachtungen von Rauschenbach und
Grohmann auch auf die niedersten thierischen und pflanzlichen
Lebewesen, was den letzteren zur Aufstellung der These: „In dem
Plasma besitzt der Organismus vielleicht ein desinficierendes Mittel“,
veranlasste. Wir werden aber sehen, dass nicht bloss das Blutplasma,
sondern auch das Blutserum zersetzend auf Protoplasma resp. auf
gewisse Protoplasmabestandtheile wirkt. Theoretisch erscheint es
demgegenüber nicht ohne Interesse das Cytoglobin, als Zellenbestandtheil, welcher nach der Zellenart, aus welchem er stammt, gewisse
Verschiedenheiten aufweist, in Hinsicht auf seine Qualifikation zum
Nährboden für bakterielle Züchtungen zu prüfen.

Nach Demme besitzen auch die rothen Blutkörperchen einen Gehalt an Cytoglobin; in einem Versuch bestimmte er denselben zu
etwa 7 % des Trockenrückstandes der mit Alkohol erschöpften Blutkörperchen; letztere stammten vom Pferde und das Blutserum war
vor Hinzufügung des Alkohols möglichst vollständig entfernt worden.
Doch fügt Demme ausdrücklich hinzu, dass das aus den Pferdeblutkörperchen gewonnene Präparat kein reines Cytoglobin gewesen sei,
sondern sogar überwiegend aus Hämatin bestanden habe. In
der That löst sich ein grosser Theil des durch die vorangegangene
Einwirkung des Alkohols auf die Pferdeblutkörperchen gebildeten
Hämatins in Wasser auf; dasselbe wird, nach stattgehabter Einengung

des Wasserextrakts im Vacuum, durch den jetzt zur Anwendung kommenden absoluten Alkohol gefällt, löst sich dann aber theilweise in Wasser wieder auf u. s. w.

Meine späteren Erfahrungen erweckten in mir Zweifel an der Richtigkeit der Angabe DEMME's in Betreff des Cytoglobingehalts der rothen Blutkörperchen, und da die Frage mir wichtig erschien, so unterzog ich sie einer nochmaligen Prüfung. Zu diesem Zwecke suchte ich mir vor Allem ein Urtheil darüber zu bilden, inwiefern der Blutflüssigkeit, Blutplasma sowohl als Blutserum, von welchen die Blutkörperchen doch nicht vollständig getrennt werden können, ein Gehalt an Cytoglobin zugeschrieben werden darf. Fiel das Resultat dieser Prüfung negativ aus, so konnte ein etwaiger Befund von Cytoglobin im Gesammtblut, wenn er gross genug war, um nicht mehr bloss von den farblosen Blutkörperchen abgeleitet werden zu können, nur auf die rothen bezogen werden.

Löst man eine kleine Quantität Cytoglobin oder auch Präglobulin in Blutserum oder in filtriertem Plasma auf, und fügt dann sofort ein Paar Tropfen Essigsäure hinzu, so erhält man einen im Überschuss der Säure unlöslichen Niederschlag, so gut wie in wässerigen resp. alkalischen Lösungen dieser Substanzen. In dieser Weise reagiert aber das reine Blutplasma oder Blutserum gegen Essigsäure bekanntlich niemals. Hiernach ist keiner dieser beiden Stoffe in diesen Flüssigkeiten ursprünglich enthalten, oder doch höchstens nur in so geringen Spuren, dass sie durch die Essigsäurereaktion nicht nachgewiesen werden können. Die feinere Reaktion, nämlich Kochen mit Essigsäure bei Gegenwart eines Neutralsalzes, kann natürlich wegen des Eiweissgehalts der Blutflüssigkeit nicht angewendet werden. Aber beim Coagulieren der letzteren mit Alkohol müsste das Cytoglobin zusammen mit dem Eiweiss gefällt und aus dem lufttrocknen Coagulum mit Wasser extrahiert werden können. Aber auch bei Anwendung dieser Methode erhält man ein vollständig negatives Resultat.

Prüft man filtriertes Blutplasma oder körperchenfreies Blutserum und die proplastischen Transsudate mit Wasserstoffsuperoxyd, so findet man, dass sie dasselbe in einer allerdings äusserst geringfügigen Weise katalysieren. Diese Wirkung beruht aber darauf, dass diese Flüssigkeiten gewisse, gleichfalls zu den Zellen in naher Beziehung stehende Substanzen enthalten, welchen sie zugeschrieben werden muss. Es sind dies die Globuline. Man kann sich von der Richtigkeit dieser Angabe leicht an einer gesättigten alkalischen, durch mehrmaliges Fällen und Wiederauflösen gereinigten Lösung des Paraglobulins sowohl als der fibrinogenen Substanz überzeugen. Rinderserum, welches ich durch energisches 48 stündiges Dialysieren und darauffolgendes Filtrieren seines Paraglobulingehalts fast gänzlich beraubt hatte, wirkte nicht mehr auf das Wasserstoffsuperoxyd. Dieser Versuch zeigt zugleich, dass der quantitativ hervorragendste Bestandtheil der Körperflüssigkeiten, das Albumin, in dieser Hinsicht unwirksam ist.

Nach diesen Ergebnissen halte ich mich zu dem Ausspruch berechtigt: die Blutflüssigkeit enthält weder Cytoglobin noch Präglobulin, jedenfalls nicht in nachweisbarer Menge.

Unter diesen Umständen hatte es also kein Bedenken zur Entscheidung der Frage, ob die rothen Blutkörperchen Cytoglobin enthalten oder nicht, das ganze Blut in derselben Weise zu verarbeiten, wie den Lymphdrüsenzellenbrei u. s. w.

In dieser Weise bin ich dann auch verfahren, indem ich das Blut verschiedener Thierspecies aus der Vene oder Arterie direkt in den Alkohol fliessen liess, denselben 3 Mal erneuerte u. s. w. Wo es mir darauf ankam die rothen Blutkörperchen nach stattgehabter Gerinnung in Bezug auf ihren etwaigen Cytoglobingehalt zu untersuchen, entfernte ich zuerst das aus dem Kuchen ausgetretene Serum, presste dann das Blut aus dem ersteren aus und liess nun die gewöhnliche Behandlung eintreten. Was das Pferdeblut anbetrifft, so machte ich mir natürlich den durch seine typisch langsame Gerinnung an die Hand gegebenen Vortheil, mit Hülfe einer Kältemischung den grössten Theil des Plasmas mit den darin suspendierten farblosen Elementen von vornherein zu entfernen, zu Nutze.

In dieser Weise habe ich die rothen Blutkörperchen des Hundes, Kalbes und Pferdes untersucht. Nach stattgehabter Erschöpfung mit Alkohol gab der lufttrockne, pulverisierte Rückstand an Wasser stets Hämatin ab, am meisten der vom Pferde stammende. Wurde das Wasserextrakt auf ein kleines Volum eingeengt, so entstand bei Alkoholzusatz zwar eine sehr unbedeutende rothe Fällung, aber in derselben liess sich auf keine Weise Cytoglobin nachweisen, sie bestand nur aus Hämatin.

Wenn man nun bedenkt, dass wegen der grossen Menge der rothen Blutkörperchen die Ausbeute an Cytoglobin eine sehr bedeutende sein müsste, selbst wenn das einzelne Blutkörperchen wenig davon enthielte, so folgt aus den vorstehenden Versuchen, dass die rothen Blutkörperchen der Säugethiere überhaupt kein Cytoglobin enthalten. In ihnen ist das Hämoglobin an die Stelle des Cytoglobins der anderen von mir untersuchten Zellenformen getreten.[1])

Anders verhält es sich mit den gekernten rothen Blutkörperchen, wie ich glaube aus einem Versuch mit Hühnerblut schliessen zu dürfen. Hier gelang es mir Cytoglobin aus den rothen Blutkörperchen zu gewinnen, aber die Ausbeute war, verglichen mit den eigentlichen Protoplasmazellen, doch sehr gering. Die gekernten rothen Blutkörperchen enthalten also Cytoglobin und Hämoglobin neben einander; sie stehen in der Mitte zwischen den eigentlichen Protoplasmazellen und den kernlosen rothen Blutkörperchen der Säugethiere.

Abgesehen von dem Mangel resp. der Armuth der rothen Blutkörperchen an Cytoglobin hat sich noch ein anderer Unterschied zwischen ihnen und den gewöhnlichen Protoplasmazellen herausgestellt. In den letzteren ist nämlich das Cytoglobin derjenige Bestandtheil, welcher auf das Wasserstoffsuperoxyd am stärksten einwirkt, bedeutend stärker als das Cytin; die Löslichkeit des ersteren in Wasser genügt, um dieses Faktum zu erklären. Die rothen Blutkörperchen der Säugethiere enthalten kein Cytoglobin, katalysieren aber das Wasserstoffsuperoxyd viel heftiger als alle anderen Zellenarten; nur die Leberzellen kommen ihnen in dieser Hinsicht nahe. Der Träger dieser Wirkung der rothen Blutkörperchen ist nur ihr unlöslicher Grundstoff, das Analogon des Cytins der anderen Zellen. Das filtrierte Wasserextrakt des mit Alkohol erschöpften Zellenrestes übt keine Wirkung auf Wasserstoffsuperoxyd aus, der Rückstand auf dem Filtrum aber katalysiert dasselbe mit derselben Kraft wie die unversehrten Blutkörperchen selbst. Ich bemerke bei dieser Gelegenheit, dass die rothen Blutkörperchen der Säugethiere auch nicht den in Kochsalzlösung löslichen Zellenbestandtheil enthalten. Das entsprechende, aus dem mit Alkohol extrahierten Hühnerblut gewonnene Wasserextrakt wirkte dagegen, wie a priori angenommen werden konnte, katalysierend aber unvergleichlich schwächer als der feste Zellenrückstand.

Man ist bei diesen Versuchen mit Wasserstoffsuperoxyd Täuschungen dadurch ausgesetzt, dass Partikelchen von dem Trockenrückstand der rothen Blutkörperchen, wenn er behufs der Extraktion

---

1) Demgemäss übten auch die auf der Centrifuge gesammelten rothen Blutkörperchen des Pferdes, nachdem sie mit Alkohol in Bezug auf ihre zymoplastisch wirkenden Bestandtheile erschöpft worden, gar keinen hemmenden Einfluss auf die Gerinnung des filtrierten Plasmas aus; ebensowenig das Wasserextrakt derselben.

mit Wasser sehr fein verrieben worden, leicht durch das Filtrum
mitgerissen werden. Schwache Einwirkungen des gut filtrirten,
klaren Wasserextrakts auf Wasserstoffsuperoxyd, wie ich sie zuweilen beobachtet habe, sind wohl auf das extrahierte Cytoglobin
der farblosen Blutkörperchen, welche ja die rothen stets begleiten,
zu beziehen.

Von DEMME ist nun auch noch das aus Lymphdrüsenzellen gewonnene Cytoglobin und seine beiden durch Essigsäure erzeugten
Spaltungsprodukte, das in Wasser unlösliche (Präglobulin), und das
darin lösliche einer Elementaranalyse unterzogen worden. Bei der
Stickstoffbestimmung in den Spaltungsprodukten hat sich indess ein
Fehler eingeschlichen, welcher eine Unmöglichkeit involviert und
von A. KNÜPFFER corrigiert worden ist. Direkt elementaranalytisch
bestimmte KNÜPFFER übrigens nur das Stickstoffprocent des Cytoglobins und des Präglobulins; das Procent des in Wasser löslichen Spaltungsprodukts berechnete er, indem er, seinen Wägungsresultaten
gemäss, das Präglobulin zu 57 % des Cytoglobins annahm und den
Rest des Stickstoffes auf das andere Spaltungsprodukt bezog. DEMME's
Mittelzahl für das Präglobulin ist etwas höher ausgefallen, nämlich 59 %.

Elementaranalyse des Cytoglobins und seiner Zer-setzungsprodukte.

Eine Probe der pulverisierten Substanz, welche längere Zeit über
Schwefelsäure und Chlorcalcium gestanden hatte, erlitt, bei 100° bis
zur Gewichtsconstanz getrocknet, einen Feuchtigkeitsverlust von 4,72 %.

Die qualitative Aschenbestimmung ergab im Mittel 12,52 % Asche.
In derselben fanden sich vor Allem Natrium, ferner Mangan, auch
Kieselsäure; Kalium und Calcium waren nicht nachweisbar. Der
überwiegende Bestandtheil der Asche war aber Phosphorsäure; sie
betrug 52,95 % der Gesammtasche resp. 6,86 % des wasserfreien
Cytoglobins. Ferner war Schwefel als zur Constitution des Cytoglobins gehörig nachweisbar, indem die in überschüssiger Natronlauge
gelöste Substanz beim Erhitzen mit essigsaurem Blei eine Schwär-
zung von Schwefelblei zeigte. Auf die wasser- und aschefreie Substanz bezogen, ergab sich für das Cytoglobin die folgende procentische Zusammensetzung:

C	H	N		S	P
52,39	6,86	16,66 (DEMME)		3,49	4,50
		16,17 (KNÜPFFER)			

Der angegebene Phosphorgehalt ergab sich bei der Bestimmung
nach vorhergehendem Aufschliessen mit Kaliumhydroxyd und Kali nitri-

cum. In der Asche aber fand sich, wie bereits angegeben, ein Phosphorsäuregehalt von 6,86 % der trocknen Substanz, was 3,0 % Phosphor entspricht. Demnach stellt sich zwischen beiden Bestimmungen eine Differenz von 4,50—3,00 = 1,5 P (= 3,43 P_2O_5) heraus und es erscheint kaum glaublich, dass eine so beträchtliche Menge Phosphor nur als phosphorsaures Salz präexistiert und sich beim Veraschen verflüchtigt haben sollte. —

Beim Präglobulin betrug der Feuchtigkeitsverlust beim Trocknen 3,48 % und die Asche nur 2,83 %. Im Übrigen ergab die Analyse für das Präglobulin die nachfolgende, auf die wasser- und aschenfreie Substanz berechnete, Zusammensetzung:

C	H	N		S	P
51,44	7,61	16,96	(Knüpffer)	3,39	3,74

In der Asche fanden sich nur 0,40 % P; die Phosphorbestimmungen direkt in der Substanz und in der Asche ergaben also eine Differenz von 3,74—0,40 = 3,34 % P (=7,64 % P_2O_5). —

Das in einer wässerigen Cytoglobinlösung durch Essigsäure erzeugte in Wasser lösliche, über Schwefelsäure getrocknete Spaltungsprodukt verlor beim Trocknen bis zur Gewichts-constanz 5,95 % Wasser und besass einen Aschengehalt von 19,45 %.

Die auf die wasser- und aschenfreie Substanz berechnete Elementaranalyse ergab in Procenten

C	H	N		S	P
56,36	8,65	15,12	(Knüpffer)[1]	3,65	5,22

In der Asche fanden sich 4,83 P (= 11,06 P_2O_5). Mithin ergaben die beiden verschiedenartigen Phosphorbestimmungen eine Differenz von 5,22—4,83 = 0,39 P.

In diesem in Wasser löslichen Spaltungsprodukt ist auch Eisen enthalten; ob dasselbe aber auch einen Bestandtheil des Präglobulins bildet, muss ich fürs Erste dahingestellt sein lassen.

Weitere Untersuchungen haben mir indess gezeigt, dass dieses in Wasser lösliche Spaltungsprodukt des Cytoglobins wohl ein Gemenge zweier Stoffe darstellt, weshalb die obige Elementaranalyse keinen Werth mehr beanspruchen kann. Neutralisiert man nämlich das saure Filtrat vom Präglobulin, engt es dann im Vacuum oder auf dem Dampfbade auf ein kleines Volum ein und setzt das zehnfache Volum an absolutem Alkohol hinzu, so entsteht ein weisser flockiger

---

1) Dies ist die Zahl, welche von Knüpffer nicht durch direkte Bestimmung, sondern durch Berechnung gefunden worden ist.

Niederschlag einer in Wasser leicht löslichen Substanz, während ein
andrer, von ihm durchaus verschiedener Körper in Lösung bleibt;
auch er erweist sich nach dem Abdampfen des Alkohols als in Wasser
sehr leicht löslich. Dass der Alkohol diese Spaltung bewirkt haben
sollte, erscheint wohl viel weniger wahrscheinlich als die Annahme,
dass das Cytoglobin durch die Essigsäure von vornherein in drei
Produkte zerlegt wurde, in das in Wasser unlösliche Präglobulin und
in zwei andere, in Wasser lösliche Stoffe, von welchen das eine in
Alkohol unlöslich, das andere löslich ist, weshalb sie durch dieses
Mittel leicht von einander getrennt werden können. Das Gewicht des
durch Alkohol gefällten Körpers verhält sich zu dem des in Lösung
bleibenden etwa wie 8 : 2. Ich will sie als Substanz a und b von
einander unterscheiden.

Es zeigte sich, dass die Substanz a sämmtlichen Stickstoff, sämmtlichen Schwefel und sämmtliche Phosphorsäure des Gemenges enthält, so dass, wenn dasselbe auch vom Eisen gilt, die Substanz b
einen Kohlenwasserstoff darstellen muss. Durch Kochen mit Salzsäure
werden von der Substanz a Schwefelsäure und sehr grosse Mengen
von Phosphorsäure abgespalten. Beim langsamen Eindunsten der
Substanz a im Uhrschälchen schied sich eine geringe Menge sehr kleiner
Krystalle, wie es schien, von tetraedrischer Gestalt aus. Sie gab mit
Millon's Reagens keine Rothfärbung, wohl aber gelang diese Reaktion
mit der Substanz b. In der letzteren allein sind also aromatische
Monohydroxylderivate vorhanden. —

3. Über den unlöslichen Grundstoff des Protoplasmas und dessen Zersetzungsprodukte.

Man wird, um das Cytin darzustellen, in der bereits angegebenen
Weise verfahren, wenn man dabei zugleich auch das Cytoglobin gewinnen will; verzichtet man aber auf dieses, so thut man gut, den
Zellenbrei vorher mit grossen Mengen einer 0,5—0,6 procentigen Kochsalzlösung zu waschen und dann die Zellen auf der Centrifuge zu
sammeln; der grösste Theil des Cytoglobins und auch ein Theil der
zugleich in Wasser und Alkohol löslichen Extraktivstoffe wird hierbei den Zellen entzogen und man erleichtert sich dadurch sowohl
die Extraktion mit Alkohol als auch die darauffolgende mit Wasser.
Nur die Lymphdrüsenzellen lassen sich weder mit verdünnter Kochsalzlösung noch mit kohlensaurem Wasser waschen; sie quellen darin
stark auf und werden durch die Centrifuge nicht mehr präcipitiert.
Sie müssen also, auch wenn es sich um die Darstellung nur von
Cytin handelt, in der früher beschriebenen Weise behandelt werden.

Das Cytin ist unlöslich in Wasser, Kochsalzlösung, Alkohol, Äther und Chloroform.

Es wirkt energisch zersetzend auf Wasserstoffsuperoxyd, aber doch nicht in dem Grade wie das Cytoglobin. Dabei besteht ein gerades Verhältniss zwischen der katalytischen Kraft des Cytins und des zugehörigen Cytoglobins. Unter allen Cytoglobinen war dasjenige der Leberzellen am meisten, das der farblosen Blutkörperchen am wenigsten wirksam; die entsprechende Differenz zeigte sich bei den betreffenden Cytinen.

Kochen mit Wasser vernichtet die katalytische Kraft des Cytins gradeso wie die des Cytoglobins vollständig, ohne dass dabei etwas von der Substanz aufgelöst würde. Ebenso vernichtend wirken concentrierte Alkalien und Säuren; nach stattgehabter Einwirkung derselben stellt die katalytische Wirksamkeit des Cytins auch beim Neutralisieren sich nicht mehr ein. Neutralsalze verhalten sich auch hier indifferent. In einem Falle wurde die Katalyse des Wasserstoffsuperoxyds, ohne dass dabei eine Abnahme der Wirksamkeit wahrgenommen werden konnte, mit einer gegebenen Menge Lebercytin 11 Mal nach einander ausgeführt, wobei jedes Mal das zersetzte Wasserstoffsuperoxyd, nach eingetretener Senkung des Cytins, entfernt und durch neues ersetzt wurde.

Concentrierte Alkalien lösen das Cytin schon in der Kälte, mässig verdünnte beim Kochen auf, und zwar beide unter Zersetzung, wobei ein Eiweisskörper entsteht, welcher beim Neutralisieren ausfällt, vollständiger noch bei mässigem Ansäuern, und, wie das Präglobulin, im Überschuss der Säure (Essigsäure) unlöslich ist; er unterscheidet sich aber vom Präglobulin dadurch, dass er in Kochsalz unlöslich ist. Trennt man den durch mässiges Ansäuern der zersetzten Cytinlösung gefällten Eiweisskörper durch Filtrieren von der Flüssigkeit und nimmt ihn dann in heisser Natronlauge auf, so zeigt er die Eigenschaften des Kalialbuminats.

Das zweite, durch die Einwirkung von Alkalien entstehende Spaltungsprodukt des Cytins bleibt beim Neutralisieren resp. Ansäuern der Flüssigkeit in Lösung; von dem eiweissartigen Spaltungsprodukt durch Filtrieren getrennt, hinterlässt es einen in Wasser leicht löslichen Rückstand, welcher sich beim Stehen an der Luft als äusserst hygroskopisch erweist. Eiweissreaktionen giebt es so wenig, wie das in Wasser lösliche Spaltungsprodukt des Cytoglobins. In Alkohol und Äther ist es gleichfalls unlöslich. Qualitativ liessen sich in ihm N, P, S und Fe nachweisen.

In concentrierter Essigsäure lösen sich selbst beim Kochen nur sehr geringe Mengen von Cytin auf und zwar gleichfalls unter Zersetzung. Das Filtrat enthält einen Eiweisskörper, der beim Neutralisieren in schneeweissen Flocken ausfällt und sich wie Acidalbumin verhält; eine andre Substanz bleibt beim Neutralisieren in Lösung und hinterlässt beim Eindampfen einen sehr hygroskopischen Rückstand.

Mit Salzsäurelösung von 0,15—0,2 % digeriert spaltet sich nach längerer Zeit etwas Acidalbumin vom Cytin ab, welches, wenn Pepsin zugegen ist, verdaut wird. Aber die verdauten Mengen waren selbst nach 24 stündiger Einwirkung der Pepsinsalzsäure äusserst gering, namentlich beim Lebercytin.

In einem ad hoc angestellten Versuch betrug der durch Kochen mit Natronlauge abgespaltene Eiweisskörper 67,51 % des verwendeten Cytins.

Das lufttrockne Cytin verlor beim Trocknen bis zur Gewichtsconstanz 5,46 % Wasser. Es enthielt nur 1,85 % Asche, in welcher qualitativ Schwefel, Phosphor, Eisen, Kieselsäure und Calcium nachgewiesen wurden. Die Elementaranalyse ergab für 100 Gr. wasser- und aschenfreies Lymphdrüsencytin (A. KNÜPFFER):

C	H	N	S	P	Fe
51,40	7,40	14,45	3,32	0,45	0,17

Im Lebercytin fanden sich (A. KNÜPFFER):

C	H	N	S	P	Fe
55,01	7,09	14,66	3,66	0,75	0,19

Sollten sich diese Zahlen, welche, wie die für das Cytoglobin angeführten, auf nur wenigen Analysen beruhen, bestätigen, so wäre das Lebercytin an S und P, namentlich aber an C reicher als das Lymphdrüsencytin.

Analysen der durch concentrierte Alkalien oder Säuren erzeugten Spaltungsprodukte des Cytins sind nicht ausgeführt worden.

Vom Cytoglobin unterscheidet sich das Cytin durch seinen viel geringeren Gehalt an Asche (1,85 % gegen 12,52 %) und insbesondere an Phosphor (0,45 resp. 0,75 % gegen 4,5 %); auch der Stickstoffgehalt ist kleiner als der des Cytoglobins (14,45 resp. 14,66 % gegen 16,66 %). Was den Kohlenstoffgehalt des Cytins anbetrifft, so liegt derjenige des Lymphdrüsencytins um etwa 1 % unter und derjenige des Lebercytins um etwa 2,6 % über demjenigen des Lymphdrüsencytoglobins.

Das Cytin sowohl als das Cytoglobin katalysieren also beide das Wasserstoffsuperoxyd, beide liefern bei ihrer Zersetzung durch

Essigsäure einen in dieser Säure unlöslichen Körper und ein zweites, in Alkohol und Äther unlösliches, in Wasser lösliches und zugleich sehr hygroskopisches, gelbes oder braunes Spaltungsprodukt, welches N, S, P und Fe enthält, beide werden durch Verdauungsfermente kaum angegriffen, kurz sie erscheinen, abgesehen von der Unlöslichkeit des einen und der Löslichkeit des anderen in Wasser, einander sehr ähnlich, so dass der Gedanke, dass das Cytoglobin, als der in Wasser lösliche Stoff, durch eine Art Schmelzung oder Spaltung aus dem Cytin entstanden sei, sehr nahe lag. Ich versuchte es deshalb künstlich aus dem Cytin Cytoglobin zu erzeugen. Bei der Spaltung des Cytins durch concentrierte Alkalien entsteht kein Cytoglobin, sondern neben anderen Spaltungsprodukten ein albuminatähnlicher, in Wasser und neutralen Salzen unlöslicher, in verdünnten Alkalien und Säuren löslicher Eiweisskörper; da nun ganz dasselbe geschieht, wenn man dieses Mittel auf Cytoglobin einwirken lässt, so ist klar, dass man nicht hoffen konnte, auf diesem Wege aus dem Cytin Cytoglobin zu erzeugen. Andrerseits erschien es wahrscheinlich, dass, unter der Voraussetzung eines genetischen Zusammenhanges zwischen diesen beiden Zellenbestandtheilen, der betreffende Übergang sich sehr langsam vollzieht und es erschien ferner möglich, dass die doch im Ganzen als milde zu bezeichnende Alkalescenz der thierischen Ernährungsflüssigkeiten hierbei eine Rolle spielt. Ich versuchte es daher, durch ein ähnliches mildes, aber anhaltendes Verfahren zum Ziel zu gelangen und benutzte dazu eine verdünnte Lösung von kohlensaurem Natron.

Ich verrieb zu diesem Zwecke 1 Gr. pulverisiertes Cytin mit 60 Ccm. Wasser, welchem ich 2 Ccm. einer kohlensauren Natronlösung von 3,4 % hinzugefügt hatte; am folgenden Tage wurde filtriert, das Filtrat, nachdem es nahezu mit Essigsäure neutralisiert worden, in das Vacuum über Schwefelsäure gebracht, das Cytin vom Filtrum abgenommen, nochmals mit 60 Ccm. Wasser und 2 Ccm. der Salzlösung verrieben, am folgenden Tage filtriert und das Filtrat zu der bereits im Vacuum befindlichen Portion hinzugefügt. Nachdem das gesammte Flüssigkeitsquantum auf ein Volum von 16 Ccm. eingeengt worden, wurde nochmals verdünnte Essigsäure hinzugefügt, aber nur so viel, dass eine eben merkliche Alkalescenz noch zurückblieb; einige Tropfen dieser Flüssigkeit zu ½ Ccm. Wasserstoffsuperoxydlösung hinzugefügt bewirkten stürmisches Aufbrausen; dabei zeigte der vom Cytin der Leberzellen stammende wirksame Bestandtheil dieser Flüssigkeit eine bedeutend stärkere katalytische Kraft als der aus dem Cytin der Lymphdrüsenzellen gewonnene, so dass sich also der bezügliche, zwischen dem Cytin und Cytoglobin dieser beiden Zellenarten bestehende Unterschied hier wiederholte.

Die aus dem Vacuum kommende Flüssigkeit war trübe; sie wurde deshalb (vor der Prüfung mit Wasserstoffsuperoxyd) filtriert, was ziemlich langsam von Statten ging und in das 15 fache Volum absoluten Alkohols gebracht, wobei eine starke flockige Fällung entstand, die aber durch mitaufgenommenes Cytinpigment schwach bräunlich, resp. gelblich gefärbt erschien.[1]) Am folgenden Tage wurde filtriert, die Substanz auf dem Filtrum gründlich mit absolutem Alkohol gewaschen, dieser mit Äther entfernt und nun weiter ganz wie bei der Herstellung des Cytoglobins verfahren. Die alkoholischen Filtrate nebst Waschflüssigkeiten wurden gesammelt und auf dem Wasserbade abgedampft. Der Rückstand, der sich in Wasser leicht und vollständig auflöste, bestand aus einem Gemenge von Salzen, unter welchen das durch Abstumpfen des kohlensauren Natrons entstandene essigsaure Salz enthalten war, und einer organischen, gelben Substanz, die ich nicht weiter untersucht habe.

Der durch den Alkohol gefällte Körper gab, nachdem er über Chlorcalcium getrocknet und im Mörser fein zerrieben worden, ein dunkelgraues Pulver, welches sich in Wasser nicht vollständig auflöste. Es schwammen in der wässerigen Lösung dieser Substanz Flocken herum, welche durch Filtrieren entfernt wurden; die verdünnte kohlensaure Natronlösung hatte also vom Cytin eine Substanz abgelöst, welche durch den Alkohol in die unlösliche Modifikation übergeführt worden war. Das klare wässerige Filtrat wurde nun noch ein Mal im Vacuum auf ein kleines Volum eingeengt, wieder mit absolutem Alkohol gefällt, auf dem Filtrum gesammelt u. s. w. So erhielt ich schliesslich ein schmutziggraues Pulver. Diese Farbe kam unterschiedslos sowohl dem aus dem Lymphdrüsencytin als auch dem aus dem Lebercytin stammenden Präparat zu. Beide lösten sich in Wasser vollständig auf, die Lösung des ersteren war braun, die des letzteren gelb gefärbt.

Dass die zu diesen Versuchen benutzten Cytine rein waren, also weder an Wasser noch an Alkohol irgend etwas mehr abgaben, brauche ich wohl kaum ausdrücklich zu sagen; die verdünnte kohlensaure Natronlösung hatte also von ihnen ganz allmählich Substanzen abgeschmolzen resp. abgespalten, von welchen die eine durch Alkohol coaguliert, die zweite, an Masse überwiegendste, dadurch gefällt wurde, ohne ihre Löslichkeit in Wasser zu verlieren, während eine dritte im Alkohol in Lösung blieb.

1) Ein Theil des Pigments blieb in der alkoholischen Lösung zurück.

Von der durch den Alkohol gefällten Substanz wurde nach dem
Waschen, Trocknen und Pulverisieren 0,05 Gr. in 5 Ccm. filtriertem
Plasma gelöst, was eine vollständige Unterdrückung der Gerinnung zur
Folge hatte [1]); ein Theil dieses gerinnungsunfähig gewordenen Plasmas
mit ein paar Tropfen einer neutralisierten Emulsion von zymoplastischen Substanzen versetzt gerann in wenigen Minuten. Die Substanz
katalysierte das Wasserstoffsuperoxyd; in wässeriger Lösung wurde
sie durch Ansäuern mit verdünnter Essigsäure zersetzt, es schied
sich ein Eiweisskörper aus, welcher gleichfalls gerinnungshemmend
auf das Plasma wirkte; die von diesem Eiweisskörper durch Filtrieren getrennte Flüssigkeit hinterliess beim Eindampfen einen gelblichen, in Wasser löslichen, in Alkohol und Äther unlöslichen, sehr
hygroskopischen Rückstand, — kurz, ich glaube annehmen zu dürfen,
dass die verdünnte kohlensaure Natronlösung vom Cytin, neben anderen Spaltungsprodukten, auch Cytoglobin abgespalten hatte, und dass
bei der Zersetzung dieses künstlich hergestellten Cytoglobins durch
verdünnte Essigsäure einerseits Präglobulin entstand, andrerseits Produkte, welche mit den bei der Säurespaltung des in den Zellen präformierten Cytoglobins neben dem Präglobulin entstehenden identisch sind.

Das eiweissartige Produkt der Säurespaltung des aus dem Cytin
hergestellten Cytoglobins verhielt sich nur in e i n e r Beziehung
anders als das echte, aus dem präformierten Cytoglobin gewonnene
Präglobulin; es war nämlich nicht ganz unlöslich in Essigsäure, er-
forderte aber zu seiner Auflösung sehr grosse Mengen der concentrierten Säure. Wir werden später dem echten Präglobulin sehr nahe-
stehende Derivate kennen lernen, welche dasselbe Verhalten zeigen, so
dass wir es wohl hier mit einem bereits weiter veränderten resp.
modificierten Präglobulin zu thun haben dürften.

Ich glaube durch diese Versuche den Beweis geliefert zu haben,
dass das Cytin und das Cytoglobin zwei Protoplasmabestandtheile
darstellen, welche in naher genetischer Beziehung zu einander stehen.

Von 4,2 Gr. Lymphdrüsencytin erhielt ich nach dem angegebenen
Verfahren 0,63 Gr. künstliches Cytoglobin. Diesen Vorrath sammelte
ich mir allmählich an, indem ich immer nur je 1 Gr. Cytin in Arbeit
nahm. Jede Cytinportion wurde nur zwei Mal nach einander mit der
verdünnten Natronsalzlösung behandelt; man kann zwar die Operation
noch mehrfach wiederholen und es löst sich dabei immer noch etwas

---

1) Dieser Versuch wurde nur mit der aus Lymphdrüsencytin stammenden
Substanz angestellt.

Substanz von dem Cytin ab, aber von Mal zu Male weniger, so dass
die Ausbeute nicht mehr dem Zeitverlust und dem Verbraueh an
Alkohol entsprach. Ich opferte daher meinen Zwecken lieber einen
grösseren Vorrath von Cytin. —

4. Über den Eiweissgehalt des Protoplasmas.

Dass das thierische Protoplasma Eiweiss enthalte, erschien mir
anfangs, nach den Ergebnissen meiner Analyse desselben, ganz
zweifelhaft und auch jetzt, wo ich zu einer Entscheidung über diese
Frage gelangt bin, muss ich doch behaupten, dass sein Eiweissgehalt ein höchst unbedeutender ist. Man braucht, um zu diesem
Schluss zu gelangen, nur die einzelnen Bestandtheile des Protoplasmas
ins Auge zu fassen. Die in Alkohol löslichen, welche bis 30 % des
ganzen Zellenrückstandes ausmachen können, stehen von vorneherein
ausser Frage. Das Cytin und Cytoglobin aber sind nicht Eiweissstoffe, sondern sind mehr als das; denn sie liefern Eiweiss erst
bei ihrer Zersetzung neben ganz anders gearteten Zersetzungsprodukten. Das Cytoglobin wird ausserdem aus seiner wässerigen, neutralen Lösung durch Alkohol gefällt, ohne coagulirt zu werden,
ein Verhalten, welches die eiweissartige Natur dieses Körpers von
vorneherein zweifelhaft erscheinen lässt. Es bleibt also nur der in
minimalen Mengen vorkommende, in mässig concentrirter Kochsalzlösung lösliche Körper als einziger möglicher Eiweissbestandtheil
der Zelle übrig, und ein solcher ist er in der That.

Da ich vorzugsweise mit Lymphdrüsenzellen, als den cytoglobin-
reichsten, mich beschäftigt habe, diese aber gerade den in Kochsalz
löslichen Bestandtheil in sehr geringer Menge enthalten, so bin ich
erst spät dazu gelangt die Natur des letzteren zu erkennen. Ich
bemerkte nämlich, dass die Leberzellen beträchtlich reicher an dieser
Substanz sind, als die Lymphdrüsenzellen, während es sich mit ihrem
Cytoglobingehalt umgekehrt verhält. Dies veranlasste mich eine
grössere Quantität Leberzellenbrei, nachdem ich sie mit Alkohol erschöpft und dann mit Wasser in Bezug auf ihren Cytoglobingehalt
vollkommen ausgelaugt hatte, mit verhältnissmässig wenig 10 procentiger Kochsalzlösung zu verrühren, nach einigen Stunden zu filtrieren und die im Filtrat enthaltene Substanz genauer zu untersuchen.
Das Filtrat wurde zuerst, zur Entfernung des Kochsalzes 48 Stunden
lang dialysiert, darauf die Flüssigkeit, in welcher die Substanz sich
feinkörnig ausgeschieden hatte, in ein hohes, schmales Cylinderglas
übergeführt und durch Dekantieren mit Wasser der Bodensatz vom
Kochsalzrest möglichst befreit. Darauf wurde die Substanz auf einem

kleinen Filtrum gesammelt, noch ein Paar Male mit Wasser ge-
waschen, vom Filtrum mit einem Spatel abgenommen und in wenig
Wasser vertheilt. Die Ausbeute war gering; doch reichte sie zur
Feststellung der allgemeinen Eigenschaften des fraglichen Körpers hin.

Die Substanz war selbstverständlich unlöslich in Wasser und
löslich in Neutralsalzen, ferner sehr leicht löslich in verdünnter Natronlauge, aus welcher Lösung sie durch Neutralisieren mit Essigsäure
gefällt wurde; im Überschuss dieser Säure aber war sie
durchaus unlöslich. Sie wirkte schwach katalysierend auf
Wasserstoffsuperoxyd. In filtriertem Plasma löste sie sich augenblicklich auf und unterdrückte die Gerinnung vollständig; nach Hinzufügen einer kleinen Menge zymoplastischer Substanzen gerann das
Plasma alsbald.

Nach diesen Reaktionen zu urtheilen, hatte ich es also mit einer
Substanz zu thun, welche mit dem Präglobulin identisch ist oder
ihm mindestens sehr nahe steht, ein Befund, welcher um so mehr
mein Interesse beanspruchte, als ja auch unter der Einwirkung von
Alkalien aus dem Cytoglobin ein Eiweisskörper entsteht, von welchem
gleichfalls mindestens gesagt werden kann, dass er dem durch Säure-
zersetzung aus dem Cytoglobin hervorgehenden, von mir Präglobulin
genannten, Eiweisskörper nächstverwandt ist. Unter der Bezeichnung
„Präglobulin" werde ich also fernerhin einen aus dem Cytoglobin
sowohl durch Säure- als durch Alkalizersetzung entstehenden Eiweisskörper verstehen. Zu meinen in den folgenden Kapiteln mitzutheilen-
den Versuchen ist immer nur das Säurepräglobulin benutzt worden.
Ich war auf dasselbe eben früher gestossen. Ausserdem habe ich
die Existenz eines von dem Cytoglobin durch Alkalien abtrennbaren
Eiweisskörpers bisher nur durch das Verhalten gegen das polarisierte
Licht nachweisen können. Durch Neutralisieren der alkalischen
Lösung wird aber der Eiweisskörper nicht gefällt, sondern nur durch
Ansäuern, und zwar bis zu demselben Grade, welcher erforderlich
ist, um das Präglobulin durch Zersetzung einer neutralen, wässerigen
Cytoglobinlösung zu erzeugen. In beiden Fällen gewinnt man die
Substanz also erst bei saurer Reaktion der Lösung und irgend einen
Unterschied in ihrem chemischen Verhalten habe ich dabei nicht
constatieren können.[1]

---

1) Wie sich aus einem später anzuführenden Versuch ergiebt, muss ein
Unterschied hier doch bestehen, weil der durch Alkalizusatz aus dem C y t o g l o b i n
erzeugte und durch Essigsäure gefällte Eiweisskörper sich doch anders gegen
filtriertes Plasma verhielt, als das durch direktes Ansäuern einer wässerigen
Cytoglobinlösung entstandene Präglobulin.

Cytin, Cytoglobin, Präglobulin bilden hiernach eine genetisch
zusammenhängende Reihe von Zellenbestandtheilen, welche wir uns
ebensowohl auf- als absteigend denken können. Jedenfalls ist aber
der Eiweissgehalt der Zelle, da er nur durch das Präglobulin dargestellt wird, ein höchst unbedeutender. Ich spreche hier selbstredend
zunächst nur von dem eigentlichen Protoplasma und den ihm mehr
oder weniger nahestehenden Zellenformen, wie z. B. den Leber- und
Pankreaszellen, nicht aber etwa von der Muskelfibrille; aber auch
in der letzteren begegnen wir, ausser den Eiweissstoffen, denselben
Protoplasmabestandtheilen, wie z. B. in den Lymphdrüsenzellen, so
namentlich dem Cytoglobin und den zymoplastischen Substanzen.

Die Vermuthung, dass der in Rede stehende Zellenbestandtheil
ein Eiweisskörper sein dürfte, spricht auch A. KNÜPFFER aus; er
findet aber eine Schwierigkeit in dem Umstande, dass derselbe sich
aus den Zellen mit Kochsalzlösung extrahieren lässt, trotzdem sie
viele Tage lang der Einwirkung von starkem Alkohol ausgesetzt
gewesen sind. Indess haben wir gesehen, dass das Präglobulin bei
Gegenwart von Neutralsalzen durch Alkohol zwar gefällt, a b e r
n i c h t c o a g u l i e r t w i r d, da es sich nach Entfernung des Alkohols
in seinen früheren Lösungsmitteln wieder auflöst.

Aber die Thatsache, dass die Zellen so lange der Einwirkung
des Alkohols ausgesetzt gewesen sind, könnte in einem anderen
Sinne doch gegen die Annahme, dass das Präglobulin d e r e i n z i g e
eiweissartige Bestandtheil der Zellen sei, gekehrt werden. Andere,
n e b e n dem Präglobulin in der Zelle präformierte Eiweissstoffe,
könnte man meinen, sind durch den Alkohol wirklich coaguliert
worden und können dann, nach Entfernung des Alkohols, dem Zellenrückstand natürlich weder durch Wasser noch durch Salzlösungen
entzogen werden, so dass der von mir Cytin benannte Körper in
Wirklichkeit ein Gemenge von coaguliertem Eiweiss und anderen
präformierten unlöslichen Zellenbestandtheilen darstellen würde. ·Es
wurde deshalb in der Zelle direkt, mit Umgehung der Alkoholeinwirkung, nach Eiweissstoffen gesucht.[1])

Als bequemstes Untersuchungsobjekt bot sich wiederum der
ausgepresste Saft zerkleinerter Lymphdrüsen dar. Er wurde, wie
immer, zunächst centrifugiert. Da es nun aber nicht möglich ist,
die Zellen auf diesem Wege ganz vom Serum zu befreien, so musste
vor Allem der etwaige Eiweissgehalt des letzteren ermittelt werden.
Deshalb wurde das von den Zellen möglichst vollständig ab-

---

1) A. KNÜPFFER a. a. O. S. 19—21.

gehobene Lymphdrüsenserum zuerst durch ein Filtrum von doppeltem Papier filtriert, wobei ein grosser Theil der in der Flüssigkeit suspendiert gebliebenen Zellen zurückgehalten wurde. Jetzt musste das, wie wir wissen, stets im Lymphdrüsenserum enthaltene Cytoglobin entfernt werden. Dies geschah durch Zersetzung mit Essigsäure, welche tropfenweise zugesetzt wurde, bis keine Ausscheidung von Präglobulin mehr stattfand. Das fein vertheilte Präglobulin senkte sich langsam zu Boden und riss dabei sämmtliche im Serum noch vorhandene Zellen mit sich nieder, so dass nach 15—20 Stunden eine ganz klare, gelbliche Flüssigkeit über den Zellen stand, welche zum Uberfluss noch ein Mal filtriert wurde.

Eine Probe dieser sauren Flüssigkeit gerann beim Kochen; sie enthielt also einen Eiweisskörper.

Eine andere Probe wurde vorsichtig mit verdünnter Natronlauge neutralisiert, wobei sich indess gar nichts ausschied; ebenso erfolglos war starkes Verdünnen mit Wasser; resp. Auflösen von Kochsalz in Substanz bis zur Sättigung. Der im Lymphdrüsenserum enthaltene Eiweisskörper war also kein Globulin.

Der Rest des Serums wurde, behufs Bestimmung der Eiweissmenge, bis zur schwach sauren Reaktion abgestumpft, dann mit dem zehnfachen Volum starken Alkohols auf dem Sandbade gekocht, durch ein gewogenes Filtrum filtriert, das Coagulum auf dem Filtrum anhaltend mit Alkohol von 75° ausgewaschen, bis alle löslichen Salze entfernt waren, getrocknet und gewogen. Ich fand so den Eiweissgehalt des Lymphdrüsenserums zu 0,90 %; diese Zahl ist aber noch etwas zu hoch, da die unlöslichen Salze nicht in Abzug gebracht worden waren. Nach dem Angeführten ist dieser im Serum des ausgepressten Lymphdrüsensafts enthaltene Eiweisskörper als Albumin anzusehen.

Jetzt wurde zur Untersuchung der Zellen selbst geschritten. Der auf der Centrifuge gesammelte Zellenbrei wurde in dem siebenfachen Volum Wasser vertheilt, nach 24 Stunden filtriert, das aus den Zellen stammende und in das Filtrat übergegangene Cytoglobin mit verdünnter Essigsäure zersetzt, wieder filtriert und das klare Filtrat, in welchem selbst nach dem Neutralisieren Alkohol keine Fällung bewirkte, mit den bekannten Eiweissreagentien untersucht. Es fanden sich nur Eiweissspuren, welche jedenfalls dem den Zellen immer noch anhaftenden Lymphdrüsenserum zugeschrieben werden mussten und deren quantitative Bestimmung ebenso überflüssig, wie aussichtslos gewesen wäre.

Das Wasser hatte also aus den Zellen keinen Eiweisskörper

extrahiert. Etwa vorhandene Globuline würden durch Neutralsalzlösungen, caseïnartige Körper durch verdünnte Natronlauge extrahiert werden können; ich musste jedoch diese Versuche aufgeben,
weil der Zellenbrei sieh dabei in eine schleimige, nicht filtrierbare, Masse
verwandelte. Enthielten aber die Zellen in Wasser unlösliche, durch
Alkohol coagulabele Eiweissstoffe, so hätten die mit dem Cytin angestellten Verdauungsversuche greifbarere Resultate ergeben müssen,
als es thatsächlich der Fall war.

REINKE und RODEWALD fanden im lufttrockenen Protoplasma
von Aethalium septicum nahezu 6 % Eiweiss (Vitellin und Myosin).[1]
Von solchen Quantitäten kann beim thierischen Protoplasma, nach
den beiden von mir untersuchten Zellenarten zu urtheilen, nicht die
Rede sein; im besten Falle handelt es sich hier um schwer wägbare Mengen. Nicht als wesentliche, specifische Bestandtheile
des thierischen Protoplasmas sind diese Stoffe für dasselbe von der
allergrössten Bedeutung, sondern als seine Nähr- und Ausschei-
dungsstoffe, als Stoffe, welche es von aussen aufnimmt und in
der Richtung der progressiven Metamorphose in die viel complicierteren Verbindungen seines Leibes überführt, um sie dann in der
Richtung der regressiven Metamorphose zu zerlegen und in einer
der aufgenommenen gleichen oder ähnlichen Form wieder auszuscheiden. Dass sich in der thierischen Zelle nur sehr wenig Eiweiss
finden lässt, würde ja nur für die Schnelligkeit dieser Assimilations-
vorgänge sprechen.

Übrigens tritt uns auch hier kein wesentlicher Unterschied zwischen thierischem und pflanzlichem Protoplasma entgegen; denn wie
das erstere doch Eiweiss enthält, wenn auch viel weniger als das
letztere, so habe ich in diesem, wie das Beispiel der Hefezelle zeigt,
Cytoglobin gefunden, aber allerdings wiederum viel weniger, als
im thierischen Protoplasma.

---

1) J. REINKE. Untersuchungen aus dem botanischen Laboratorium der Uni-
versität Göttingen. Zweites Heft. 1881. S. 54.

Dreizehntes Kapitel.

Über die gerinnungswidrige Wirkung des in Wasser löslichen Protoplasmabestandtheils und seiner Derivate.

Ich habe ganz im Allgemeinen Flüssigkeiten, welche an sich keine Neigung zur Faserstoffgerinnung zeigen, also permanent flüssig bleiben, in welchen aber dieser Process durch gewisse äussere Einwirkungen resp. Zuthaten herbeigeführt wird, als proplastische bezeichnet. Wende ich diese Bezeichnung auch auf solche Körperflüssigkeiten an, welche, sofern sie uns sichtbar werden, zwar die Neigung zur Faserstoffgerinnung zeigen und verwirklichen, unter dem Einfluss des Organismus aber flüssig bleiben, so sind Blut, Chylus, Lymphe, so lange sie im Gefässsystem cirkulieren, proplastische Flüssigkeiten, deren Gerinnung extra corpus spontan geschieht, d. h. auf dem Wegfall gewisser innerer, vom Organismus ausgehender Einwirkungen beruht.

Mit der Trennung vom Organismus verlieren diese Körperflüssigkeiten ihren proplastischen Charakter; die Neigung zu gerinnen wird durch innere in ihnen selbst liegende Ursachen, die jetzt frei werden, ausgelöst. Da diese Neigung durch Hinzuthun von zymoplastischen Substanzen beliebig erhöht werden kann und da die letzteren zugleich natürliche Bestandtheile dieser Flüssigkeiten sind, so schliesse ich, dass sie das Auslösende darstellen.

Diesen Substanzen gegenüber giebt es einen constanten Protoplasmabestandtheil, das Cytoglobin, durch dessen Hinzuthun extra corpus man dem Blut u. s. w. den proplastischen Charakter wahrt und zwar unbegrenzt lange, sofern er in genügender Menge angewandt wird; er paralysiert also die Wirkung der im Blute präexistierenden zymoplastischen Substanzen und nur durch eine Vermehrung der letzteren kann der durch ihn dem Blute künstlich gewahrte proplastische Charakter wiederum aufgehoben und diejenige Zustandsänderung herbeigeführt werden, welche gesetzmässig eintritt, sobald das vom Organismus getrennte Blut sich selbst überlassen bleibt und welche mit der Faserstoffgerinnung endet. Von wesentlicher Bedeutung scheint mir hierbei zu sein, dass ebenso wie die zymoplastischen Substanzen auch das Cytoglobin nichts dem Organismus Fremdes darstellt, sondern gleichfalls in ihm als quantitativ hervorragender Protoplasmabestandtheil präexistiert.

Die Quantitäten Cytoglobin, welche erforderlich sind, um die Gerinnung zu unterdrücken, sind verschieden, je nachdem man es mit der zellenfreien Blutflüssigkeit, oder mit dem die farblosen Elemente enthaltenden Plasma, oder endlich mit dem ganzen rothen Blut zu thun hat. Feste Angaben können in dieser Hinsicht natürlich nicht gemacht werden, da die Bedingungen, welche die Gerinnung einleiten und beeinflussen, wie Menge der präexistierenden zymoplastischen Substanzen und des Substrats der Fermentbildung, Alkalescenz und Salzgehalt u. s. w. mannigfach variieren.

Im Allgemeinen reicht 1 % lufttrocknes Cytoglobin hin, um das zellenfreie Pferdeblutplasma permanent flüssig zu erhalten, namentlich wenn das Filtriren rasch und ohne Gefriererscheinungen von Statten gegangen war; um denselben Effekt im unfiltrirten, von den rothen Blutkörperchen abgehobenen, Plasma zu erzielen, waren durchschnittlich 2 % und im rothen Blute 3 % erforderlich. Natürlich würde man auch beim filtrirten Plasma nicht mit 1 % Cytoglobin zum Ziel gelangen, sondern 2 %, 3 % und mehr brauchen, wenn man demselben vorher einen entsprechenden Zusatz von zymoplastischen Substanzen gemacht hat. Die Wirkung der Blutzellen stimmt also mit derjenigen dieser Substanzen überein und es ergiebt sich zugleich, dass in dem auf künstlichem Wege, d. h. durch einen Cytoglobinzusatz proplastisch erhaltenen Blute die rothen Blutkörperchen sich keineswegs indifferent verhalten, wie bei der natürlichen Blutgerinnung.

Die Mengen von zymoplastischen Substanzen, welche erforderlich waren, um die Gerinnung in dem durch einen Cytoglobinzusatz permanent flüssig erhaltenen Blut oder Plasma wieder hervorzurufen, waren verhältnissmässig klein, sie betrugen etwa einige Zehntelprocente. —

Wärme begünstigt die coagulierende Wirkung der zymoplastischen Substanzen, Kälte verzögert resp. hemmt sie. Soll also das durch einen Cytoglobinzusatz flüssig erhaltene Blut oder Blutplasma durch einen Zusatz von zymoplastischen Substanzen in einer gegebenen Zeit coaguliert werden, so richtet sich die Grösse des letzteren auch nach der Temperatur; in der Wärme bedarf es weniger davon, als in der Kälte. Dasselbe gilt natürlich auch, wo es sich darum handelt, die natürliche Gerinnung durch diese Substanzen zu beschleunigen, wie man besonders deutlich am filtrirten Plasma wahrnehmen kann.

Hieraus folgt, dass die Cytoglobinmengen, welche erforderlich sind, um die Wirkung der in den gerinnbaren Körperflüssigkeiten präexistierenden zymoplastischen Substanzen zu paralysieren, gleichfalls von der Temperatur abhängen, nur in einem dem vorigen Falle entgegengesetzten Sinne. Die obigen das Cytoglobin betreffenden Zahlenangaben, nämlich resp. 1 %, 2 % und 3 %, beziehen sich auf eine Temperatur von 12—15 %.

Zu den die Blutgerinnung, je nach ihrer Quantität, verzögernden oder ganz hemmenden Mitteln gehören bekanntlich auch die verdünnten Alkalien nebst den alkalisch reagierenden Salzen und, bei höherer Concentration, die neutralen Alkalisalze. Eben mit denselben Mitteln verzögert resp. unterdrückt man auch die coagulierende Wirkung, welche ein Zusatz von zymoplastischen Substanzen auf das normale sowohl, als auf das durch einen vorangegangenen Cytoglobinzusatz flüssig erhaltene Blut oder Plasma ausübt und wiederum zeigt sich die schwefelsaure Magnesia unter allen von mir untersuchten Neutralsalzen in dieser Hinsicht am wirksamsten.

Man sieht also: dieselben äusseren Einwirkungen, welche die natürliche Blutgerinnung günstig, resp. ungünstig beeinflussen, beeinflussen auch die in Beziehung auf das Blut einander entgegengesetzte Wirkung dieser beiden Protoplasmabestandtheile, und zwar im gleichen Sinne, wie dort diejenige der zymoplastischen Substanzen, und im umgekehrten diejenige des Cytoglobins.

Dass die Blutzellen dieselbe coagulierende Wirkung auf das durch einen Cytoglobinzusatz, also künstlich proplastisch erhaltene Blut ausüben, wie die zymoplastischen Substanzen, erklärt sich leicht aus dem Umstande, dass sie, rothe sowohl als farblose, die Behälter darstellen eben für diese Substanzen. Da wir nun aber gesehen haben, dass die Blutflüssigkeit unter natürlichen Bedingungen extra corpus keinen nachweisbaren Zuwachs an zymoplastischen Substanzen aus den Zellen erhält, so folgt, dass das zugesetzte Cytoglobin, als ein Stoff, welcher als solcher dem Blute fremd ist, einen Übergang von zymoplastischen Substanzen aus den Zellen in die Blutflüssigkeit veranlasst, entweder auf dem Wege der Abscheidung seitens der Zellen, oder indem es zerstörend auf sie wirkt. Im einen sowohl als im anderen Falle würde es erklärlich erscheinen, dass die rothen Blutkörperchen, welche sich bei der natürlichen Blutgerinnung so indifferent verhalten, im cytoglobinhaltigen Blute plötzlich eine deutlich coagulierende Wirksamkeit entfalten.

Ich fand ferner, dass die Quantität Cytoglobin, welche erforderlich ist, um das filtrierte Pferdeblutplasma permanent flüssig zu erhalten, je nach der Zellenart, aus welchem es stammt, sehr verschieden ist. Meine obigen Angaben beziehen sich auf das aus

Lymphdrüsenzellen gewonnene Cytoglobin, mit welchem ich vorzugsweise gearbeitet habe. Mit 1 % Milzzellencytoglobin hielt sich das
Blut 3 Tage flüssig, mit ebensoviel Leberzellencytoglobin 6—8 Stunden. Das Cytoglobin von frisch verarbeitetem Rinderpankreas war
ebenso wirksam, wie dasjenige der Milzzellen, dasjenige aber aus
einem erst 24 Stunden nach der Tötung des Rindes in Bearbeitung
genommene verzögerte die Gerinnung des filtrierten Plasmas nur um
2 1/2 Stunden.

Das durch Zersetzung des Cytoglobins mittelst Essigsäure entstehende Präglobulin wirkt auf filtriertes Plasma in derselben
Weise, wie das Cytoglobin, ebenso der in kleinen Mengen in den
Zellen enthaltene und von mir für Präglobulin angesehene Eiweisskörper; aber die hemmende Wirkung des Präglobulins wird durch
die zymoplastischen Substanzen leichter und schneller paralysiert,
als die des Cytoglobins. Auch die bei der Zersetzung des Cytoglobins durch Essigsäure in Lösung bleibenden Spaltungpro-
dukte habe ich in dieser Hinsicht untersucht. Zu diesem Zwecke
wurde die Flüssigkeit von dem ausgeschiedenen Präglobulin abfiltriert, das schwachsaure Filtrat neutralisiert, auf dem Wasserbade
auf ein kleines Volum eingeengt, wenn nöthig noch ein Mal genauer
neutralisiert, ganz zur Trockne gebracht und der Rückstand zu den
Versuchen benutzt, bald indem er, in wenig Wasser gelöst, zum
filtrierten Plasma hinzugefügt wurde, bald indem ich ihn direkt in
einer gemessenen Menge des letzteren auflöste. Aber er beeinflusste
die Gerinnung des Plasmas in keiner Weise, weder begünstigend noch
hemmend.

Es giebt aber, wie bereits angedeutet worden ist, eine andere
Art der Spaltung des Cytoglobins, nämlich die durch Erhitzen bis
100—110 °. Man verfährt in dieser Hinsicht am bequemsten, wenn
man eine wässerige Cytoglobinlösung auf dem Dampfbade zur Trockne
bringt, den Rückstand noch etwa 24 Stunden bei 100—110 ° troeknet
und dann mit heissem Wasser extrahiert. Das gelbbraune, schwach
alkalisch reagierende Extrakt wird mit verdünnter Essig- oder Salzsäure neutralisiert, auf dem Wasserbade concentriert und nun zu den
Versuchen benutzt. Das zurückbleibende, den Wänden des Gefässes
anhaftende, in der Hitze geronnene, eiweissartige Spaltungsprodukt
des Cytoglobins kann natürlich seiner Unlöslichkeit wegen nicht zu
Gerinnungsversuchen verwerthet werden. Die concentrierte Lösung
des in Wasser löslichen Spaltungsprodukts aber, zum filtrierten Plasma
hinzugefügt, wahrt ihm den proplastischen Charakter grade
ebenso wie eine Lösung unzersetzten Cytoglobins; hier-

mit hängt ferner zusammen, dass eine Cytoglobinlösung durch Kochen ihre gerinnungshemmende Kraft nicht verliert. Auch bei diesen Versuchen wurde die Gerinnung durch einen Zusatz von zymoplastischen Substanzen wieder hervorgerufen.

Dass die Spaltung in der Hitze eine andere ist, als die durch Essigsäure bewirkte, ergiebt sich auch aus den Gewichtsverhältnissen der resp. Spaltungsprodukte. Bei der Zersetzung durch Essigsäure verhält sich der abgespaltene Eiweisskörper, das Präglobulin, zu den in Wasser löslichen Spaltungsprodukten ungefähr wie 60 : 40, bei der Hitzespaltung aber wie 35—65. Das Cytoglobin enthält also einen gerinnungshemmend wirkenden Atomcomplex, welcher bei der Spaltung durch Essigsäure mit dem Eiweisskörper verbunden bleibt und so das Präglobulin bildet, bei der Spaltung durch Hitze aber in die in Wasser löslichen Spaltungsprodukte übergeht. —

Ich halte es nicht für überflüssig hervorzuheben, dass nach dem bisher Angeführten ein Gegensatz besteht in Hinsicht auf die Wirkung der aus verschiedenen Zellenarten stammenden Cytoglobine auf das Blutplasma einerseits und auf das Wasserstoffsuperoxyd andrerseits, der Art, dass die am stärksten auf das filtrierte Plasma wirkenden das Wasserstoffsuperoxyd am schwächsten katalysieren und umgekehrt. Zu den ersteren gehört das Cytoglobin der Lymphdrüsenzellen und der farblosen Blutkörperchen, zu den letzteren das der Leberzellen.

Das Cytin verhält sich im Blutplasma, vorausgesetzt, dass es durch anhaltendes Waschen seines Cytoglobin- resp. Präglobulingehalts vollständig beraubt worden ist, durchaus indifferent. Dass eine Abtrennung von Cytoglobin von dem Cytin durch das alkalisch reagierende Plasma stattfinden könnte, mag theoretisch zugegeben werden, aber thatsächlich verläuft dieser Process denn doch viel zu langsam, als dass er sich gegenüber den im filtrierten Plasma immer noch vorhandenen coagulierenden Kräften in irgend wahrnehmbarer Weise zur Geltung zu bringen vermöchte.

Die einzigen unter den von mir untersuchten Zellen, welche, nachdem sie mit Alkohol in Bezug auf ihre zymoplastischen Bestandtheile vollkommen erschöpft worden sind, ein gegenüber der Blutflüssigkeit sich durchaus unwirksam verhaltendes Wasserextract geben und auch als feuchter Brei in dieser Hinsicht indifferent sind, sind die rothen Blutkörperchen. —

Was die Art der Cytoglobinwirkung anbetrifft, so erhält die betreffende Substanz dem Plasma den flüssigen Aggregatzustand dadurch, dass sie die Spaltungsprocesse, welchen das Fibrinferment seine Entstehung verdankt, also die chemische Thätigkeit der im Blute enthaltenen zymoplastischen Substanzen unterdrückt.

Dem freien Ferment gegenüber verhalten sich Cytoglobin und Präglobulin viel ohnmächtiger, indem sie seine Wirkung zwar verzögern, in grossen Dosen sogar recht energisch verzögern, aber sie nicht zu unterdrücken vermögen. Als Beispiel mag der folgende, mit filtriertem Plasma ausgeführte Versuch dienen, in welchem 4 Gerinnungsproben aufgestellt wurden.

Probe 1 : 3 Th. Plasma, 1 Th. Aq. Beginn der Gerinnung nach ³/₁ Stunden.

Probe 2 : 3 Th. Plasma, 1 Th. Aq., worin, auf das Plasma bezogen, 1 % Cytoglobin aufgelöst war. Die Gerinnung bleibt ganz aus.

Probe 3 : 3 Th. Plasma, 1 Th. concentrierter Fermentlösung. Nach 5 Minuten durch und durch geronnen.

Probe 4 : 3 Th. Plasma, 1 Th. derselben Fermentlösung, worin, auf das Plasma bezogen, 1 % Cytoglobin aufgelöst war. Beginn der Gerinnung nach ⁵/₁ Stunden.

Das Ferment hatte so heftig gewirkt, dass von einer Mitwirkung der durch die spontane Spaltung freiwerdenden Fermentmengen, wie der langsame Verlauf dieser Spaltung in Probe 1 zeigt, wohl kaum die Rede sein kann. Das Cytoglobin in Probe 4 hatte, wie Probe 2 zeigt, die spontane Spaltung ganz unterdrückt, zugleich aber auch die Wirkung des freien Ferments auf das präformierte Gerinnungssubstrat um das 25 fache verlangsamt (wobei ich unberücksichtigt lasse, dass es sich in dieser Probe nach ⁵/₁ Stunden nur um eine beginnende Gerinnung handelte), so dass die Gerinnungszeit sogar länger war als in der Normalprobe.

Ganz dieselben Erfahrungen machte ich an Pericardial- und Peritonealflüssigkeiten vom Pferde. Dieselben gerannen nach Zusatz von ½ Volum Rinderserum oder wässeriger Fermentlösung in circa ¼—½ Stunde; nachdem ich ihnen aber einen Gehalt von 1 % Cytoglobin gegeben, erfolgte die Gerinnung bei dem gleichen Zusatz von Blutserum oder Fermentlösung erst nach 2—4 Stunden, aber sie erfolgte doch immer.

In Betreff des Verfahrens bei meinen Versuchen habe ich zu bemerken, dass ich entweder das abgewogene Cytoglobinpulver in ein trocknes Probiergläschen schüttete, mit ein Paar Tropfen Wasser durchnetzte und dann das abgemessene Plasma hinzufügte; durch Verreiben und Rühren mit einem Glasstabe beförderte ich die Auflösung, oder ich fügte das Cytoglobin in wässeriger Lösung zum filtrierten Plasma hinzu, indem ich hierbei durchweg das Verhältniss von 1 Theil Cytoglobinlösung zu 3 Theilen Plasma festhielt. Da-

bei richtete ich die Concentration der Cytoglobinlösung so ein, dass
1 Volumtheil derselben die für 3 Volumtheile Plasma bestimmte
Quantität Cytoglobin enthielt. Wollte ich also z. B. 15 Ccm. Plasma
einen Gehalt von 1 % Cytoglobin geben, so mischte ich sie mit
5 Ccm. einer 3procentigen Cytoglobinlösung, welche demnach 0,15 Gr.
Cytoglobin enthielt, also 1 % auf das Plasma und 0,75 % auf das
Gemisch von Plasma und Cytoglobinlösung. Das zur Vergleichung
dienende Normalplasma wurde in demselben Verhältniss mit Wasser
verdünnt. Bei Versuchen mit dem Gesammtblut wandte ich, um die
Zerstörung rother Blutkörperchen durch Wasser zu vermeiden, diese
Methode nicht an, sondern die erste. Bei Weitem die meisten meiner
Versuche, namentlich alle später zu erwähnenden quantitativen, sind
aber mit filtriertem Plasma angestellt worden. Aus Gründen der
Sparsamkeit arbeitete ich übrigens, wenn es sich nicht um quantitative Bestimmungen handelte, stets nur mit kleinen Mengen (1,5 Ccm.
Plasma, 0,5 Ccm. Cytoglobinlösung, worin 0,015 Gr. trocknes Cyto-
globin).

Das Präglobulin wurde immer aus einem gewogenen Cytoglobin-
quantum dargestellt und sein Gewicht alsdann zu 60 % des Cyto-
globingewichts angenommen. Nach dem Waschen mit Wasser wurde
es von dem flach ausgebreiteten Filtrum mit einem Platinspatel abgeschabt, was nicht ohne kleine Verluste abgeht, und in der vorher-
bestimmten Wassermenge durch kräftiges Schütteln fein vertheilt.
Dieser dünne Brei, dessen Körnchen sich in den alkalisch reagierenden Körperflüssigkeiten auflösen, wurde als solcher dem Plasma zugesetzt, wobei man nöthigenfalls dem letzteren, wenn seiner Lösungs-
kraft zu viel zugemuthet worden, mit einigen Tropfen hochgradig
verdünnter Natronlauge zu Hülfe kommen kann. Wo es mir aber
auf eine genauere Abmessung des Präglobulinzusatzes ankam, da
stellte ich mir mit Hülfe von Normalnatronlauge eine alkalische
Präglobulinlösung, bei Vermeidung jedes Alkaliüberschusses, her,
filtrierte, bestimmte an einer Probe derselben durch Eindampfen,
Trocknen und Wägen des Rückstandes den Gehalt, regulierte denselben mit Hülfe des Vacuums bis er 3—4 % betrug und maass alsdann das zum Versuch erforderliche Volumen ab.

Nach den bisher mitgetheilten Thatsachen zu urtheilen, stellen
die zymoplastischen Substanzen das die Proplasticität der Blutflüssigkeit Vernichtende, ihre Gerinnungstendenz Auslösende dar, das Cytoglobin aber das sie Erhaltende. Nun sind zwar die ersteren regelmässige Bestandtheile des Blutes, der Zellen sowohl als der Flüssig-

keit, aber vom Cytoglobin findet sich keine Spur darin vor. Von dieser Thatsache der Abwesenheit des Cytoglobins im Blute habe ich mich vollständig überzeugt; ich sehe hierbei ihrer geringen Menge wegen von den farblosen Blutkörperchen als Cytoglobinträgern ab. Nichts ist leichter als das Vorhandensein der geringsten, in das Blut oder Blutplasma gebrachten, Cytoglobinmengen nachzuweisen; die Ausfällung eines Eiweisskörpers durch Essigsäure, welcher im Überschuss der Säure sich nicht auflöst, beseitigt jeden Zweifel. Diese Reaktion geben aber Blut, Blutplasma und Blutserum niemals. Zur Prüfung mit Wasserstoffsuperoxyd kann aus bekannten Gründen nur das zellenfreie Plasma benutzt werden; es ist aber die katalytische Wirksamkeit desselben eine so unbedeutende, dass sie, wie bereits bemerkt worden ist, nur auf die im Plasma gelösten Globuline bezogen werden kann.

Dem Einwand gegenüber, dass das Cytoglobin trotzdem im Blute präexistieren dürfte, für uns aber nicht fassbar sei, weil es extra corpus sofortigen Umsetzungen unterliegt, kann ich anführen, dass ich das Blut von Pferden und Hunden aus der Ader direkt in stark verdünnte Essigsäure habe fliessen lassen, ohne jemals eine Ausscheidung von Präglobulin wahrgenommen zu haben.

Es fragt sich nun also, ob der proplastische Zustand des Blutes, welchen ich durch einen Zusatz von Cytoglobin oder Präglobulin erzeuge, seinem Wesen nach mit demjenigen übereinstimmt, welcher dem Blute eigenthümlich ist, so lange es in der Gefässbahn cirkuliert. Ich glaube wenigstens die Möglichkeit betonen zu dürfen, obgleich ich überzeugt bin, dass im kreisenden Blute und insbesondere in der Blutflüssigkeit kein Cytoglobin vorkommt. Dasselbe ist ein Zellenbestandtheil und unterliegt schon in der Zelle der Zersetzung, wie man aus dem Präglobulingehalt derselben ersieht, dessen Kleinheit, da es sich um ein intermediäres Produkt handelt, Niemanden Wunder nehmen wird. Nicht das Cytoglobin selbst, sondern seine Zersetzungsprodukte gelangen aus der Zelle in die Blutflüssigkeit; zu diesen gehört aber vor Allem das Präglobulin.

Aber auch das Präglobulin lässt sich auf keine Art im Blute nachweisen. Es stellt eben auch im Blute ein intermediäres Stoffwechselprodukt dar, das hier sofortigen weiteren Umwandlungen unterliegt, welche, wie wir später sehen werden, mit ausserordentlicher Geschwindigkeit vor sich gehen. Bedenkt man andrerseits, dass der Organstoffwechsel offenbar ein sehr langsamer ist, so kann auch der Präglobulinstrom zum Blute nur ein sehr geringfügiger sein. Nehmen wir beispielsweise an, es gelangten pro Kilo Körpergewicht innerhalb einer Stunde nur 0,05 Gr. Präglobulin (= 0,08 Gr. Cytoglobin) in das Blut, so resultiert daraus für einen Organismus von 70 Kilo ein 24stündiger Zellen- resp. Organumsatz von 134,4 Gr. (nach dem Cytoglobin berechnet); da das Cytoglobin bei seiner Zersetzung etwa 35 % Eiweiss liefert, so betrüge der 24stündige Umsatz von Organeiweiss in diesem Organismus 47 Gr., was einer Harnstoffausscheidung von 14 Gr. entspricht. Die obige für den Präglobulinstrom in das Blut angenommene Zahl ist also offenbar zu hoch gegriffen. Und doch würde, wenn wir sie festhalten, die mit jedem einzelnen Kreislauf von Seiten des ganzen Organismus von 70 Kilo in das Gesammtblut gelangende Präglobulinmenge nur 0,03 Gr. betragen. Das wären Spuren. Wenn das im Blute enthaltene, von der Zelle stammende Eiweiss nicht sofort dem gänzlichen Zerfall anheimfällt, sondern wenn zugleich auch eine Regeneration zu Zellenbestandtheilen stattfindet, so könnte natürlich der Strom der letzteren in das Blut auch dementsprechend bedeutender sein, aber selbst wenn man die obigen Zahlen verzehnfacht, so hat man es in Beziehung zur gesammten Blutmasse doch immer noch mit Spuren zu thun. Wenn nun das Blut das Vermögen besitzt, die eiweissliefernden Zellenbestandtheile in seine eignen Bestandtheile umzusetzen — und es besitzt dieses Vermögen, — wie sollte es die ihm während eines Kreislaufes, gewissermaassen Molekül für Molekül, zuströmenden Spuren der ersteren nicht auch sofort bewältigen können, so dass man schon im Inhalt der grossen Gefässe vergeblich nach ihnen sucht.

Aber das Präglobulin ist nicht das einzige Zersetzungsprodukt des Cytoglobins, welchem die Eigenschaft, die Blutflüssigkeit proplastisch zu erhalten, zukommt. Ich habe schon angeführt, dass das Cytoglobin bei einer Temperatur von 100—110° gespalten wird in einen coagulierten Eiweissstoff und in ein in Wasser lösliches, wie es scheint aus mehr als einem Bestandtheil bestehendes Produkt, welches dieselbe Kraft das Plasma permanent flüssig zu erhalten besitzt, wie der Mutterstoff selbst.

Bei der Zersetzung des Präglobulins durch Essigsäure lagen die Verhältnisse ganz anders. Hier war es das eiweissartige Spaltungsprodukt, das Präglobulin, an welchem die gerinnungswidrige Wirkung des Cytoglobins haften blieb, während die in Wasser löslichen Spaltungsprodukte sich in dieser Hinsicht durchaus indifferent verhielten. Aus dem Gewichtsverhältnisse der durch Erhitzen einerseits und durch Essigsäure andrerseits erzeugten Spaltungsprodukte ergab sich in Übereinstimmung hiermit, dass das Präglobulin noch

nicht reines Eiweiss ist, sondern Eiweiss plus etwas Anderem, was
bei der Spaltung durch Erhitzen in das in Wasser lösliche Spaltungsprodukt übergeht und den gerinnungshemmend wirkenden Bestandtheil des letzteren sowohl, als des Präglobulins darstellt.

Ich versuchte es nun diesen unbekannten Atomcomplex durch
Erhitzen auch vom Präglobulin abzuspalten, was mir auch gelang;
der betreffende Körper ist in Wasser löslich und wird aus dieser
Lösung durch Alkohol gefällt. Das Verfahren bestand in Folgendem:
das aus einer gewogenen Menge Cytoglobin in gewöhnlicher Weise
gewonnene Präglobulin wurde mit Hülfe der grade erforderlichen
Menge hochgradig verdünnter Natronlauge in Wasser aufgelöst, filtriert, das Filtrat auf dem Wasserbade eingedampft, der Rückstand
noch 48 Stunden lang einer Temperatur von 100—110 ⁰ ausgesetzt,
dann zu wiederholten Malen mit kochendem Wasser ausgezogen und
filtriert; ein coagulierter Eiweissstoff blieb beim Extrahieren zurück.
Das filtrierte Wasserextrakt wurde auf ein kleines Volum eingedampft,
und, da es schwach alkalisch reagierte, mit verdünnter Essigsäure
genau neutralisiert; hierauf wurde es mit dem 15 fachen Volum Alkohol gefällt, welcher zugleich das beim Neutralisieren gebildete
essigsaure Natron fortnimmt, und nach stattgehabter Senkung des
Niederschlags der Alkohol erneuert. Der Niederschlag wurde nun
auf einem Filtrum gesammelt, mit Alkohol gewaschen, dann durch
Übergiessen mit Wasser aufgelöst, und das Filtrat zur Entfernung
des mitaufgenommenen Alkohols noch ein Mal vollständig eingedampft.
Es hinterblieb ein ausserordentlich geringer, gelblicher Rückstand;
ich löste ihn in 1 Ccm. Wasser auf, fügte 3 Ccm. filtriertes Plasma
hinzu, mischte gut und goss die Flüssigkeit dann in ein Reagensglas. Eine gerinnungshemmende Wirkung dieser Substanz war deutlich wahrzunehmen, aber keine absolute. Die Gerinnung erfolgte
sehr verspätet und zwar, in Relation zur Normalprobe, um fast eine
Stunde. Der durch Erhitzen vom Präglobulin abgespaltene Körper
übt also qualitativ dieselbe Wirkung auf das filtrierte Plasma
aus, wie das letztere selbst, quantitativ aber steht er weit hinter
ihm zurück; denn mit der zu seiner Darstellung verwendeten Präglobulinmenge hatte ich mindestens die dreifache Menge filtrierten
Plasmas permanent flüssig erhalten können; freilich erlitt ich bei
der Darstellung dieses Spaltungsprodukts des Präglobulins Verluste.

Ich wollte nun auch ermitteln, wie sich die in Folge der Einwirkung von Alkalien aus dem Cytoglobin entstehenden Spaltungsprodukte gegenüber dem filtrierten Plasma verhalten. Zu diesem
Zwecke löste ich 0,25 Gr. Cytoglobin in 20 Ccm. Wasser, filtrierte und

fügte 1 Ccm. Normalnatronlauge hinzu. Nach 3 Stunden fällte ich den Eiweisskörper mit Normalessigsäure, wozu, um die vollständige Ausscheidung herbeizuführen, 1,7 Ccm. der letzteren nöthig waren, und filtrierte; der Filterrückstand wurde, nachdem er gründlich mit Wasser gewaschen worden, vom Filtrum abgeschabt, in wenig Wasser durch kräftiges Schütteln fein vertheilt und zu Versuchszwecken zunächst kalt aufbewahrt. Das Filtrat wurde auf ein kleines Volum eingedampft, die saure Reaktion bis auf einen geringen Rest mit Normalnatronlauge abgestumpft, mit absolutem Alkohol gefällt, der Alkohol ein Mal erneuert u. s. w., ganz wie es oben für das durch Erhitzen erhaltene lösliche Spaltungsprodukt des Präglobulins angegeben worden.

Sowohl das eiweissartige Spaltungsprodukt des Cytoglobins, als das in Wasser lösliche wurden nun mit filtriertem Plasma in gewöhnlicher Weise geprüft; ersteres löste sich darin leicht auf, ich sorgte jedoch, um volle Sättigung zu erzielen, dafür, dass ein kleiner Überschuss der Substanz ungelöst blieb.

Der Eiweisskörper wirkte weder hemmend noch beschleunigend auf die Gerinnung, das in Wasser lösliche Spaltungsprodukt aber hemmte sie, und zwar ungefähr mit derselben Kraft, wie das in Wasser lösliche, durch Erhitzen erzeugte Spaltungsprodukt des Säurepräglobulins.

Es ergiebt sich hieraus, dass das Cytoglobin nicht bloss durch Erhitzen, sondern auch durch Alkalien anders zersetzt wird, als durch Säure, denn von den durch Alkalien erzeugten Zersetzungsprodukten zeigt nicht das eiweissartige, sondern das in Wasser lösliche gerinnungshemmende Eigenschaften, gerade wie es bei der Zersetzung des Cytoglobins durch Erhitzen der Fall ist, nur mit dem Unterschiede, dass das auf die letztere Art erzeugte Produkt viel wirksamer ist als das bei der Zersetzung durch Alkalien entstandene.

Der Gedanke, dass der im Cytoglobin enthaltene, gerinnungswidrig wirkende Atomcomplex auch im cirkulierenden Blute abgespalten und zunächst bis zu einem gewissen Grade aufgespeichert werden könnte, scheint mir nicht zu kühn zu sein; in Bezug auf das Schicksal des eiweissartigen Spaltungsprodukts würde man zunächst an die Globuline zu denken haben. Jener gerinnungshemmende Atomcomplex wirkte, mit Ausnahme des von dem Cytoglobin durch Erhitzen abgetrennten, allerdings viel schwächer als die betreffenden Mutterstoffe, aber auch die Gerinnungstendenz des cirkulierenden Blutes ist eine geringe; sie wird erst ausserhalb des

11 *

Körpers maximal; geringere anticoagulierende Kräfte dürften deshalb auch in der Gefässbahn genügen, insbesondere wenn sie sich während jedes Kapillarkreislaufes erneuern.

Diesen bis zu einem gewissen Grade gerinnungshemmend wirkenden Stoff habe ich nun auch im filtrierten Plasma aufzufinden versucht, aber das Material des letzteren ist dazu viel zu kompliciert und gestattet keine sichere Darstellung. Es ist eben ein Unterschied, ob man es mit den reinen Zellenbestandtheilen als Mutterstoffen der fraglichen Substanz zu thun hat, oder mit der Blutflüssigkeit als Vehikel, welches noch vieles Andere enthält. Indessen kann ich doch einen Versuch anführen, dessen Resultat meiner Annahme günstig zu sein scheint. Coaguliert man nämlich filtriertes Pferdeblutplasma mit Alkohol und extrahiert das getrocknete Coagulum mit Wasser, so erhält man eine Flüssigkeit, welche stets sehr geringe Mengen von freiem, aus der Blutbahn stammendem Fibrinferment enthält. Wegen dieses, allerdings sehr geringen Fermentgehalts wirkt ein solches Wasserextrakt doch immer noch coagulierend auf die proplastischen Transsudate und auf gut gelungenes verdünntes Salzplasma, aber trotz desselben wirkt es mehr oder weniger verzögernd auf die spontane Gerinnung des filtrierten Plasmas. Diese Verzögerung war meist nicht bedeutend, aber ihre Regelmässigkeit fiel auf; sie trat mit derselben Sicherheit ein, wie die Gerinnungsbeschleunigung bei Zusatz eines aus dem Alkoholcoagulum des Pferdeblutserums hergestellten Wasserextrakts. Diese Erfahrung spricht doch auch für das Vorhandensein von gerinnungshemmenden Stoffen in der Blutflüssigkeit. Dass die aus dem filtrierten Plasma stammenden Wasserextrakte auf proplastische Transsudate und verdünntes Salzplasma coagulierend, auf filtriertes Plasma aber im Gegentheil gerinnungshemmend wirken, stimmt mit der Erfahrung, dass auch das Cytoglobin sowohl als das Präglobulin den Vorgang der Fermentabspaltung sehr energisch unterdrücken, den der Fermentwirkung aber nur verzögern. Bei den proplastischen Transsudaten und beim verdünnten Salzplasma handelt es sich nun aber nur um die Wirkung des freien Ferments auf das präformierte Gerinnungssubstrat, denn hier giebt es nichts, wovon das Ferment abgespalten werden könnte, resp. hier kann wegen des Salzes nichts abgespalten werden; das präformierte Ferment allein ist hier thätig; da es aber in höchst geringen Mengen vorhanden ist, so tritt sein Effekt auch immer sehr spät, nach vielen Stunden, oft selbst erst nach 1—? Tagen ein; es erscheint dabei wahrscheinlich, dass der Verlauf des Processes, wenn das betreffende Wasserextrakt nicht jene gerin-

nungshemmenden Stoffe enthielte, weniger langsam wäre. Im filtrierten Plasma aber ist die wesentliche Grundlage des ganzen Vorgangs-
die F e r m e n t e n t w i c k e l u n g und neben den Fermentmengen,
welche dabei entstehen und die Gerinnung vergleichsweise schnell
herbeiführen, kommen die in jenen Wasserextrakten enthaltenen
Fermentspuren nicht in Betracht; es ist jedenfalls leicht zu verstehen,
dass die Wirkung der letzteren überkompensiert wird durch diejenige
der gerinnungshemmenden Stoffe, welche ja besonders energisch den
Vorgang der Fermentabspaltung betrifft.

Solche Versuche können nur mit Pferdeblut ausgeführt werden,
als dem einzigen, von welchem man sich zellenfreies Plasma verschaffen kann. Man hat es bei dieser Blutart nur mit einer Eigenthümlichkeit zu thun, welche recht unbequem wird, nämlich mit der
Nothwendigkeit den Alkohol mindestens 3—4 Wochen lang auf das
Coagulum einwirken zu lassen, um demselben denjenigen Grad von
Unlöslichkeit in Wasser zu ertheilen, welchen das Albumin anderer
Blutarten, namentlich des Rinderblutes, schon in ein Paar Tagen er-
langt. Ich habe es jedesmal zu bereuen gehabt, wenn ich mit einer
kürzer dauernden etwa 6—8 tägigen Alkoholeinwirkung auszukommen
versuchte, weil sich das getrocknete und pulverisierte Coagulum,
sobald ich es mit Wasser extrahieren wollte, fast seiner ganzen Masse
nach darin auflöste, wobei eine dicke schleimige Flüssigkeit entstand,
welche kaum filtrierbar war. Merkwürdiger Weise zeigt das coagulierte Albumin diese Wiederauflöslichkeit in Wasser nur, wenn man
das Blutplasma oder Blutserum, nicht aber, wenn man das Vollblut
des Pferdes der Einwirkung von Alkohol unterwirft. Alle diese Angaben beziehen sich auf Alkohol von 96 °.

Vierzehntes Kapitel.

Über die Erhöhung der Faserstoffproduktion in Folge des Zusatzes gewisser Protoplasmabestandtheile zum Blute.

Wir haben es bisher nur mit der experimentell bewiesenen Thatsache zu thun gehabt, dass das Cytoglobin, das Präglobulin und ein
unter gewissen Einwirkungen von diesen Atomcomplexen sich abspal-
tender, in Wasser löslicher Stoff die Eigenschaft haben, dem Blute, resp.
der Blutflüssigkeit, wenn sie ihnen rechtzeitig, d. h. vor der in ihnen

spontan beginnenden und zur natürlichen Gerinnung führenden Fermententwickelung, zugesetzt werden, den flüssigen Charakter zu wahren.
Es muss aber trotzdem doch noch bewiesen werden, dass das auf
diese Weise gerinnungsunfähig gemachte Blut sich in demselben
Zustande befindet, wie das kreisende Blut, d. h. dass der proplastische Charakter des Blutes in beiden Fällen auf der gleichen Ursache beruht. Auch verdünnte Alkalien und concentrierte Neutralsalze können das Blut flüssig erhalten, und wenn sie nicht in zu
grossem Uberschuss vorhanden sind, wird auch ihre gerinnungshemmende Wirkung durch einen den Verhältnissen angepassten Zusatz
von zymoplastischen Substanzen oder von Fibrinferment beseitigt
und die Gerinnung wieder hervorgerufen. Dennoch wird Niemand
solches Blut für identisch mit dem im Gefässsystem befindlichen ansehen wollen.

Es ist ferner geschlossen worden, dass jene Substanzen gewisse
Stufen der Umsetzung darstellen für eine in beständigem Flusse befindliche Stoffbewegung aus den Zellen in das Blut. Da wir aber
weder dem Cytoglobin, noch dem Präglobulin im Blute begegnen,
so ist weiter geschlossen worden, dass sie daselbst einer sofortigen Umwandlung in Blutbestandtheile von grösserer Constanz
unterliegen. Auch diese Schlüsse bedürfen des Beweises durch das
Experiment.

Naturgemäss wird man sich, wenn man den Beweis für die
letztere Annahme zu erbringen sucht, zunächst fragen, was wird im
Blute aus dem im Atomcomplex des Cytoglobins enthaltenen Eiweissmolekül? Die Aussicht, den Stoffwandlungen im Blute nachgehen
zu können, ist offenbar bei diesem Molekül grösser, als bei irgend-
welchen anderen aus der Zersetzung von Zellenbestandtheilen hervorgehenden Atomverbindungen.

Ich halte den Beweis für den gewissermaassen natürlichen Zustand des durch Cytoglobin oder Präglobulin flüssig erhaltenen Blutes für
erbracht, sobald sich experimentell zeigen lässt, dass jener Eiweiss-
kern des Cytoglobins resp. des Präglobulins in der Blutflüssigkeit
in Gestalt eines der bekannten, in ihr enthaltenen Eiweisskörper
uns entgegentritt. In dieser Hinsicht stehe ich nicht an, den folgenden Satz auszusprechen:

Indem man der Blutflüssigkeit durch einen Cyto-
globin-resp. Präglobulinzusatz den proplastischen Charakter je nach der Grösse dieses Zusatzes mehr oder
weniger lange oder auch dauernd wahrt, bereichert
man sie in entsprechender Weise an demjenigen Mate-

rial, aus welchem, sobald die hierzu erforderlichen Bedingungen sich einstellen, der Faserstoff entsteht; aus dem im Cytoglobin und Präglobulin enthaltenen Eiweissmolekül wird also im Blute faserstoffgebende Substanz.

Die Bedingungen zur Überführung der faserstoffgebenden Substanz in Faserstoff führt man herbei durch einen der Grösse des Cytoglobin- oder Präglobulinzusatzes entsprechenden Zusatz an zymoplastischen Substanzen, welche sich als gleich wirksam erweisen, mögen sie aus irgend welchen Zellenarten, aus Blutplasma oder aus Blutserum gewonnen worden sein.

Die Fibrinziffer erfährt also eine Vergrösserung, wenn man dem betreffenden Blute zunächst Cytoglobin oder Präglobulin und darauf die entsprechende Menge zymoplastischer Substanzen zusetzt. Der Werth dieser Vergrösserung wächst bis zu einer gewissen Grenze in geradem Verhältnisse mit der Grösse jener Zusätze. Das Cytoglobin ebensowohl wie das Präglobulin verschwinden als solche, bevor es zur Gerinnung kommt, und es entsteht dafür das Paraglobulin.

Zwischen Cytoglobin und Präglobulin besteht in dieser Hinsicht nur ein quantitativer Unterschied. Bei letzterem geht die Umwandlung in fibringebende Substanz leichter und schneller von Statten, und die Erhöhung der Fibrinziffer ist bedeutender als bei ersterem. Das Blut hat mit dem Präglobulin gewissermaassen leichtere Arbeit, weil der Experimentator bei Herstellung desselben die halbe Arbeit schon gethan hat.

Bei der Wichtigkeit dieser Sätze halte ich es für nothwendig, sie durch Anführung einer Reihe von Versuchen zu stützen; ich schicke derselben jedoch noch einige Bemerkungen voraus.

Es soll zunächst gezeigt werden, wie und in welchem Maasse die Fibrinziffer mit dem künstlich erzeugten Cytoglobingehalt des Blutes wächst. Die Natur des Versuchs bringt es mit sich, dass die nächste, die gerinnungswidrige Wirkung dieser Zellenbestandtheile durch einen nachträglichen Zusatz von zymoplastischen Substanzen, so zu sagen, gebrochen werden muss. Nun fragt sich aber, in welcher Art wirken diese letzteren allein auf die Fibrinziffer der normalen, weder Cytoglobin, noch Präglobulin enthaltenden Blutflüssigkeit.

Als Resultat einer Reihe bezüglicher, mit filtriertem Plasma angestellter Versuche, welche ich in extenso nicht anführen will, hat sich ergeben, dass das Fibrinprocent mit der Grösse des Zusatzes von zymoplastischen Substanzen, so lange derselbe, im absoluten Sinne genommen, noch sehr klein ist, wächst, bis zu einer gewissen Grenze, bei deren Überschreitung es wieder abnimmt, während die Geschwindigkeit der Gerinnung fortwährend zunimmt. Die auf diese Weise bewirkten Differenzen der Fibrinziffer sind aber nach beiden Seiten sehr unbedeutend, nicht grösser als sie uns schon als Folgen der Einwirkung verschiedener Gerinnungstemperaturen entgegengetreten sind. Wir haben bereits gesehen, dass die Fermentproduktion in dem dem Körper entzogenen Blute durch einen Zusatz von zymoplastischen Substanzen im Allgemeinen erhöht wird; wir werden später sehen, dass unter allen Umständen ein unzersetzter Überschuss der unwirksamen Vorstufe des Fibrinferments nach beendeter Gerinnung im Blutserum zurückbleibt. Beides zusammen erlaubt wohl den Schluss, dass die Tiefe der Spaltung jener Vorstufe mit der Menge der zymoplastischen Substanzen wächst, und unsere Erfahrung in Betreff des Verhaltens der Fibrinziffer bei wachsendem Gehalt des Bluts an zymoplastischen Substanzen kommt auf den bereits besprochenen, von TAMMANN formulierten Satz hinaus, dass das Fermentationsprodukt bei wachsenden Fermentmengen anfangs zunimmt, um dann wieder abzunehmen.

Wenn wir aber sehen, dass das Faserstoffgewicht unter der Einwirkung von Stoffen, welche selbst nicht das materielle Substrat der Faserstoffbildung darstellen können, bald grösser, bald kleiner ausfällt, trotzdem die Gerinnung jedesmal ihr Ende erreicht hat, die fibrinogene Substanz also vollständig verbraucht worden ist, wenn wir ferner sehen, dass das Faserstoffgewicht unter der Einwirkung verschiedener Temperaturen ganz ebenso variiert, so folgt, dass ausser der fibrinogenen Substanz noch etwas Anderes da sein muss, welches in näherer oder entfernterer Weise mit dem Faserstoff stofflich zusammenhängt. Da wir es hier mit dem normalen Blut zu thun haben, welches weder Cytoglobin noch Präglobulin enthält, so kann dieses Andere nur das Paraglobulin sein, dessen Einfluss auf das Faserstoffgewicht schon vor langer Zeit von mir nachgewiesen worden ist.

Eine andere Vorbemerkung bezieht sich auf das quantitative Verhältniss des Fibrinzuwachses zu dem bei der Spaltung des Cytoglobins resp. des Präglobulins freiwerdenden Eiweissstoff. Nach dem Verhältnisse der durch Erhitzen erzeugten Spaltungsprodukte bestimmt, beträgt der letztere ungefähr 35 % des Cytoglobins. Bei der Spaltung durch Essigsäure entstehen aus dem Cytoglobin ungefähr 60 % Präglobulin; das letztere enthält also 58 % Eiweissstoff. Es zeigte sich nun bei allen Versuchen, dass der Faserstoffzuwachs nic-

mals dem in Form von Cytoglobin oder Präglobulin dem Blute dar-
gebotenen Eiweiss entsprach, sondern immer kleiner war; da nun
aber vom Cytoglobin sowohl als vom Präglobulin nach beendeter Gerinnung sich in der Blutflüssigkeit nichts mehr vorfand, so bestand
der unverbrauchte Überschuss ihres eiweissartigen Spaltungsproduktes
offenbar in einer anderen Form weiter, und zwar, wie ich zeigen
werde, in derjenigen des Paraglobulins.

Ich will jetzt auf meine Versuche übergehen. Sie sind am filtrierten
Plasma und an den Höhlenflüssigkeiten vom Pferde ausgeführt worden. Das Cytoglobin sowohl als das Präglobulin waren aus Lymphdrüsenzellen vom Rinde gewonnen worden. Nur in Einem Versuche
benutzte ich aus Milz- resp. Leberzellen (beides vom Kalbe) berei-
tetes Cytoglobin und Präglobulin.

Das Cytoglobin wurde stets in filtrierter wässeriger Lösung
angewandt, das Präglobulin bald in gesättigter alkalischer Lösung,
bald in Wasser suspendiert, als dünner Brei.

Auch die zymoplastischen Substanzen, welche ich in alkoholischer Lösung im Vorrath hielt, waren aus Lymphdrüsenzellen vom
Rinde hergestellt worden. Da der Gehalt dieser Lösung mir bekannt war, so entnahm ich ihr die zu jedem Versuch erforderliche
Menge mit einer Pipette, verjagte den Alkohol auf dem Dampfbade,
schabte den Rückstand mit einem Platinspatel ab, verrieb ihn im
Porzellanmörser mit Wasser zu einer dünnen Emulsion, fügte verdünnte Natronlauge bis zur schwach alkalischen Reaktion hinzu,
wobei ein Theil der Substanz sich auflöste, und filtrierte schliesslich; das Filtrat neutralisierte ich wieder, wobei zwar die Substanz
sich wieder ausscheidet, aber nicht in Form von Klümpchen oder
Flocken, sondern in feinster Vertheilung, so dass sie sich sehr leicht
im Plasma auflöst. Ein Paar Tropfen dieser Emulsion pro 1 Ccm.
meiner Gerinnungsmischungen reichte hin, um ihnen die durch Zusatz von Cytoglobin oder Präglobulin erhöhte Proplasticität zu
nehmen.

Nach Herstellung der Gerinnungsmischungen wurden sie bei Zimmertemperatur sich selbst überlassen, und am folgenden Tage das durch
Drücken mit den Fingern und darauffolgendes Waschen mit Wasser vom
Serum befreite Gerinnsel in gewöhnlicher Weise zur Wägung vor-
bereitet. Ich will nur bemerken, dass ich den Faserstoff, nachdem
ich ihn nach einander mit Wasser, dann mit 3 procentiger Kochsalzlösung und dann wieder mit Wasser vollständig ausgewaschen hatte,
zur Entfernung etwa eingeschlossener zymoplastischer Substanzen, für
ine Nacht in starkem Alkohol liegen liess und dann noch zu wieder-

holten Malen mit kochendem Alkohol extrahierte, bis derselbe beim Eindampfen keine Spur eines Rückstandes mehr hinterliess. Schliesslich wurde er noch mit absulutem Alkohol und mit Äther gewaschen und dann bis zur Gewichtsconstanz getrocknet.

Der Faserstoff des filtrierten Plasmas besitzt ein sehr geringes Contraktionsvermögen; noch mehr war dies bei dem unter Mitwirkung des Cytoglobins oder Präglobulins entstandenen Faserstoff der Fall; das Coagulum zerfällt unter dem Fingerdruck wie Leimgallerte in Stücke, ohne dass von der eingeschlossenen Flüssigkeit das Mindeste dabei austräte. In solchem Falle zerdrückt man ihn zu wiederholten Malen unter Wasser, lässt ihn dann mehrere Stunden unter Wasser liegen, entfernt dasselbe, zerdrückt die Fragmente unter frischem Wasser wieder u. s. w. In 1—2 Tagen bringt man ihn doch immer so weit, dass er schneeweiss und vollständig serumfrei auf dem gewogenen Filtrum gesammelt werden kann, um dann wie gewöhnlich weiter behandelt zu werden.

Ich betone, dass alle meine Gerinnungsmischungen aus filtrierten Flüssigkeiten bestanden, was natürlich die Zuverlässigkeit meiner Faserstoffbestimmungen wesentlich erhöht. Ich habe zu wiederholten Malen den Faserstoff in mehreren Proben eines und desselben filtrierten Plasmas, in Salzplasma und in Herzbeutelflüssigkeit vom Pferde bestimmt und dabei Resultate erhalten, welche nur innerhalb der Grenzen der unvermeidlichen Wägungsfehler von einander differierten. Dies gilt, wie ich beiläufig bemerken will, auch für die Bestimmungen des Faserstoffes im rothen Blute, vorausgesetzt, dass man dasselbe nicht ungestört gerinnen lässt, sondern durch Rühren mit einem Stäbchen defibriniert. Die Angabe, dass das Fibrinprocent in Proben, welche einer gegebenen Blutmenge entnommen worden, variiere, ist durchaus falsch.

Wenn in den Versuchen, deren Resultate ich sogleich angeben werde, das Cytoglobin und das Präglobulin in Bezug auf ihren Einfluss auf die Faserstoffmenge mit einander verglichen werden sollten, so wurden stets zwei gleiche vorherbestimmte Mengen vom ersteren abgewogen. Aus der einen dieser beiden abgewogenen Proben wurde nun das Präglobulin in gewöhnlicher Weise gewonnen, filtriert, vom Filtrum abgeschabt und genau in soviel Wasser suspendiert und durch Schütteln fein vertheilt, als zur Auflösung der anderen, unzersetzt gebliebenen, Cytoglobinprobe genommen worden war. Trotz der kleinen Verluste beim Abschaben vom Filtrum treibt das Präglobulin die Fibrinziffer doch höher hinauf als das Cytoglobin.

Trotz des Schüttelns lässt das Präglobulin sich im Wasser oft nicht fein genug vertheilen; in solchem Falle thut man gut ein Paar Tropfen verdünnter Natronlauge hinzuzufügen und dann wieder zu schütteln. Dabei löst sich ein Theil der Substanz auf, der Rest quillt auf und die mechanische Vertheilung desselben gelingt nun sehr leicht. Präglobulinklümpchen in das Plasma zu bringen muss man möglichst vermeiden, da dasselbe wegen der Schaumbildung sich nicht schütteln lässt.

Der Fibrinzuwachs hängt übrigens nicht bloss von der Grösse des Cytoglobin- oder Präglobulinzusatzes ab, sondern auch von der Beschaffenheit der Reaktionsflüssigkeit; das eine Mal werden diese Zusätze gewissermaassen besser ausgenutzt, als das andere Mal.

Ich lasse jetzt die Versuche folgen. In denselben beziehen sich die procentischen Gewichtsangaben auf das Volum und nicht auf das Gewicht des filtrierten Plasmas; jede einzelne Plasmaprobe abzuwägen hätte sehr viel Zeit beansprucht, so dass zu befürchten gewesen wäre, dass die späteren Proben sich nicht mehr in demselben Zustande wie die früheren befanden. Es kam mir aber darauf an meine Zusätze möglichst früh vor Beginn der spontanen Spaltungen zu machen. Der Consequenz wegen verfuhr ich nun auch bei Abmessung der Pericardialflüssigkeit volumetrisch.

I. Versuche mit filtriertem Pferdeblutplasma.

Das Mischungsverhältniss in allen diesen Versuchen war: 9 Ccm. filtriertes Plasma und 3 Ccm. einer Cytoglobinlösung, welche 5 % lufttrockner Substanz enthielt. Auf das Volum des Plasmas bezogen ergiebt dies einen Zusatz von 1,67 % lufttrocknen Cytoglobins. Da dasselbe aber nach DEMME 9—12 % Wasser enthält, so reduciert sich, wenn wir seinen durchschnittlichen Wassergehalt $= 10\,\%$ setzen, das auf das Plasmavolum bezogene Cytoglobinprocent auf 1,5. In demselben sind enthalten 0,9 % Präglobulin resp. 0,53 % Eiweissstoff.

Zu jedem Versuch gehört ein Vergleichspräparat, welches aus 9 Ccm. filtriertem Plasma und 3 Ccm. Wasser bestand.

Der Zusatz der zymoplastischen Substanzen erfolgte unmittelbar nach demjenigen des Cytoglobins oder Präglobulins. Um der Beendigung der Gerinnung des Vergleichspräparats bis zum folgenden Tage sicher zu sein, erhielt auch dieses jedes Mal einen kleinen Zusatz von zymoplastischen Substanzen. Nachgerinnungen traten deshalb niemals ein.

Versuch 1.

In diesem Versuch, als dem ersten, wurde eine Cytoglobinlösung von unbekannter Concentration benutzt.

Fibrinprocente

1. Vergleichspräparat 0,385
2. Mit Cytoglobin 0,727

Für alle folgenden Versuche gelten die obigen Angaben über die Zusammensetzung der Präparate.

Versuch 2.

Fibrinprocente

1. Vergleichspräparat 0,523
2. Mit Cytoglobin 0,675

Versuch 3.

Fibrinprocente

1. Vergleichspräparat 0,392
2. Mit Cytoglobin 0,633
3. Mit Präglobulinlösung 0,860

Versuch 4.

Fibrinprocente

1. Vergleichspräparat 0,437
2. Mit Cytoglobin 0,548
3. Mit Präglobulinbrei 0,807

Versuch 5.

Fibrinprocente

1. Vergleichspräparat 0,453
2. Mit Cytoglobin 0,576
3. Mit Präglobulinbrei 0,835

Versuch 6.

Fibrinprocente

1. Vergleichspräparat 0,487
2. Mit Cytoglobin 0,545
3. Mit Präglobulinlösung 0,685

Versuch 7.

Fibrinprocente

1. Vergleichspräparat . . . . ~. 0,403
2. Mit Cytoglobin aus Lymphdrüsenzellen . 0,532
3. Mit Cytoglobin aus Milzzellen 0,492
4. Mit Cytoglobin aus Leberzellen 0,555
5. Mit Präglobulinbrei aus Lymphdrüsenzellen 0,763
6. Mit Präglobulinbrei aus Milzzellen . . . 0,743

Aus diesen Beispielen ergeben sich deutlich, abgesehen von der Hauptsache, der Erhöhung der Fibrinziffer, zwei weitere Resultate: 1. dass das Präglobulin viel günstiger auf das Fibringewicht wirkt, als des Cytoglobin und 2. dass der Fibrinzuwachs nirgend den in Form von Cytoglobin oder Präglobulin in das Blut gebrachten Eiweisszuschuss deckt, sondern um mehr oder weniger hinter ihm zurückbleibt. Dem grössten Faserstoffzuwachs begegnen wir im Versuch 3; er beträgt 0,468 %, so dass das Fibrinprocent in diesem Falle durch den Präglobulinzusatz mehr als verdoppelt worden ist, andrerseits aber bleibt er noch immer hinter dem im Präglobulin enthaltenen Eiweiss (= 0,530 %) zurück.

II. Versuche mit Herzbeutelflüssigkeit vom Pferde.

Es hat mir an Material gefehlt, mehr als zwei derartige Versuche anzustellen. Die Flüssigkeit wurde beide Male aus dem Herzbeutel mehrerer geschlachteter Pferde zusammengesammelt.

Versuch 1.

Da ein Vorversuch ergab, dass die Pericardiumflüssigkeit nach Zusatz des halben Volums einer sehr reinen und zugleich sehr wirksamen Fermentlösung nur 0,011 % Faserstoff ergab, so stellte ich die Gerinnungsmischungen aus 20 Ccm. liquor pericardii und 10 Ccm. Rinderserum her, wodurch ich, wegen des Paraglobulingehaltes des letzteren, zu viel höheren Fibrinziffern gelangte.

Zu jedem der drei folgenden Präparate wurden 20 Ccm. liquor pericardii verwendet. Von der Lösung der zymoplastischen Substanzen wurden, nach Zumischung des Blutserums, je 20 Tropfen hinzugefügt, mit Ausnahme der Nr. 1 des ersten Versuches, welche nur aus der Herzbeutelflüssigkeit und aus Blutserum bestand. Der Cytoglobinzusatz betrug 0,05 Gr., also auf das Volum der Herzbeutelflüssigkeit bezogen 0,25 %. Durch Zusatz des Cytoglobins in wässeriger Lösung hätte ich unnützerweise eine weitere Verdünnung des Transsudats bewirkt; ich vermied dies, indem ich die abgewogene lufttrockne Substanz im Porzellanmörser fein pulverisierte und dann allmählich mit dem Transsudat verrieb, wobei sie sich vollkommen auflöste. Dann erfolgte der Zusatz des Blutserums und schliesslich der zymoplastischen Substanzen. Die letzteren haben wir bisher als Stoffe kennen gelernt, deren eigenthümliche Wirkung in der Abspaltung des Fibrinferments von seiner unwirksamen Vor-

stufe besteht. Eine solche Wirkung üben sie nun aber an und für
sich auf die proplastischen Transsudate des Pferdes durchaus nicht
aus, und zwar aus dem einfachen Grunde, weil, wie wir sehen
werden, in diesen Flüssigkeiten die Vorstufe des Fibrinferments
überhaupt gar nicht enthalten ist. Daher die unbedingte Nothwendigkeit einer Zufuhr an Fibrinferment zur Gerinnung dieser Flüssigkeiten. Wenn sich nun aber weiter zeigt, dass die zymoplastischen
Substanzen eine wesentliche Beschleunigung der Gerinnung bewirken,
sobald den letzteren das Ferment in Gestalt von Blutserum dargeboten wird, so ergiebt sich von selbst die Annahme, dass mit dem
Blutserum nicht bloss das freie Ferment, sondern zugleich auch seine
Vorstufe in die Gerinnungsmischung gelangt ist, was sich weiterhin
als richtig herausstellen wird.

Die Ergebnisse dieses Versuches waren:

Fibrinprocente

1. Mit Blutserum 0,051
2. Mit Blutserum und zymoplastischen Substanzen 0,057
3. Mit Blutserum, Cytoglobin und zymoplastischen Substanzen 0,073

Der in 0,25 Gr. Cytoglobin enthaltene Eiweisskörper ist = 0,088 Gr.;
der Fibrinzuwachs beträgt aber nur 0,016 Gr., verhält sich also zu
dem im Cytoglobin dem proplastischen Transsudat ertheilten Eiweiss-
zuwachs wie 1:5,6. Der geringen Differenz zwischen Nr. 1 und 2
(0,006 %) kann wohl kaum eine Bedeutung zugeschrieben werden.

Versuch 2.

Dieser Versuch wurde mit Präglobulin angestellt. Um aber ein
höheres Fibrinprocent zu erhalten, wurde das Transsudat, nachdem
es nahezu neutralisiert worden, im Vacuum über Schwefelsäure auf
$^{1}/_{3}$ Volum eingeengt. Die Gerinnungsmischungen bestanden wiederum
aus 20 Ccm. Transsudat und 10 Ccm. Rinderblutserum. Das Präglobulin war aus 0,11 Gr. Cytoglobin gewonnen worden, kann also
auf 0,066 Gr. und, bezogen auf das Volum des Transsudats, auf
0,330 % geschätzt werden, worin 0,192 % Eiweissstoff enthalten sind.
Es war frisch gefällt und wurde im Porzellanmörser mit dem Transsudat verrieben; dabei erwies sich aber ein nachträglicher Zusatz
von ein Paar Tropfen sehr verdünnter Natronlauge zur Herbeiführung
der vollständigen Auflösung als nothwendig.

Fibrinprocente

1. Mit Blutserum und zymoplastischen Substanzen 0,133
2. Mit Blutserum, Präglobulin und zymoplastischen Substanzen 0,188

Der procentische Faserstoffzuwachs beträgt hier 0,055 Gr.; er verhält sich also zu dem in Gestalt von Präglobulin dem Transsudat zugeführten Eiweiss wie 1 : 3,5, während wir beim Cytoglobin (im vorhergehenden Versuch) dem Verhältniss von 1 : 5,5 begegneten.

Was nun aber diejenige Substanz anbetrifft, welche durch andauernde Einwirkung von verdünnter Carbonatlösung von dem Cytoglobin abgespalten wird, so kann ich zu denjenigen Beweisen für die Richtigkeit meiner Auffassung derselben als Cytoglobin, welche ich bereits mitgetheilt habe, nun noch hinzufügen, dass sie ganz ebenso, wie das Cytoglobin, die Ergiebigkeit der Faserstoffgerinnung erhöht. Die Beschaffung des zu diesen Versuchen erforderlichen Materials von künstlichem Cytoglobin gab mehr als zwei Wochen lang zu thun; dasselbe wurde aus Lymphdrüsencytin hergestellt. Auf 10 Gr. filtriertes Plasma kamen 0,09 Gr. künstliches Cytoglobin resp. aus der gleichen Menge desselben hergestelltes Präglobulin. Jedes Präparat erhielt einen Zusatz von zymoplastischen Substanzen.

Versuch 1.

Fibrinprocente

1. Vergleichspräparat 0,378
2. Mit künstlichem Cytoglobin 0,457
3. Mit aus künstlichem Cytoglobin hergestelltem Präglobulin   0,643

Versuch 2.

Fibrinprocento

1. Vergleichspräparat 0,559
2. Mit künstlichem Cytoglobin 0,719
3. Mit aus künstlichem Cytoglobin hergestelltem Präglobulin   0,800

Auch in diesen Versuchen zeigt sich die bedeutend günstigere Wirkung des Präglobulins.

In Anknüpfung an die vorstehenden Versuche stellte ich nun noch den folgenden an, dessen Resultat jetzt verständlich sein wird. Je 10 Ccm. filtriertes Plasma wurden in zwei kleine dünnwandige Bechergläser, von welchen das eine 0,1 Gr. Cytoglobin, in 1 Ccm. Wasser gelöst, das andere die entsprechende Menge Präglobulin, in 1 Ccm. Wasser suspendiert, enthielt, hinübergefüllt, je 10 Tropfen einer Emulsion von zymoplastischen Substanzen hinzugefügt, beide Gläser sofort in Wasser von 40° gestellt und ihr Inhalt durch Rühren mit einem Fischbeinstäbchen defibriniert. Nach nicht ganz 5 Minuten hatte sich der Faserstoff als dichte Masse an die

Stäbchen angelegt und wurde entfernt. Zu den zurückbleibenden Flüssigkeiten wurde nun tropfenweise verdünnte Essigsäure hinzugefügt, aber nur in derjenigen von ihnen, welche vor der Gerinnung mit Cytoglobin versehen worden war, entstand eine im Überschuss der Säure unlösliche Trübung; die andere blieb klar wie gewöhnliches Serum. Die erstere enthielt also noch einen Rest von unverändertem Cytoglobin und wirkte deshalb auch energisch zersetzend auf Wasserstoffsuperoxyd, in der anderen war das Präglobulin in der kurzen Zeit bis zum Eintritt der Gerinnung als solches vollkommen geschwunden. Hätte ich in diesen beiden Plasmaproben und ausserdem noch in einer dritten, ohne Zusatz gebliebenen, die resp. Fibrinziffern bestimmt, was ich nach den bereits gesammelten Erfahrungen für überflüssig hielt, so hätte sich ohne Zweifel der grössere Fibrinzuwachs in der mit dem Präglobulinzusatz versehenen Probe gezeigt.

Es lässt sich nun aus den bisher mitgetheilten Erfahrungen leicht ableiten, wie sich die Verhältnisse in Bezug auf die Gerinnung und auf die Quantität des Faserstoffs gestalten werden, wenn man das Cytoglobin und Präglobulin nicht, wie in den obigen Versuchen, auf filtriertes, sondern auf das gewöhnliche, körperchenhaltige Plasma, resp. auf rothes Blut einwirken lässt, indem man es den präformierten Elementen überlässt die Gerinnung auszulösen. Halten wir uns beispielsweise an das Pferdeblut, so ist die Fibrinziffer bei einem Zusatz von 3 % Cytoglobin annähernd = 0. Von dieser Grenze an wächst sie bei fortschreitend kleiner werdenden Cytoglobinzusätzen, bis sie zuletzt, sobald die letzteren so weit verkleinert worden, dass sie vom Blute ganz in faserstoffgebende Substanz verarbeitet werden können, die Normalziffer überschreitet, weiter ihr Maximum erreicht, um dann, bei immer fortschreitender Verkleinerung des Cytoglobinzusatzes, wieder auf die Norm zurückzugehen. So fand ich z. B. in einem Versuch mit Pferdeblut, welches durch einen Zusatz von 3,1 % Cytoglobin permanent flüssig erhalten wurde und bei einem solchen von 2 % zwar gerann, aber so wenig Faserstoff lieferte, dass ich eine genauere Bestimmung desselben für überflüssig hielt, nach einem Zusatz von 1 % Cytoglobin schon einen Fibrinzuwachs von nahezu 0,1 % über die an einer Probe desselben Blutes besonders bestimmte Norm, nach einem solchen von 0,6 % stieg der Fibrinzuwachs auf 0,2 %, aber bei 0,08 % Cytoglobin betrug er nur noch 0,023 %. So lange durch die grösseren Cytoglobinzusätze die Faserstoffziffer unter die Norm herabgedrückt wurde, fand sich im Serum der Blutprobe unverändertes Cytoglobin vor. Mit Präglobulin habe ich einen solchen Versuch nicht weiter angestellt. Die Resultate wären mut. mut. wohl die gleichen gewesen.

RAUSCHENBACH war der Erste, welcher mit Zellenbestandtheilen im filtrierten Plasma nicht bloss eine erhöhte Fermentproduktion, sondern auch eine vergrösserte Fibrinziffer erzielte. Er benutzte dazu das filtrierte Wasserextrakt von Lymphdrüsenzellen. Seine Resultate sind jetzt verständlich, denn das Wasserextrakt enthielt eben zugleich Cytoglobin und zymoplastische Substanzen, wovon es leicht ist sich durch die gewöhnlichen Prüfungsmittel zu überzeugen.

Ich habe auch versucht die Fibrinziffer des verdünnten Salzplasmas durch Zusatz von Cytoglobin resp. von Präglobulin zu erhöhen, habe aber bald erkannt, dass diese Flüssigkeit zu solchen Versuchen nicht geeignet ist; es entstehen massige weisse Niederschläge, über deren Wesen ich nichts aussagen kann. Nach Zusatz von Fibrinferment oder von zymoplastischen Substanzen erfolgt zwar die Gerinnung, aber es hätte keinen Sinn das Gewicht des Faserstoffs zu bestimmen, da er jene Niederschläge einschliesst. Das Cytoglobin und das Präglobulin verhalten sich also im verdünnten Salzplasma anders als das Paraglobulin, welches sich darin leicht auflöst und damit zugleich eine vermehrte Faserstoffausscheidung bewirkt; sie sind eben auch etwas anderes als dieses, d. h. sie sind noch nicht Paraglobulin und vertragen sich als solche im Plasma nicht mit dem Magnesiasalz. Sie üben auch im Salzplasma gar nicht ihre specifische, die Fermentabspaltung unterdrückende Wirkung aus; es ist mir wenigstens nicht gelungen eine durch Zusatz von zymoplastischen Substanzen im verdünnten Salzplasma eingeleitete Gerinnung durch diese Stoffe auch nur zu verzögern, geschweige ganz zu hemmen. Ich schliesse daraus, dass sie selbst es sind, welche in Gestalt jener Niederschläge ausgeschieden und dadurch für die Vorgänge in der Flüssigkeit bedeutungslos geworden sind. —

Fünfzehntes Kapitel.

Über das Paraglobulin als Derivat des in Wasser löslichen Protoplasmabestandtheils.

Die bisher mitgetheilten Versuchsergebnisse haben zunächst die Thatsache festgestellt, dass die Masse des Faserstoffs zunimmt, wenn man der Blutflüssigkeit unter für den Eintritt der betreffenden Um-

setzungen günstigen Bedingungen, d. h. unter Vermehrung ihrer zymoplastisch wirkenden Bestandtheile, einen Gehalt an Cytoglobin oder Präglobulin giebt, also an Stoffen, welche als solche im Blute nicht vorkommen; es ist aber klar, dass der innere Zusammenhang aufgedeckt ist,
sobald nachgewiesen wird, dass aus jenen Stoffen im Blute faserstoffgebende Substanz wird und zwar in Gestalt einer der beiden in ihm regelmässig enthaltenen Globulinformen. Diesen Nachweis wird man vor
Allem extra corpus zu liefern bestrebt sein müssen. Es ist aber
nicht möglich, vor Eintritt der Gerinnung, also am Plasma, zu entscheiden, welche von beiden Gestalten das zugesetzte Cytoglobin
oder Paraglobulin angenommen hat, weil das Plasma ja schon beide
Globulinformen enthält. Hält es unter solchen Umständen ohnedies
schwer, den Beweis einer Neubildung derselben zu erbringen, so ist
es wegen der Ähnlichkeit beider Formen untereinander ganz unmöglich festzustellen, welche von ihnen die Vermehrung erfahren
hat. So lange das Cytoglobin und das Präglobulin die Gerinnung
unterdrücken, so lange bestehen sie als solche im Plasma; ruft man
die Gerinnung in bekannter Weise hervor, so wird eben dadurch die
Qualität der Flüssigkeit als Plasma aufgehoben; sie verwandelt sich
in Blutserum, welches nur noch Paraglobulin enthält und ob dieses vor
der Gerinnung einen Zuwachs erhalten hat, ist vollends nicht zu entscheiden, weil der ursprüngliche Gehalt des Plasmas an dieser Substanz unbekannt ist. Nehmen wir andrerseits an, der im Cytoglobin
und im Präglobulin enthaltene eiweissartige Atomcomplex verwandele
sich in fibrinogene Substanz, gehe als solche in den Faserstoff über
und bewirke dessen Gewichtsvermehrung, so ist so viel klar, dass
er dies nicht seiner ganzen Masse nach gethan haben kann, weil
der Faserstoffzuwachs hinter dieser Masse, wie wir gesehen haben,
zurückbleibt, ohne dass doch nach vollendeter Gerinnung in der
Flüssigkeit etwas anderes sich findet, als Paraglobulin. Wenigstens
ein Theil jenes Atomcomplexes muss sich also unter allen Umständen in Paraglobulin umgesetzt haben, sonst bliebe nur noch
die höchst unwahrscheinliche Annahme eines Überganges in Albumin übrig.

 Wenn aber die Blutflüssigkeit aus Cytoglobin und aus Präglobulin fibringebende Substanz bildet, so muss sie Substrate dieser
Wirkung enthalten und es fragte sich, ob es nicht möglich wäre,
dieselben auch extra corpus im Blutserum, anzutreffen. Meine
nächsten Versuche sollten also dazu dienen, die Frage, was wird
aus dem Cytoglobin resp. aus dem Präglobulin im Blutserum?
zu beantworten. Beide Stoffe lösen sich ja leicht im Blutserum auf

und beide lassen sich ja auch leicht, so lange sie unverändert bleiben, als solche nachweisen. Die Versuche schienen also keine Schwierigkeiten darzubieten.

Wenn diese Substanzen, resp. der in ihnen enthaltene Eiweissstoff, sich im Blutserum in fibrinogene Substanz verwandelten, so müsste dasselbe unfraglich gerinnen, da es alle übrigen Gerinnungsfaktoren enthält und deshalb auch nach Zusatz bloss von fibrinogener Substanz gerinnt. Dies trifft aber niemals zu. Sofern als überhaupt eine Umsetzung zu fibringebender Substanz im Blutserum stattfindet, so liegt es wohl näher, an eine Entstehung von Paraglobulin zu denken.

Ich löste eine kleine Quantität Cytoglobin in Rinderserum auf und überliess dasselbe bis zum nächsten Tage sich selbst. Hierauf verdünnte ich dasselbe mit 12 Theilen Wasser und leitete einen Kohlensäurestrom hindurch; es entstand eine starke Ausscheidung eines rasch zu Boden sinkenden Eiweisskörpers. Da das Cytoglobin durch Kohlensäure nicht zersetzt wird, so musste es sich, wenn es als solches im Serum noch vorhanden war, im Filtrat vom Globulinniederschlage durch Essigsäure nachweisen lassen; es entstand hierbei jedoch nicht die geringste Trübung. Der Niederschlag aber löste sich leicht und vollständig in verdünnter Essigsäure auf, ebenso in Neutralsalzlösungen. Das Cytoglobin war also in der Flüssigkeit verschwunden, sie enthielt nur noch Paraglobulin und Albumin. Zu dem gleichen Resultat gelangte ich mit dem Präglobulin, nur mit dem Unterschiede, dass dasselbe schon nach ein Paar Stunden im Serum nicht mehr nachweisbar war. Unter den hier gegebenen Versuchsbedingungen dürfen die Zusätze aber nicht gross sein, d. h. höchstens 0,1—0,2 % des Serums betragen. Erwärmen bis 40° begünstigt die Umsetzung in hohem Grade, ebenso Verstärkung der Alkalescenz des Serums.

Das Verschwinden dieser Stoffe als solcher im Blutserum beweist aber noch nicht streng, dass aus ihnen Paraglobulin entstanden ist. Da das Serum selbst diesen Stoff schon enthält, so müsste gezeigt werden, dass derselbe in Folge des Zusatzes von Cytoglobin und Präglobulin eine Vermehrung erfahren hat. Ein sicheres quantitatives Verfahren zur Ausführung solcher Bestimmungen giebt es aber nicht; man müsste mit grossen Massen arbeiten und ohne Rücksicht auf die Kosten wochenlang sich mit der Herstellung der nöthigen Mengen der Zellenderivate beschäftigen. Dass der Kohlensäureniederschlag in Folge des Zusatzes dieser Stoffe vergrössert erscheint, möchte ein zu unsicheres Kriterium sein. Es erschien mir also nothwendig, das zu diesen Versuchen benutzte Blutserum zunächst seines Paraglobulingehalts zu berauben. Dies geschieht am bequemsten und ohne dass man zur Verdünnung mit Wasser zu greifen braucht auf dem Wege der Dialyse. Das blosse Auftreten von Paraglobulin in Folge jener Zusätze ist unter solchen Umständen entscheidend. Die Entfernung des präformierten Paraglobulins war auch deshalb wünschenswerth, weil es als eventuelles Spaltungsprodukt der complicierteren Zellenbestandtheile einer nochmaligen, experimentell herbeizuführenden Spaltung derselben hinderlich sein konnte. Es erschien ja auch möglich, dass die bei der natürlichen Paraglobulinbildung etwa auftretenden anderen Spaltungsprodukte, von welchen man gleichfalls eine hindernde Wirkung annehmen konnte, durch die Dialyse aus dem Blutserum fortgeschafft werden.

Ich vertheilte 100 Ccm. klares Rinderserum auf zwei Dialysatoren von je 160 Mm. Durchmesser und unterwarf sie 48 Stunden lang der Dialyse. Das äussere Wasser wurde während des ersten Tages stündlich, während des zweiten zweistündlich gewechselt. Da das sich ausscheidende Paraglobulin sich leicht als eine dichte, die Diffusion erschwerende Schicht der trennenden Membran (Pergamentpapier) auflagert, so ist es gut, dasselbe von Zeit zu Zeit, etwa bei jedem Wasserwechsel im Serum durch Bewegen des Dialysators zu vertheilen.

Nach Ablauf der angegebenen Frist wurde die stark getrübte und zugleich um ca. 10—15 % wasserreicher gewordene Flüssigkeit aus dem Dialysator herausgenommen und vom Paraglobulin abfiltriert. Das Filtrat reagierte neutral. Eine mit 10 Volum Wasser verdünnte Probe desselben blieb bei Kohlensäuredurchleitung sowohl als bei Zusatz von verdünnter Essigsäure klar; in anderen Fällen entstand höchstens eine ganz schwache Opalescenz. Ich kann also das so behandelte Serum als globulinfrei bezeichnen.

Meiner Vermuthung gemäss erhielt ich nun mit solchem Blutserum weit günstigere Resultate, als mit dem gewöhnlichen, freilich nicht ohne Weiteres, sondern nachdem noch eine weitere Bedingung erfüllt worden war.

Löst man nämlich in dem paraglobulinfreien, neutral reagierenden Blutserum eine kleine Quantität (etwa 0,3—0,5 %) lufttrockenes, fein pulverisiertes Cytoglobin auf, oder mischt man dasselbe in wässeriger Lösung hinzu, so erfolgt nicht die geringste Veränderung der Substanz, wie durch die Essigsäurereaktion, welche Spuren von Cytoglobin angiebt, leicht zu constatieren war. Acht Tage nach Herstellung des Präparats war die durch Essigsäure erzeugte Fällung ebenso unlöslich im Überschuss derselben, wie ganz zu Anfang, und beim Durchleiten von Kohlensäure blieb die verdünnte Flüssigkeit klar. Da die natürliche Blutflüssigkeit aber alkalisch reagiert, so dachte ich, dass dieser Umstand für die erwartete Entstehung von Paraglobulin von maassgebender Bedeutung sein dürfte. Ich fügte nun zu 10 Ccm. dialysiertem Serum einige Tropfen verdünnter Natronlauge hinzu, dann erst erfolgte der Cytoglobinzusatz (0,03 Gr. in 1 Ccm. Wasser gelöst). Die Flüssigkeit wurde bei Zimmertemperatur aufbewahrt. Am folgenden Tage enthielt sie nichts als Paraglobulin, welches ganz auf dieselbe Weise, wie aus gewöhnlichem Blutserum, durch Verdünnen mit Wasser und Durchleiten von Kohlensäure oder Neutralisieren mit verdünnter Essigsäure abgeschieden wurde. Das Filtrat vom Niederschlage wurde durch weiteren Essigsäurezusatz nicht getrübt. Dieses durch Vermittelung von Blutserum aus Cytoglobin erzeugte Paraglobulin unterschied sich in gar nichts von dem im Blutserum präexistierenden, im Besonderen war es ebenso leicht löslich in verdünnter Essigsäure wie dieses, selbstverständlich auch in Neutralsalzen.

Die alkalische Reaktion erweist sich also als erforderlich zur Erzeugung von Paraglobulin aus Cytoglobin, und es zeigte sich weiter, dass sie um so stärker sein muss, je schneller der Umwandlungsprocess vor sich gehen soll, bezw. je grösser die im Serum aufgelöste Cytoglobinmenge ist. Anfänglich operierte ich mit zu geringen Natronzusätzen und musste deshalb meist bis zum folgenden Tage warten, ehe das Cytoglobin aus der Flüssigkeit ganz geschwunden und dafür Paraglobulin aufgetreten war. Später bestimmte ich von einem abgemessenen Volum des Serums vor der Dialyse den Grad der Alkalescenz mittelst $^1/_{10}$ Normalessigsäure und fügte nach beendeter Dialyse der neutral gewordenen Flüssigkeit die entsprechende Menge $^1/_{10}$ Normalnatronlauge hinzu. Bei diesem Grade der Alkalescenz gelang es mir, die vollständige Umwandlung von $^1/_4$—$^1/_2$ % Cytoglobin in Paraglobulin im Laufe von ein Paar Stunden zu bewirken; beim Erwärmen der Flüssigkeit geht sie noch viel schneller von Statten. Man kann auch dreist noch grössere Natronmengen anwenden; ich bin gegangen bis zu 0,3 Ccm. Normalnatronlauge auf 10 Ccm. dialysiertes Serum. Eine Grenze für den Zusatz an Alkali wird wohl dadurch gesetzt sein, dass es das Cytoglobin resp. das in demselben enthaltene Eiweissmolekül tiefer angreift, indem es dasselbe in Alkalialbuminat verwandelt; so weit bin ich indess nie gegangen, weshalb ich keine Angaben über diese Grenze machen kann.

Zu ganz denselben Resultaten, wie mit Cytoglobin, haben mich meine Versuche mit Präglobulin geführt. Hier ist der Alkalizusatz schon wegen der Unlöslichkeit dieser Substanz in Wasser und in neutralen Flüssigkeiten erforderlich, man thut aber im Interesse einer schnelleren Umwandlung in Paraglobulin immer gut mehr vom Alkali zuzusetzen, als zur Auflösung des Präglobulins grade erforderlich ist, denn das ist äusserst wenig. Aber die Umwandlung resp. Spaltung des Präglobulins geht viel leichter und schneller von Statten als die des Cytoglobins; trifft man in Relation zur Menge des Präglobulins den richtigen Grad der Alkalescenz und nimmt man nun noch die Wärme zu Hülfe, so vollzieht sie sich fast zeitlos. Es ist mir so gelungen das Präglobulin, welches in einem Versuche 0,6 % des dialysierten Serums betrug, in wenigen Minuten zum Schwinden zu bringen und die Flüssigkeit dafür mit Paraglobulin zu überladen.

Nach ein Paar vergleichenden Versuchen zu urtheilen, ist die paraglobulinbildende Kraft der Blutflüssigkeit beim Rinde bedeutender als beim Pferde.

Wie man bei langsamerem Verlauf der Umsetzung leicht constatieren kann, entsteht das Paraglobulin direkt weder aus dem Cytoglobin noch aus dem Präglobulin, sondern durch Vermittelung eines Übergangskörpers, welcher allmählich die Eigenschaften des Paraglobulins annimmt. Prüft man nämlich unmittelbar nach der Auflösung dieser Stoffe im paraglobulinfreien Serum eine mit Wasser verdünnte Probe desselben mit verdünnter Essigsäure, so erhält man zunächst, wie wir wissen, einen im Überschuss derselben unlöslichen Niederschlag von Präglobulin. Bei sehr langsamem Verlauf, wie er insbesondere beim Cytoglobin durch Regulierung des Natronzusatzes leicht herbeigeführt werden kann, hat man diese Prüfung nun 1 bis 2 stündlich zu wiederholen. Man findet alsdann, dass die Essigsäurefällung im Überschuss der Säure löslich wird, aber zunächst nur in einem grossen Überschuss der concentrierten Säure; ihre Löslichkeit in Essigsäure nimmt aber von Mal zu Male zu bis sie zuletzt denjenigen Grad erreicht, welcher dem Paraglobulin eigenthümlich ist. Während des Verlaufes dieser Umwandlung beginnt auch die Kohlensäure in der verdünnten Flüssigkeit eine unbedeutende, in den späteren Proben immer stärker werdende Trübung durch Ausscheidung einer in verdünnter Essigsäure leichtlöslichen Substanz herbeizuführen. Dabei erzeugt, so lange neben dem entstehenden Paraglobulin noch Cytoglobulin in der Flüssigkeit vorhanden ist, Essigsäure im Filtrat vom Kohlensäureniederschlag noch einen im Überschuss derselben schwerlöslichen Niederschlag. Schliesslich fällt die Kohlensäure Alles heraus, der Niederschlag löst sich leicht und vollständig in verdünnter Essigsäure auf, im Filtrat aber bewirkt die letztere keine Spur einer Ausscheidung mehr. Mit dem Präglobulin diese Versuche anzustellen ist schwieriger, weil seine Umsetzung so ausserordentlich rasch vor sich geht.

Da die ursprünglichen paraglobulinlösenden Bestandtheile des Serums durch die Dialyse entfernt werden und somit das nach Beendigung derselben zugesetzte Alkali das einzige Lösungsmittel für das neuentstandene Paraglobulin sowohl als für den Übergangskörper darstellt, so können die obigen Prüfungen auch mit der unverdünnten Flüssigkeit ausgeführt werden; die Wiederauflösung der Essigsäurefällungen im Überschuss der Säure geht in diesem Falle nur nicht so leicht von Statten, weil das hierbei zunächst gebildete Salz ihr hier hindernder in den Weg tritt, als in der stark verdünnten Flüssigkeit. An der unverdünnten Flüssigkeit aber lässt sich eben grade deshalb der allmähliche Übergang in Paraglobulin am besten verfolgen, denn die Essigsäurefällung ist hier anfangs nur in einem grossen Überschuss der concentrierten Säure löslich und zuletzt genügen kleinste Mengen der verdünnten dazu.

Wenn man, wie ich es meist gethan habe, dem dialysierten Serum einen Gehalt von 0,4—0,5 % Cytoglobin oder Präglobulin giebt und zu 10 Ccm. dieser Flüssigkeit 0,15—0,20 Ccm. Normalnatronlauge hinzufügt, so wird man das erstere nach 1—2 Stunden, das letztere aber schon nach 5—10 Minuten in Paraglobulin umgewandelt finden; diese Angabe bezieht sich auf Zimmertemperatur.

Wenn man nichts als Normalnatronlauge in der angegebenen Menge zum dialysierten Serum hinzufügt, so) erzeugt es aus dem Albumin etwas Alkalialbuminat, erkennbar an der Unlöslichkeit des Neutralisationsniederschlages in Kochsalzlösung. Aber das Albuminat wird erst nach einigen Stunden merklich, zu einer Zeit also, wo bei richtiger Versuchsanordnung der Übergang in Paraglobulin sich in den mit Cytoglobin oder Präglobulin versehenen Präparaten schon lange vollzogen hat. Ausserdem scheint es, als wenn das Alkali in den letzteren sich nur mit den zugesetzten Stoffen beschäftigt und gar kein Albuminat bildet; denn auch bei sehr langsamem Gange der Umsetzung löst sich bis zuletzt der hier erzeugte Neutralisationsniederschlag in Kochsalz bis zur vollständigen Klärung der Flüssigkeit auf.

Statt des Ätznatrons kann man sich bei diesen Versuchen auch des kohlensauren Natrons bedienen. Ich benutze eine solche von 3,4 %. Wenn ich zu 10 Ccm. eines 0,5 % Präglobulin enthaltenden dialy-

sierten Serums 0,5—0,6 Ccm. dieses Salzes hinzufügte, so verlief die
Umsetzung in Paraglobulin fast eben so schnell, wie in den mit
Natron angestellten Versuchen. Die Wiederauflösung des Neutralisationsniederschlages in der unverdünnten Flüssigkeit ging hier
aber wegen der grösseren Menge des gebildeten essigsaueren Salzes
schwieriger von Statten, als in den Versuchen mit Ätznatron.

Geht nun aus diesen Versuchen hervor, dafs bei der Entstehung
von gewissen Blutbestandtheilen, speciell des Paraglobulins, aus
Zellenbestandtheilen, die Alkalescenz des Blutes von wesentlicher
Bedeutung ist und stellen wir uns weiter vor, dass der langsame
Strom der Zellenbestandtheile in das Blut in Gestalt des Präglobulins stattfindet, so werden wir uns nicht darüber wundern, sondern
eher es für selbstverständlich ansehen, dass dieser Atomcomplex bei
der im Organismus herrschenden Temperatur nur für Augenblicke
im Blute Bestand hat und insbesondere im Inhalt der grossen Gefässe
nicht mehr aufzufinden ist. Aber er existiert eben in seinen Spaltungs-
und Umbildungsprodukten fort und so wie dem einen derselben gewiss eine andere und höhere Bedeutung zukommt, als in dem
vom Organismus getrennten Blute bei der Faserstoffgerinnung
mitzuspielen, so werden auch den übrigen Produkten Aufgaben im
cirkulierenden Blute zufallen, welche wir für jetzt freilich mehr
vermuthen als präcis zu formulieren im Stande sind.

Das Vermögen des Blutserums aus dem Cytoglobin und noch
leichter aus dem Präglobulin Paraglobulin zu bilden, müssen wir uns
nun doch an ein materielles Substrat gebunden denken. Aber im
cirkulierenden Blute finden wir nicht bloss Paraglobulin, sondern
auch die ihm so nabestehende fibrinogene Substanz. Das Blutplasma,
die flüssige Interzellularsubstanz des Blutes, ist eben etwas Anderes
als das Blutserum. Sollte die cirkulierende Blutflüssigkeit im Unterschiede vom Blutserum etwa beide Stoffe nebeneinander aus den
ihr zufliessenden Zellenderivaten bilden? Oder sollen wir annehmen,
dass aus den letzteren intravasculär einzig nur die fibrinogene Substanz erzeugt wird, während das paraglobulinbildende Substrat und
damit auch das Paraglobulin erst ausserhalb des Körpers, etwa
während der Gerinnung entstehen? Wir wissen zwar bereits, dass
das zellenfreie Plasma nach Hinzufügen von Cytoglobin oder Präglobulin eine Fibrinvermehrung zeigt, aber wie sollen wir erkennen,
ob diese Vermehrung auf einer Neubildung von fibrinogener Substanz oder von Paraglobulin oder von beiden zugleich beruht?
Wir können bei der grossen Ähnlichkeit beider Stoffe unter einander
sie nicht ein Mal mit Sicherheit von einander trennen, geschweige

quantitative Bestimmungen mit ihnen ausführen. Zudem folgt ja auf die vollendete Umwandlung sofort die Gerinnung und der dabei zu Tage geförderte Faserstoff giebt uns keine Auskunft darüber, was unmittelbar vorher mit den Globulinen geschehen ist, resp. aus welchem von ihnen er entstanden ist.

Erschien es so nicht möglich durch Versuche mit Blutplasma die Frage nach der Entstehung der fibrinogenen Substanz zur Entscheidung zu bringen, so bot sich mir eine andere Gruppe von Körperflüssigkeiten dar, welche gleichfalls die fibrinogene Substanz enthalten, dabei nicht spontan gerinnen und dem Blutplasma doch sehr nahe stehen, jedenfalls näher als das Blutserum, ich meine die Transsudate, wie wir sie gewissermassen in ihrer idealsten Gestalt aus den serösen Höhlen des Pferdes erhalten. Auch auf diese Flüssigkeiten wirken die beiden Zellenbestandtheile fibrinvermehrend, vorausgesetzt, dass man ihnen einen Gehalt an Fibrinferment giebt, aber die Frage, ob aus ihnen hierbei als Zwischenprodukt Paraglobulin oder fibrinogene Substanz entsteht, kann gleichfalls nicht ohne Weiteres beantwortet werden, weil die eintretende Gerinnung den Vorgang der Umwandlung verdeckt.

Ich verfuhr nun mit liquor pericardii vom Pferde genau ebenso, wie ich es vom Blutserum angegeben habe, d. h. ich entfernte erst mit Hülfe einer zweitägigen Dialyse vollständig die fibrinogene Substanz, stellte dann die alkalische Reaktion der Flüssigkeit wieder her, löste das Cytoglobin resp. das Präglobulin in ihr auf u. s. w. Der Erfolg war ganz derselbe, wie bei den Versuchen mit Blutserum, d. h. die Umwandlung ging vor sich und führte zur Bildung von Paraglobulin und keineswegs von fibrinogener Substanz. Auch hier erwies sich die Alkalescenz als nothwendige Bedingung zum Gelingen des Versuchs, und auch hier wuchs die Geschwindigkeit der Paraglobulinbildung mit dem Grade der Alkalescenz.[1]). Da das zu diesem Versuch benutzte Transsudat völlig fermentfrei war und blieb, so beweist dieser Versuch zugleich, dass die Entstehung des Paraglobulins aus den genannten Protoplasmabestandtheilen unabhängig vom Fibrinferment vor sich geht.

Paraglobulin und fibrinogene Substanz sind freilich in chemischem Sinne einander sehr ähnlich, aber eine Verwechselung konnte hier doch nicht eintreten. Der Gehalt des Transsudats an fibrino-

---

1) Da die Transsudate des Herzbeutels sehr diluirte Flüssigkeiten sind, so habe ich sie, bevor die Dialyse begann, im Vacuum auf ihr halbes Volum eingeengt.

gener Substanz war durch die Dialyse entfernt worden. Wäre nun
aus den in sie gebrachten Zellenstoffen fibrinogene Substanz entstanden, so wäre das ursprüngliche Transsudat eben einfach wieder-
hergestellt worden, als eine Flüssigkeit, in welcher Blutserum oder
Fibrinferment (letzteres bei gleichzeitigem geringem Salzzusatz) eine
Gerinnung herbeigeführt hätten. Das geschah aber niemals. Wohl
aber bewirkte ich mit der neugebildeten Substanz, nachdem ich sie
aus der Flüssigkeit in der gewöhnlichen Weise abgeschieden hatte,
in anderen proplastischen Transsudaten, in verdünntem Salzplasma
und in filtriertem Plasma, eine Erhöhung des Fibrinprocents, wie
dies bekanntlich ja auch vom Paraglobulin gilt..

Ich könnte eine ganze Reihe von Versuchen anführen, welche
den Beweis liefern, dass der aus dem Cytoglobin sowohl als aus
dem Präglobulin unter der Einwirkung von dialysiertem Serum oder
Liq. pericardii gebildete Eiweisskörper, abgesehen von seinem chemischen Verhalten, auch darin mit dem echten Paraglobulin übereinstimmt, dass er das Fibrinprocent in den von mir benutzten Reaktionsflüssigkeiten erhöht; ich will mich jedoch auf die Anführung
von drei mit verdünntem Salzplasma ausgeführten Versuchen beschränken.

Versuch 1.

Es wurden 0,1 Gr. Cytoglobin in 10 Ccm. dialysiertem Rinder-
serum aufgelöst und 0,7 Ccm. $^1/_{10}$ Normalnatronlauge hinzugefügt.
Dasselbe geschah mit dem aus 0,14 Gr. Cytoglobin hergestellten
Präglobulin.

Am folgenden Tage wurden beide Flüssigkeiten mit dem 12fachen
Volum Wasser verdünnt, ein kräftiger Kohlensäurestrom durchgeleitet
und der ausgeschiedenen Substanz bis zum folgenden Tage Zeit zur
Bildung des Niederschlags gegeben. Darauf wurde die Flüssigkeit
bis nahe zur Grenze des Niederschlags abgehoben. Mittelst einiger
dem letzteren entnommener Tropfen überzeugte ich mich, dass ich
es in beiden Präparaten mit einem Eiweisskörper zu thun hatte,
welcher die dem Paraglobulin eigenthümliche Leichtlöslichkeit in
verdünnten Alkalien, Säuren und in Neutralsalzen besass. Das benutzte Cytoglobin war aus Lymphdrüsenzellen gewonnen worden.

Die Niederschläge wurden in je 10 Ccm. Salzplasmalösung hin-
übergespült, worin sie sich augenblicklich auflösten, etwa $^1/_2$ Ccm.
einer dünnen neutralisierten Emulsion von zymoplastischen Substanzen hinzugefügt und schliesslich das Volum durch Zusatz einer
wässerigen Fibrinfermentlösung bis auf 90 Ccm. gebracht. Das aus

10 Ccm. Salzplasmalösung und 80 Ccm. der Fermentlösung bestehende Vergleichspräparat erhielt natürlich auch einen Zusatz von zymoplastischen Substanzen. Die Verarbeitung des Faserstoffs fand am folgenden Tage statt. Ich erhielt die nachfolgenden procentischen Fibringewichte:

Fibrinprocente

1. Vergleichspräparat 0,432
2. Mit Paraglobulin aus Cytoglobin . . 0,696
3. Mit Paraglobulin aus Präglobulin . . 0,789

Versuch 2.

Wiederholung des vorigen Versuchs. Das künstlich dargestellte Paraglobulin stammte von einem Cytoglobin, das bei einer anderen Gelegenheit aus Lymphdrüsenzellen gewonnen worden war. Auch das Salzplasma war ein anderes als im vorigen Versuch.

Fibrinprocente

1. Vergleichspräparat 0,430
2. Mit Paraglobulin aus Cytoglobin . . 0,600
3. Mit Paraglobulin aus Präglobulin . . 0,774

Versuch 3.

Das zur Darstellung des Paraglobulins benutzte Cytoglobin war aus Milzzellen vom Rinde bereitet worden. Dieser Versuch war einer der ersten mit künstlich hergestelltem Paraglobulin, und es war die zur Umwandlung in das dialysierte Serum gebrachte Cytoglobinmenge nicht bestimmt worden; sie war jedenfalls kleiner als in Versuch 1 und 2, denn ich verfuhr anfangs in dieser Hinsicht mit Vorsicht. Ich führe den Versuch auch nur an, weil das Cytoglobin diesmal andrer Herkunft war als in den beiden ersten Versuchen.

Fibrinprocente

1. Vergleichspräparat 0,524
2. Mit Paraglobulin aus Cytoglobin . . 0,702

Das Blutserum enthält also Bestandtheile, welche aus Cytoglobin sowohl als aus Präglobulin Paraglobulin zu bilden vermögen, und wenn wir nun sehen, dass diese drei Stoffe in qualitativ gleicher Weise auf proplastische, d. h. die fibrinogene Substanz enthaltende, Flüssigkeiten einwirken, nämlich fibrinvermehrend, so wird man zunächst wohl schliessen, dass die unbekannten, das Paraglobulin aus seinen Vorstufen erzeugenden Bestandtheile des Blutserums nicht

erst extra corpus, während oder nach der Gerinnung im Blute entstehen, sondern darin schon innerhalb der Gefässbahn präexistiren,
denn schon hier findet man weder das Cytoglobin noch das Präglobulin mehr vor. Weiter folgt, dass der Zusatz von Cytoglobin
ebenso wie von Präglobulin nur deshalb das Faserstoffgewicht des
Blutplasmas erhöht, weil sie unter dem Einfluss derselben unbekannten
Serumbestandtheile auch ausserhalb des Körpers zunächst Paraglobulin aus sich hervorgehen lassen. Lehrt uns nun aber der
extra corpus angestellte Versuch, dass das Paraglobulin in dieser
Weise aus einem Zellenbestandtheil entsteht und präexistirt
ausserdem diese Globulinform, wofür alle bisher bekannten Thatsachen sprechen, in der Flüssigkeit des cirkulierenden Blutes, so
wird man wohl auch hier die letzten Quellen der Paraglobulinbildung
in den Zellen suchen müssen, mit welchen das Blut in Wechselverkehr tritt.

Das dialysierte Serum büsst seine paraglobulinbildende Kraft
durch Kochen nicht ein. Dieser Versuch verlangt aber, dass die
Eiweissgerinnung beim Kochen unterdrückt werde. Nach nur zwei-
tägiger Dialyse sind aber die Salze nicht so weit aus dem Serum
entfernt, dass nicht noch eine partielle Albumingerinnung beim
Kochen einträte; andrerseits ist jedoch der im Serum zurückgebliebene Rest an Salzen so gering, dass minimale Mengen von Natron
hinreichen, um die Hitzegerinnung des Serums vollständig zu hemmen.
Setzte ich zu 10 Ccm. dialysiertem Rinderserum 0,2 Ccm. $^1/_{10}$ Normalnatronlösung, so wurde die Flüssigkeit beim Kochen nur opalisierend,
und verarbeitete nach dem Erkalten und nach Zusatz der hierzu
erforderlichen Natronmenge das Cytoglobin sowohl, als das Präglobulin ganz mit derselben Geschwindigkeit zu Paraglobulin, wie
vor dem Kochen.

Aus dem Umstande, dass ein gewisser Grad von Alkalescenz
nothwendig ist, damit die paraglobulinbildende Kraft der Blutserums
sich geltend machen kann, ergiebt sich, dass man dieser Kraft durch
Imprägnieren desselben mit Kohlensäure Hindernisse in den Weg
legt, deren Wirksamkeit natürlich der Menge der Kohlensäure entspricht. Die betreffenden Versuche sind so einfach auszuführen, dass
ich sie nicht weiter zu beschreiben brauche. Ich will nur bemerken,
dass dies Resultat beim Präglobulin eigentlich selbstverständlich
ist, da letzteres durch die Kohlensäure aus der alkalischen Lösung
gefällt wird. Das Cytoglobin aber, welches durch Kohlensäure nicht
zersetzt wird, bleibt in Lösung. Untersucht man nun das mit Kohlensäure imprägnierte und mit Cytoglobin versehene Serum etwa nach

24 Stunden (während welcher Zeit man natürlich für Absperrung der atmosphärischen Luft zu sorgen hat), so findet man, dass ein mehr oder weniger grosser Theil oder selbst sämmtliches Cytoglobin sich unverändert erhalten hat.

Ich habe mir nun noch viel Mühe gegeben, der paraglobulinbildenden Bestandtheile des Blutserums habhaft zu werden, aber ohne Erfolg. Dennoch will ich über diese Versuche kurz berichten, da sie wenigstens dazu dienen, gewisse Serumbestandtheile, als in dieser Hinsicht unbetheiligt, auszuschliessen.

Was zunächst die Alkalien anbetrifft, so ist ihre Anwesenheit zwar die unerlässliche Bedingung zum Zustandekommen der Paraglobulinbildung, aber sie sind es nicht allein, welche dies bewirken. So unbedeutende Mengen derselben, als zu dieser Bildung im Blutserum erforderlich sind, üben auf eine reine, wässerige Cytoglobin- oder auf eine gesättigte alkalische Präglobulinlösung überhaupt gar keinen merkbaren Einfluss aus, geschweige, dass sie in ihnen Paraglobulin erzeugten. Concentrierte Alkalien bilden aus diesen Stoffen Albuminat, welches keine Beziehung zur Faserstoffgerinnung hat und auch durchaus nicht in Paraglobulin übergeführt werden kann. Es muss also noch etwas Anderes im Blutserum enthalten sein, was in Combination mit seinen alkalisch reagierenden Bestandtheilen die Paraglobulinbildung aus jenen Stoffen bewirkt.

Ich dachte nun an die zymoplastischen Substanzen, welche ja ein Gemenge von Stoffen darstellen. Sie sind es ja auch, welche in dem durch einen Zusatz von Cytoglobin oder Präglobulin flüssig erhaltenen Plasma die Gerinnungstendenz wiedererwecken, wobei jene beiden Stoffe als solche verschwinden und zwar, wie an der Erhöhung des Faserstoffgewichtes zu erkennen ist, unter Vermehrung der faserstoffgebenden Bestandtheile der Blutflüssigkeit. Sie werden durch Siedhitze, wenigstens was ihre fermentabspaltende Kraft anbetrifft, nicht alteriert. Sie sind ferner zum grossen Theil in Wasser unlöslich; dass dieser Theil während der Dialyse im Serum zurückbliebe, wäre also verständlich. Aber der Versuch in Cytoglobin- und in Präglobulinlösungen durch diese Stoffe mit und ohne Zusatz von Natron Paraglobulin zu erzeugen, schlug vollständig fehl.

Ebenso indifferent in dieser Hinsicht verhielt sich eine wässerige Lösung des Fibrinferments, wie schon aus der beobachteten Thatsache der Paraglobulinbildung aus den betreffenden Zellenbestandtheilen unter der Einwirkung von fermentfreien Transsudaten

erschlossen werden konnte. Auch eine Combination von Fibrinferment und zymoplastischen Substanzen erwies sich als unwirksam,
mit und ohne Zusatz von Natron.

Diese Erfahrungen sind rein negativ; an Positivem lässt sich
nur sagen, dass die fraglichen paraglobulinbildenden Substrate Pergamentpapier entweder gar nicht oder doch nur sehr schwer zu
durchdringen vermögen, und dass sie ihre Wirksamkeit in der Siedetemperatur nicht einbüssen. Die erstere Angabe wird auch durch
die Beobachtung gestützt, dass das während der Dialyse gesammelte
äussere Wasser, nachdem es auf dem Wasserbade auf ein kleines
Volum eingeengt worden, nicht die mindeste umsetzende Wirkung
auf das Cytoglobin sowohl als auf das Präglobulin ausübt.

Trotz dieser unbefriedigenden Ergebnisse bin ich davon überzeugt, dass weitere Versuche zur Klärung der Frage nach den paraglobulinbildenden Bestandtheilen des Blutes führen werden.

Sechszehntes Kapitel.

Über die fibrinogene Substanz als Derivat des Paraglobulins.

Den mitgetheilten Versuchen zufolge tritt das Paraglobulin in
Beziehung einerseits zur Substanz der Zellen, andrerseits zu der des
Faserstoffs, denn sie zeigen uns, dass unter der Einwirkung gewisser unbekannter, auch noch im Serum vorkommender, Blutbestandtheile aus gewissen, uns jetzt bekannten Zellenbestandtheilen Paraglobulin entsteht, ferner aber auch, dass eben diese
Zellenbestandtheile, sobald sie vor Beginn der Gerinnung in das Blut
gelangen und sobald der von ihnen abhängige Widerstand gegen
die Faserstoffgerinnung gebrochen worden, die Masse des Faserstoffes grade ebenso vergrössern wie das Paraglobulin und zwar
wie auch dasjenige Paraglobulin, welches aus jenen Zellenbestandtheilen künstlich in der angegebenen Weise hergestellt worden ist.
Welche Rolle fällt nun aber hierbei der fibrinogenen Substanz zu?

Da mir der Versuch Paraglobulin aus Cytoglobin oder Präglobulin darzustellen nur mit Hülfe des Blutserums und der Transsudate
gelungen ist, so würde man in Beantwortung dieser Frage vielleicht
sagen können: „das Blutserum und auch die proplastischen Transsudate sind eben durchaus etwas Anderes als das Blutplasma; wenn

in jenen aus dem Cytoglobin oder Präglobulin Paraglobulin entsteht, so ist damit keineswegs ausgeschlossen, dass in diesem eben dasselbe Zellenmaterial zur Bildung von fibrinogener Substanz, und zwar nur von dieser, verwerthet wird. Diese fibrinogene Substanz ist es, von welcher, und zwar extra corpus, das Paraglobulin unter der Einwirkung von Stoffen, welche erst jetzt auftreten, resp. wirksam werden, sich abspaltet, während das andere Spaltungsprodukt durch den Faserstoff dargestellt wird."

Thatsächlich gäbe es aber alsdann zweierlei Arten und zweierlei Quellen der Paraglobulinentstehung, nämlich ein Mal im Blutserum aus jenen Zellenbestandtheilen und dann im Blutplasma vor oder während der Gerinnung aus der fibrinogenen Substanz, welche ihrerseits doch wieder aus denselben Zellenbestandtheilen hervorgehen soll, aus welchen im Blutserum das Paraglobulin gebildet wird. Das Paraglobulin würde also das eine Mal direkt aus den letzteren, das andere Mal aus einem Derivat derselben, der fibrinogenen Substanz, entstehen. Denn die Erzeugung des Paraglobulins im Blutserum ist jedenfalls insofern eine direkte, als, wie ich bereits ausgeführt habe, die fibrinogene Substanz als Zwischenstufe dabei nicht auftritt.

Wichtiger für die Entscheidung dieser Frage ist nun aber die Thatsache, dass die Darstellung des Paraglobulins aus jenen Zellenbestandtheilen nicht ausschliesslich mit Blutserum gelingt, sondern ebensogut auch mit einer Gruppe von Körperflüssigkeiten, welche ihrer Herkunft und ihrer Zusammensetzung nach als proplastische Flüssigkeiten zu dem Blutplasma in sehr naher Beziehung stehen, nämlich mit den den Körperhöhlen entnommenen Transsudaten, Flüssigkeiten, welche man früher mit der durchaus unpassenden Bezeichnung „serös" näher zu charakterisieren meinte.

Bei diesen dem Blutplasma verwandten Flüssigkeiten kann nun von einer erst während der Gerinnung stattfindenden oder durch sie herbeigeführten Entstehung des Paraglobulins, etwa als Nebenprodukt des Faserstoffs bei einer Spaltung der fibrinogenen Substanz, nicht die Rede sein, denn sie gerinnen nach Zusatz von Cytoglobin oder Präglobulin ja überhaupt nicht und erzeugen aus ihnen doch ganz ebenso Paraglobulin wie das Blutserum. Die paraglobulinbildende Kraft haftet diesen Flüssigkeiten ursprünglich an, und zur Annahme, dass es mit der Flüssigkeit des cirkulierenden Blutes in dieser Hinsicht anders bestellt sein sollte, liegt nicht nur gar kein Grund vor, sondern sie erscheint mehr als unwahrscheinlich.

Ich habe stets an der Meinung festgehalten, dass das Paraglo-

bulin mit dem Faserstoff genetisch zusammenhängt und beharre bei
ihr jetzt mehr als je. Aber über die Art dieses Zusammenhanges
mache ich mir gegenwärtig andere Vorstellungen als früher. So
lange ich mit den beiden Globulinen, dem Paraglobulin und der
fibrinogenen Substanz, als mit gegebenen, von mir für homogen an-
gesehenen Substanzen arbeitete, ohne von ihrer Herkunft etwas zu
wissen, so lange dachte ich an eine Verbindung beider zu Faserstoff. Von dem Augenblicke an, da ich das Fibrinferment entdeckte
und zugleich fand, dass dasselbe ein steter Begleiter das Paraglobulins sei, habe ich den Gedanken an eine einfache chemische Verbindung aufgegeben, indem ich es von vornherein ausdrücklich ab-
lehnte über die Art des Fermentationsvorganges selbst,
über die „Spaltungen resp. Verbindungen", welchen die beiden Fi-
brinogeneratoren bei der Fibrinbildung unterliegen dürften, irgend
eine bestimmte Aussage zu machen; als blosse Möglichkeit dachte
ich an eine Synthese unter Wasseraustritt resp. Wasseraufnahme,
wies aber bei einer anderen Gelegenheit darauf hin, dass diese
Synthese mit Spaltungen Hand in Hand gehen könnte.[1] Deshalb
habe ich die Bezeichnung „chemische Verbindung", als zu sehr tech-
nisch begrenzt, meines Wissens überall vermieden und mich statt
dessen anderer, mir von der Sprache dargebotener Wendungen, wie:
Zusammenwirken, Zusammentreten, sich betheiligen, Material hergeben u. s. w. bedient.

Von der Thatsache, dass das Gewicht des Faserstoffes in gradem
Verhältnisse mit dem Gehalt der betreffenden Flüssigkeit an Paraglobulin wächst, lässt sich nun einmal nichts abstreichen und die
Versuche, diese Thatsache ohne die Annahme eines stofflichen Zusammenhanges zwischen beiden gewissermassen auf Umwegen zu
erklären, haben nur zur Verwirrung der Frage gedient. Gegenwärtig
können wir nur das Paraglobulin bis in seinen Ursprung in den Zellen
zurückverfolgen; zu der Annahme aber, dass von den Zellen eine
zweite parallele Entwickelungsreihe anhebt, welche im cirkulierenden Blute mit der fibrinogenen Substanz endet, liegt nicht die leiseste
Andeutung von einem Grunde vor. Wir finden nun weiter, dass
diese Substanz dem Paraglobulin ihrer ganzen chemischen Beschaffenheit nach sehr nahe steht, wohl mindestens ebenso nahe, wie dieses
dem Präglobulin. Was liegt unter solchen Umständen näher als
der Gedanke, dass die fibrinogene Substanz ihrerseits durch eine
partielle Umwandlung oder Spaltung des Paraglobulins entsteht, also

---

[1] PFLÜGER's Archiv. Bd. VI. 1872. S. 447, ferner Bd. XI. 1875. S. 349.

eine weitere Stufe in einer und derselben Entwickelungsreihe darstellt. Wie das Präglobulin offenbar eine compliciertere Zusammensetzung hat als das Paraglobulin, so dürfte ein ähnliches Verhältniss auch wieder zwischen dem letzteren und der fibrinogenen Substanz bestehen, so dass bei der Spaltung des Paraglobulins einerseits eben diese Substanz, andrerseits Produkte unbekannter Natur entständen, während ein ungespaltener Rest des Paraglobulins in der Flüssigkeit zurückbliebe.

Aber in solchem Falle besitzt nur das Blutplasma, so lange es als solches besteht, das Vermögen aus dem Paraglobulin die fibrinogene Substanz zu erzeugen, aus welcher dann im weiteren Verlauf der Faserstoff entsteht. Mit der Gerinnung büsst das Plasma dieses Vermögen ein, denn das Serum vermag, wie unsere Versuche lehren, die Umsetzung der betreffenden Zellenbestandtheile nur bis zur Paraglobulinstufe fortzuführen. Darum bewirkt man durch Zusatz von Cytoglobin, Präglobulin oder Paraglobulin zum Blutplasma regelmässig eine Erhöhung der Fibrinziffer, während das Blutserum durch diese Zusätze keine andere Veränderung erleidet, als dass es reicher an Paraglobulin wird.

Auch die Kraft der proplastischen Transsudate, sofern sie wirklich ihrem Typus entsprechen, d. h. der spontanen Gerinnung absolut unfähig sind, erstreckt sich nur bis zur Stufe der Paraglobulinbildung. Sobald sie aber noch eine gewisse Neigung zur spontanen Gerinnung besitzen, so stellen sie gewissermassen nur mehr oder weniger abgeschwächtes Blutplasma dar und verhalten sich den Zellenbestandtheilen und dem Paraglobulin gegenüber qualitativ ganz ebenso wie das Blutplasma oder wie die typisch proplastischen Transsudate, welchen man durch Zumischung von Blutserum oder Fibrinfermentlösung die Neigung zum Gerinnen ertheilt hat.

Der Faserstoff würde nach dieser Auffassung ein weiteres, durch das Fibrinferment erzeugtes Umwandlungsprodukt der fibrinogenen Substanz darstellen. Theoretisch liesse sich annehmen, dass er in einer Flüssigkeit entstehen könnte, welche kein anderes fibringebendes Material enthielte, als eben nur die fibrinogene Substanz. Aber es wäre andrerseits höchst einfach erklärt, warum ein Paraglobulinzusatz unter allen Umständen eine Vermehrung des Faserstoffs zur Folge hat und ausserdem fehlt der Beweis vollständig, dass je eine Faserstoffgerinnung, natürliche oder künstlich herbeigeführte, stattgefunden hat, ohne dass das Paraglobulin zugegen gewesen wäre. Den Versuch, die beiden Globuline durch wiederholtes Fällen und Wiederauflösen vollständig von einander zu trennen, halte ich für verfehlt, weil beide

Substanzen dabei Änderungen ihrer Löslichkeitsverhältnisse erleiden.
Vor allen Dingen aber gilt noch jetzt der Satz: ohne Paraglobulin
kein Faserstoff, freilich in einem anderen Sinne, als ich früher angenommen habe.

Nur indem man das Paraglobulin als den zu spaltenden Stoff
und nicht als bei der Gerinnung neben dem Faserstoff auftretendes
Spaltungsprodukt der fibrinogenen Substanz auffasst, versteht man
es, wie ich bereits ein Mal betont habe, dass durch Zusatz desselben
vor Beginn der Reaktion, d. h. der Gerinnung, die Menge der Spaltungsprodukte, von welchen wir nur das eine, den Faserstoff kennen,
vermehrt wird. Als Spaltungsprodukt würde das Paraglobulin im
Gegentheil einen früheren Eintritt des Endzustands, d. h. eine Verminderung des Faserstoffs bewirken. Die Reaktion ist unvollständig wie bei allen besser bekannten fermentativen Spaltungen, darum
begegnen wir auch im Blutserum dem Paraglobulin als unzersetzt
gebliebenem Rest des spaltbaren Stoffs.

Für die Ursache dieser Spaltung des Paraglobulins halte ich das
Fibrinferment, welches also die doppelte Aufgabe hätte, aus dem Paraglobulin die fibrinogene Substanz zu erzeugen und weiter die letztere in das
Zwischenprodukt der Faserstoffgerinnung überzuführen. Aber zur
Entfaltung der ersteren Wirkung ist alsdann noch etwas unbekanntes
Drittes erforderlich, denn sie kommt, wie wir gesehen haben, nur
im Blutplasma oder in künstlichen Gerinnungsgemischen, sofern dieselben Paraglobulin enthalten, zu Stande. Eine reine alkalische oder
salzige Paraglobulinlösung mag man mit dem Ferment überladen,
so viel man will, es wird doch weder fibrinogene Substanz abgespalten werden, noch Gerinnung erfolgen. Das Zusammenkommen von
Paraglobulin und Fibrinferment allein genügt also nicht. Wenn beide
auch im Blutserum gleichgültig neben einander existieren, so ist
ausserdem zu bedenken, dass sich dasselbe im Endzustande der Reaktion befindet und dass von den durch sie entstandenen Spaltungsprodukten eben nur das eine, eiweissartige sich als Faserstoff von der
Flüssigkeit getrennt hat, das andere oder die anderen aber in der
Flüssigkeit zurückgeblieben sind, wo sie dem weiteren Fortgang
der Spaltung Widerstand leisten dürften. Sobald nun aber das Blutserum mit irgend einer proplastischen Flüssigkeit in Berührung kommt,
so ändern sich die Verhältnisse der Art, dass die Reaktion von Neuem
beginnen kann, so dass der im Serum vorhandene spaltbare Stoff,
das Paraglobulin, wie der Faserstoffzuwachs zeigt, neben der in der
proplastischen Flüssigkeit bereits vorhandenen fibrinogenen Substanz
zur Geltung kommt.

Da das cirkulierende Blut constant geringe Mengen von freiem Ferment enthält, so zweifle ich nicht daran, dass diese Spaltung langsam aber stetig auch hier vor sich geht, so dass die fibrinogene Substanz im Blute präexistiert, resp. sich darin bis zu einem gewissen Grade ansammelt. Aber in verhältnissmässig grossartiger und zugleich stürmischer Weise tritt die Reaktion extra corpus auf, durch die eminent gesteigerte Fermententwickelung, welche hier Platz greift. Ich halte demnach dafür, dass ein mehr oder weniger grosser Antheil der fibrinogenen Substanz im Blute erst extra corpus abgespalten wird und diesem Chemismus leistet unter den von mir geprüften Neutralsalzen nur die schwefelsaure Magnesia erfolgreich Widerstand, freilich aber in erster Instanz mittelbar, indem sie den Vorgang der Fermentabspaltung unterdrückt. Concentrierte Kochsalzlösung in derselben oder selbst in grösserer Menge als die Magnesiasulfatlösung, angewandt, verlangsamte nur die Gerinnung; nach 3—24 Stunden trat sie doch ein. Werden die Globuline aus dem Blutplasma durch Übersättigen mit Kochsalz gefällt und dann in mässig concentrierter Kochsalzlösung wieder aufgelöst, so schreitet der Spaltungschemismus, namentlich während der letzteren Phase, langsam weiter fort, so dass man schliesslich mehr von der fibrinogenen Substanz in Lösung hat, als im Moment des Aderlasses im Blute vorhanden war.

Die durch den Spaltungsprocess entstehende fibrinogene Substanz unterliegt sofort unter der weiteren Einwirkung des Fibrinferments einem fortschreitenden Verdichtungsprocess, wobei ihre Löslichkeit in verdünnten Alkalien und Säuren abnimmt, und sie zugleich in zunehmendem Maasse die Eigenschaft der Fällbarkeit durch Neutralsalze erhält und zwar in relativ unlöslicher Modifikation; schliesslich erreicht der Verdichtungsprocess den Coagulationspunkt, d. h. denjenigen Grad, bei welchem der natürliche Salzgehalt der betreffenden gerinnbaren Flüssigkeit hinreicht, um die Substanz in unlöslicher Gestalt als Faserstoff zu fällen. Die fibrinogene Substanz liefert also unter der Einwirkung des Fibrinferments ein Produkt, welches in gewissem Sinne der löslichen Kieselsäure ähnlich ist. Auch bei der letzteren findet, wie KIESERITZKY und STRAUCH gezeigt haben, ein fortschreitender Verdichtungsprocess statt, so dass zuletzt kleine und kleinste Zusätze von Neutralsalzen die Überführung in die unlösliche Modifikation ebenso plötzlich herbeiführen, wie zu Anfange grosse.[1]

---

1) PH. STRAUCH a. a. O. S. 25—33. W. KIESERITZKY a. a. O. S. 7—35.

Ich habe diesen in fortschreitender Verdichtung befindlichen Eiweisskörper als fermentatives Zwischenprodukt der Faserstoffgerinnung bezeichnet; eine Grenze zwischen ihm und der fibrinogenen Substanz habe ich aber nicht auffinden können. Mit der Entstehung der letzteren beginnt, wie es scheint, auch zugleich der Verdichtungsvorgang. Man hemmt ihn durch concentrierte Neutralsalzlösungen, und auch in dieser Hinsicht leistet die schwefelsaure Magnesia am meisten, Kochsalz viel weniger. Es kommt, will man den Verdichtungsprocess unterdrücken und wenigstens der im Blute präexistierenden fibrinogenen Substanz habhaft werden, vor Allem darauf an, das Ferment mehr noch seine Muttersubstanz und die zymoplastischen Substanzen zu entfernen, bevor die Reaktion beginnt. Durch wiederholtes Fällen und Wiederauflösen in Kochsalz bewirkt man dies nur in sehr unvollkommener Weise, da die Niederschläge stets Einschlüsse der die Gerinnung auslösenden Blutbestandtheile enthalten, so dass trotz wiederholter Reinigung nach dieser Methode die zuletzt gewonnene Lösung, wenn man sie nicht mit einem grossen Salzüberschuss versieht, schliesslich doch gerinnt. Was man demnach auf diese Weise aus dem Plasma isoliert hat, ist eigentlich nicht mehr die fibrinogene Substanz im Entstehungsmomente, sondern im mehr oder weniger fortgerückten Stadium der Verdichtung, es ist das Zwischenprodukt der Faserstoffgerinnung. Die vergleichsweise besten Resultate erhält man, wenn man das Plasma zunächst mit $1/2$ Volum schwefelsaurer Magnesialösung von 28 % vermischt und dann erst die Fällung der Globuline mit Kochsalz eintreten lässt. Es scheint, dass das Magnesiasalz einen grösseren Antheil der den Gerinnungschemismus hervorrufenden Plasmabestandtheile in der Lösung zurückhält, als das Kochsalz. Aber auch auf diese Weise gelangte ich nicht zu absolut befriedigenden Resultaten, und es ist mir schon passiert, dass nach wiederholtem Fällen und Wiederauflösen mit Kochsalz der Versuch, die zum letzten Male gefällte Substanz allendlich in verdünnter Kochsalzlösung aufzunehmen, fehlschlug; die Substanz war mittlerweile im Verdichtungsprocess schon so weit vorgeschritten, dass sie bei der vorangegangenen Fällung mit Kochsalz schon in die unlösliche Modifikation übergegangen war.

Da die typisch proplastischen Transsudate die Umsetzung der Zellenderivate nur bis zur Paraglobulinstufe fortzuführen vermögen, so stammt ihr Gehalt an fibrinogener Substanz wohl direkt aus dem Blute. Hieraus erklärt sich, dass sie so arm an dieser Substanz sind und so ausserordentlich wenig Faserstoff liefern, selbst wenn ihr Albuminreichthum nur wenig hinter demjenigen des Blutplasmas zurückbleibt, wie das z. B. bei den Hydroceleflüssigkeiten der Fall ist. Der letzte Grund für ihre Unfähigkeit von sich aus Faserstoff zu bilden und auszuscheiden liegt nicht etwa in einem Mangel an Paraglobulin, — wenigstens ist ein absolutes Fehlen desselben mit Sicherheit nicht nachweisbar, — sondern im absoluten Fermentmangel, welcher, wie wir sehen werden, auf der vollständigen Abwesenheit der Vorstufe des Fibrinferments beruht. Versieht man sie aber mit dem Ferment, so unterliegt die fibrinogene Substanz auch sofort dem Verdichtungsprocess und gelangt zugleich mit dem Ferment auch Paraglobulin in die Flüssigkeit, wie das z. B. bei Serumzusatz, ebenso in mittelbarer Folge eines Zusatzes von Cytoglobin oder Präglobulin der Fall ist, so kommt die aus demselben neugebildete fibrinogene Substanz hinzu und erhöht die Ergiebigkeit der Faserstoffgerinnung.

Zugleich sind diese Flüssigkeiten, weil sie das Fibrinferment weder präformiert enthalten, noch in sich entwickeln, die einzigen, aus welchen die fibrinogene Substanz in ihrer ursprünglichen globulinartigen Gestalt, vielleicht mit Spuren von Paraglobulin verunreinigt, sowohl in alkalischer als in salziger Lösung dargestellt werden kann. Die aus dem Blutplasma isolierten Globuline bedürfen, um ihre Gerinnung dauernd zu unterdrücken, eines starken Überschusses an Alkalien oder an Salzen; davon ist hier natürlich nicht die Rede.

Zur weiteren Stütze der hier dargestellten Beziehung zwischen der fibrinogenen Substanz und dem Paraglobulin berufe ich mich auf die schon erwähnte Beobachtung, dass die Fibrinziffer des filtrierten Plasmas je nach der Gerinnungstemperatur, bezw. nach den zur Wirkung kommenden Fermentmengen innerhalb gewisser Grenzen variiert, während der Gerinnungsprocess doch jedes Mal vollständig abgelaufen, die präexistierende fibrinogene Substanz also auch vollständig verbraucht ist, wie an der totalen Gerinnungsunfähigkeit des übrigbleibenden Serums erkannt werden kann. Woher kommt in dem einen Falle das Plus an Faserstoff, d. h. an fibrinogener Substanz, und wo bleibt in dem anderen das Minus? Hier muss zugleich aus einem Vorrath eines anders gearteten Materials mehr oder weniger tief geschöpft worden sein. Welcher ist das? Cytoglobin und Präglobulin existieren in der Blutflüssigkeit nicht, es kann also nur von ihrem Derivat, dem Paraglobulin die Rede sein. Vom Standpunkte einer Spaltung betrachtet, liegt aber die Sache sehr einfach. Die in der Spaltung des Paraglobulins bestehende und mit dem Übergange des eiweissartigen Spaltungsprodukts, der fibrinogenen Substanz, in die unlösliche Modifikation endende Reak-

tion, welche immer unvollständig ist, erreicht ihren Endzustand früher
oder später je nach der herrschenden Temperatur und je nach der
Fermentmenge. Die Fibrinziffer bildet mit beiden eine anfangs an-
steigende und dann wieder sinkende Curve ganz entsprechend den
Erfahrungen, welche an den besser bekannten fermentativen Vorgängen bis jetzt gemacht worden sind.

Dass es fermentative Vorgänge giebt, welche zur Bildung eines
festen Spaltungsprodukts führen, ist gegenwärtig nichts Neues mehr;
giebt es doch auch solche, bei welchen sich kohlensaurer Kalk ausscheidet, andere, bei welchen neben flüssigen Spaltungsprodukten
gasförmige oder ölartige entstehen.

Wenn ich gesagt habe, dass das Fibrinferment in der Blutflüssigkeit zweierlei leistet, indem es zunächst das Paraglobulin spaltet
und dann, indem es das eine Spaltungsprodukt, die fibrinogene Substanz, in einen durch Neutralsalze in relativ unlöslicher Gestalt fällbaren, also jedenfalls anders gearteten Eiweisskörper überführt, so
fehlt es mir nicht an Vorbildern. Speichel oder Diastas z. B. spalten die Stärke anfangs in Dextrin und Maltose, dann aber bei längerer Einwirkung bilden sie aus der letzteren als sekundäres Produkt, d. h. wiederum durch Spaltung, Traubenzucker. Und wenn
ich weiter annehme, dass in den typisch proplastischen Transsudaten,
welche entweder gar kein oder doch nur so wenig Paraglobulin
enthalten, dass von diesem Bestandtheil neben der fibrinogenen Substanz ganz abgesehen werden kann, das Fibrinferment n u r die sekundäre, zur Bildung des Zwischenprodukts führende Wirkung ausübt,
so deckt sich dies mit der Thatsache, dass unter dem Einfluss von
Speichel sowohl als von Diastas auf präformierte Maltose eben
nur noch Traubenzucker entsteht.[1)]

Dass auch jenes Zwischenprodukt, wie der Traubenzucker aus
der Maltose, als sekundäres Produkt durch weitere Spaltung der
fibrinogenen Substanz entsteht, muss ich als möglich zugeben, bin
aber nicht im Stande, einen Beweis dafür beizubringen.

Deutlich wahrnehmbar aber ist die unter dem Einfluss des Fibrinferments wachsende Tendenz des Zwischenprodukts zur Bildung
eines durch Neutralsalze als unlösliche Modifikation fällbaren Eiweisskörpers. Wachsend nenne ich diese Tendenz, weil unter fort-
dauernder Einwirkung des Ferments immer kleinere Salzmengen genügen, um die Fällung zu bewirken, während zugleich die Löslichkeit

1) v. MERING. Über den Einfluss diastatischer Fermente auf Stärke, Dextrin und Maltose. Zeitschr. f. physiol. Chemie. Bd. V. 1881. S. 196.

der gefällten Massen in verdünnten Alkalien und Säuren und in
Neutralsalzen abnimmt, bis sie den Grad von Unlöslichkeit erlangen,
welcher den Faserstoff charakterisiert; in diesem Stadium der Umwandlung wird dann unter natürlichen Verhältnissen die Ausscheidung als Faserstoff durch die Plasmasalze herbeigeführt.

Diesen mit dem Übergang in den festen Aggregatzustand endenden Verdichtungsprocess kann man mit den Augen verfolgen. Eine
gesättigte alkalische oder salzige Lösung der Plasmaglobuline opa-
lisiert immer, wie eine Kieselsäurelösung und bei Betrachtung eines
mit einer Sammellinse in ihr erzeugten Lichtkegels mittelst eines
NICOL'schen Prismas zeigt sich, dass das Licht polarisiert ist. Die
Opalescenz nimmt gleichfalls wie in einer Kieselsäurelösung stetig
zu, bis sie einen Grad erreicht (den Coagulationspunkt nach Ana-
logie des Siedepunkts), bei welchem der plötzliche Übergang in den
festen Aggregatzustand sowohl in der Globulin- wie in der Kieselsäurelösung erfolgt. —

Mit der Zelle beginnend und mit dem Faserstoff endend erhalten
wir jetzt die folgende Reihe von auseinander hervorgehenden Stoffen:
Cytin, Cytoglobin, Präglobulin, Paraglobulin, fibrinogene Substanz (Metaglobulin), lösliches Zwischenprodukt
der Faserstoffgerinnung (flüssiger Faserstoff), Faserstoff.
Mit dem Alkohol hat unsre Verarbeitung der Zellen begonnen; er
ist doch immerhin ein im chemischen Sinne indifferentes Mittel.
Sehen wir indess von ihm als etwas Fremdartigem ab, so dürfen
wir sagen, dass die Stoffe dieser Reihe von einander abgeleitet worden sind durch die Einwirkung von einfachen chemischen Mitteln,
welche auch im Organismus vorkommen, wie verdünnte Alkalien,
kohlensaure Alkalien, Neutralsalze oder von anderweiten, complicierteren, nur dem Organismus zu entnehmenden wirksamen Agentien, wie die zymoplastischen Substanzen, das Fibrinferment, das
filtrierte Blutplasma, die proplastischen Transsudate und das Blutserum mit den in den drei letzteren enthaltenen paraglobulinbildenden Bestandtheilen. Die experimentelle Spaltung des Cytoglobins
habe ich zwar fast nur durch Essigsäure bewirkt und mich auch
nur des auf diesem Wege entstandenen Präglobulins zu meinen Versuchen bedient. Bedeutungsvoller für die Beurtheilung der bezüglichen vitalen Umsetzungen ist wohl die Thatsache, dass das Cytoglobin, wie wir wissen, auch durch Alkalien gespalten wird, wobei
gleichfalls ein Eiweisskörper frei wird; ebenderselbe könnte in unseren bezüglichen Versuchen mit Blutserum aber doch wohl aus dem
von uns benutzten Säurepräglobulin hervorgehen.

. Von dem unlöslichen Cytin gelangen wir in jener Reihe zu dem in den lösenden Agentien der Körperflüssigkeiten so leicht löslichen Paraglobulin und von hier, wiederum ansteigend, zu dem unlöslichen Faserstoff.

Innerhalb der Gefässbahn geht unter dem Drucke regulierender Einrichtungen diese Entwickelung nur bis zur Stufe der fibrinogenen Substanz; es fragt sich, was geschieht hier weiter mit ihr?

Die beiden Globuline stellen das wahre Organeiweiss dar, nicht in dem Sinne, dass sie als solche, als Eiweissstoffe in der Zelle prä-existieren, sondern als Abkömmlinge viel complicierterer Zellenbe-standtheile. Sie sind zunächst Produkte des Abbaues der Zellen, welche sich im Blute sammeln.

Ich habe früher den Faserstoff von den farblosen Blutkörperchen allein abgeleitet, eine Annahme, zu welcher ich durch die von mir bemerkte nahe Beziehung der Blutgerinnung zu diesen Elementen gelangte. Eine solche Beziehung besteht auch; sie ist aber, wie wir sehen werden, nicht oder doch nur in sehr untergeordnetem Maasse durch die faserstoffgebenden Bestandtheile der Blutflüssigkeit, die Globuline, sondern durch das Fibrinferment ver-mittelt. Der Faserstoff ist ein Derivat aller Zellen des Organismus, des Protoplasmas überhaupt und aller seiner Modifikationen mit, wie es scheint, einziger Ausnahme der rothen Blutkörperchen. Ge-wiss liefern auch die farblosen Blutkörperchen im Säftekreislauf ihren Beitrag zu dem hier vorhandenen Vorrath an Paraglobulin, aber auch sicherlich nur einen sehr kleinen. Nach meinen Beob-achtungen zerfällt der grössere Theil der farblosen Blutkörperchen, sobald man das Blut dem Körper entzieht. Das hierbei freiwerdende Cytoglobin wird, da wir dasselbe weder als solches, noch in Ge-stalt seines nächsten Derivats, des Präglobulins, im Serum wieder-finden, offenbar schon vor Eintritt der Gerinnung in Paraglobulin umgesetzt; aber auch dieser Zuschuss wird sich bei der Faserstoff-bildung kaum bemerkbar machen können.

Wirklich reinen, homogenen Faserstoff gewinnt man nur aus filtriertem Blutplasma, filtriertem Salzplasma und aus körperchen-freien proplastischen, mit Fibrinferment versehenen Transsudaten. Lässt man ein Tröpfchen dieser Flüssigkeiten unter dem Deckgläs-chen gerinnen, so erscheint der Faserstoff in Form einer homo-genen, bei Verschiebung des Deckgläschens Falten bildenden Mem-bran. Der gewöhnliche Faserstoff schliesst, abgesehen von den rothen und den persistierenden farblosen Blutkörperchen, stets auch einen Theil der in Alkohol löslichen Zellenbestandtheile, etwas Fibrinferment und insbesondere die Rudimente des unlöslichen Theils der zerfallenen farblosen Blutkörperchen, des Cytins, ein. Dem letzteren verdankt er sein unreines, körniges Ansehen. Vermöge dieser eingeschlossenen Zellenreste wirkte er auch energisch katalysierend auf Wasserstoffsuperoxyd und kann dieser Eigenschaft durch Kochen, nicht aber durch Extrahieren mit Wasser und Alkohol beraubt werden. Cytoglobin aber und Präglobulin enthält er nie.

Der reine, aus zellenfreien Flüssigkeiten stammende Faserstoff wirkt nur durch seine eigne Substanz auf Wasserstoffsuperoxyd und diese Wirkung ist, verglichen mit derjenigen des Protoplasmas oder des gewöhnlichen, Protoplasmaresiduen enthaltenden Faserstoffs, sehr unbedeutend; sie kommt etwa derjenigen der gereinigten Globuline gleich. Die katalytische Kraft gewisser Protoplasmabestandtheile haftet in geringem Grade also auch allen ihren Derivaten an.

Um Missverständnissen vorzubeugen, will ich hier betonen, was übrigens, wie ich glaube, schon in meiner ganzen Darstellungsweise deutlich ausgesprochen liegt, dass in der von mir aufgestellten, mit dem Cytin beginnenden und mit dem Faserstoff endenden Entwickelungsreihe insofern eine Lücke enthalten ist, als es mir nicht gelungen ist die fibrinogene Substanz als solche aus dem Paraglobulin hervorgehen zu lassen. Ich habe diesen Zusammenhang aus den angegebenen Gründen, welche mir indess sehr überzeugend zu sein scheinen, erschlossen. Die Möglichkeit, dass die fibrinogene Substanz unabhängig vom Paraglobulin und vom Fibrinferment aus einem anderen Material namentlich aus dem Albumin entsteht, habe ich zwar auch in's Auge gefasst, bin aber beim weiteren Verfolgen dieses Gedankens auf prinzipielle Schwierigkeiten gestossen, welche mich ihn fallen liessen. Wer annehmen will, dass die fibrinogene Substanz einer ganz anderen (progressiven) Entwickelungsreihe angehört, muss sich, wie mir scheint, mit dem Gedanken vertraut machen, dass das Paraglobulin von ihr als ein ihr ähnlicher Stoff in den Process der Faserstoffbildung mithineingerissen wird.

Siebzehntes Kapitel.
Über die unwirksame Vorstufe des Fibrinferments.

Ich habe schon seit langer Zeit den Mangel einer präcisen technischen Bezeichnung für das Fibrinferment als sehr unbequem empfunden und das Bedürfniss nach einer solchen ist in mir jetzt, wo ich es mit der unwirksamen Vorstufe desselben zu thun habe, noch grösser geworden. Ich werde deshalb von nun an für das Ferment und seine Vorstufe mich der Bezeichnungen „Thrombin" resp. „Prothrombin" bedienen und schlage sie zum allgemeinen Gebrauch vor.

Die Thatsache, dass das Thrombin auch ausserhalb der Blutbahn sehr verbreitet vorkommt, veranlasste mich vor allen Dingen in den Zellen nach dem Prothrombin zu suchen. Ich versuchte es mit den einzelnen Bestandtheilen, in welche ich die Zelle zerlegt hatte, aber alle meine Bemühungen von ihnen das Thrombin abzuspalten schlugen fehl.

Ich wandte mich deshalb nun der Blutflüssigkeit zu; denn da auch im filtrierten, also zellenfreien Plasma eine spontane Fermententwickelung stattfindet, so folgt, dass das Prothrombin auch unabhängig von den Zellen in der Blutflüssigkeit enthalten ist, und da durch Zusatz von Zellen oder von zymoplastischen Substanzen die Fermententwickelung im filtrierten Plasma gesteigert wird, so folgt weiter, dass bei der gewöhnlichen, spontanen Gerinnung nicht alles Prothrombin zur Fermentbildung verbraucht wird. Ich konnte also hoffen den Rest im Serum des spontan geronnenen filtrierten Plasmas anzutreffen.

Meine ersten Versuche stellte ich demnach mit dem vom filtrierten Pferdeblutplasma stammenden Serum an, erkannte jedoch bald, dass ich mir hierbei überflüssige Mühen verursachte, weil der Prothrombingehalt der Blutflüssigkeit ein relativ so grosser ist, dass die Mengen dieses Stoffes, welche bei der gewöhnlichen, ja selbst bei einer durch die bekannten Zusätze verstärkten Gerinnung zur Fermentbildung verbraucht werden, sich nur als abgesplitterte Bruchtheile des Gesammtvorraths darstellen. Die Arbeit des Filtrierens in der Kälte kann man sich also ersparen; ganz gewöhnliches Rinderoder Pferdeblut, wie man es aus dem Schlachthause oder aus Pferdeschlächtereien erhält, thun dieselben Dienste. Ich habe ausser diesen beiden Blutarten auch noch mit Hunde- und Katzenblut gearbeitet.

Ich sehe mich genöthigt einige Beobachtungen über das Verhalten des freien Ferments im Blutserum vorauszuschicken.

Es ist mir schon lange bekannt, dass die fermentative Wirksamkeit des Blutserums ganz zu Anfange, unmittelbar nach Beendigung der Gerinnung am grössten ist und dann abnimmt; das Thrombin unterliegt also vom Moment seiner Erzeugung an einem fortschreitenden Zerfall. Aber ich habe mir keine exakte Vorstellung gebildet von der Steilheit, mit welcher die Fermentkurve abfällt.

Am schnellsten sinkt sie im Serum des Pferdeblutes, sehr schnell auch in dem des Hunde- und Katzen- und am langsamsten in dem des Rinderblutes.

Ich will hier beispielsweise einen Versuch mit Pferdeblutserum anführen. Das betreffende Blut war, um zu anderen Zwecken etwas Plasma zu gewinnen, vorübergehend bis auf etwa 5° abgekühlt worden und wurde alsdann bei Zimmertemperatur der Gerinnung überlassen. Drei Stunden nach der Blutentnahme wurde durch seitlichen Druck auf den oberen, die massive Speckhaut bildenden Theil des Blutkuchens, dessen Contraktion eben erst begonnen hatte, eine genügende Menge klares Serum gewonnen. Als Reagens zur Prüfung der fermentativen Wirksamkeit desselben, resp. ihrer Abnahme mit der Zeit diente eine Salzplasmalösung, welche nach Verdünnung mit Wasser gar keine Gerinnungserscheinungen zeigte und auch nach Zusatz von zymoplastischen Substanzen erst nach ca. 48 Stunden einige Fibrinflöckchen aufwies. Als Maassstab für den Grad der Wirksamkeit des Serums galt wie immer die Zeit, gerechnet vom Moment der Herstellung der Gerinnungsmischung bis zum Eintritt der Gerinnung. Das Serum kam unverdünnt zur Anwendung im gewöhnlichen Verhältnisse von 8 Th. zu 1 Th. Salzplasma.

Die Gerinnungszeiten betrugen: unmittelbar nach Gerinnung des Serums 12 Minuten, 3 Stunden später ca. 2½ Stunden und am folgenden Morgen über 8 Stunden. Mit dem Blutserum von Hunden und Katzen machte ich die gleichen Erfahrungen.

Was das Rinderblutserum anbetrifft, so kann ich über die anfängliche Höhe seines Fermentgehalts keine Aussage machen, da ich dasselbe, um den gewöhnlich in grosser Menge aus dem Blutkuchen ausgetretenen rothen Blutkörperchen Zeit zum Niedersinken zu geben, bis jetzt frühestens zwei Tage nach der Blutentziehung in Benutzung genommen habe. Ich kann nur sagen, dass sich das Thrombin in demselben viel länger erhält als in den zuerst genannten Serumarten, denn das zwei Tage alte Rinderblutserum ist viel wirksamer als das zwei bis drei Stunden alte Serum von Pferden, Hunden und Katzen.

Ich suchte mir nun über die Bedingungen dieses Fermentzerfalls Auskunft zu verschaffen und benutzte hierzu zunächst reine, wässerige Thrombinlösungen. Sie stammten von neutralisiertem Rinderblutserum, und das betreffende Coagulum war 10 Wochen lang der Einwirkung des Alkohols ausgesetzt gewesen; sie reagierten durchaus neutral.

Ich stellte mir Thrombinlösungen von verschiedenem Gehalt her; die concentriertesten coagulierten die obige Salzplasmalösung in 2—3, die verdünntesten in 8—12 Minuten. Wurden diese Lösungen in offenen Gefässen aufbewahrt, so nahm ihre Wirksamkeit rasch ab, bei den verdünnteren schneller als bei den concentrierteren, so dass sie in 1—2 Tagen ganz unwirksam geworden waren; dabei trübten sie sich etwas. Bei völligem Luftabschluss in Pyknometern aufbewahrt blieben sie klar, sie erlitten aber trotzdem eine Abnahme ihrer Wirksamkeit, nur eine viel langsamer fortschreitende als bei Luftzutritt. Nachdem sie 2—3 Tage verschlossen aufbewahrt worden, coagulierten sie das Salzplasma immer noch in 15—40 Minuten. Hiernach zerfällt das Thrombin von selbst, aber die Berührung mit der atm. Luft ist ihm gradezu verderblich, ob durch Keime oder durch Oxydation lasse ich dahingestellt.

Ich setzte nun zu meinen Fermentlösungen je 2 % Normalnatronlauge (= 0,062 % Natron) und nahm von Zeit zu Zeit Proben heraus, welche ich mit $^1/_{10}$ Normalessigsäure neutralisierte und dann mit Salzplasma prüfte. Es ergab sich, dass die Alkalescenz noch viel verderblicher für das Ferment ist als die atm. Luft, denn die verdünnteren unter meinen Lösungen waren schon in 1—2 Stunden, die concentrierteren in 4—6 Stunden völlig unwirksam geworden. Kohlensaures Natron ist dem Thrombin viel weniger gefährlich als Ätznatron.

Es ergiebt sich hieraus, dass die Ursachen des Thrombinzerfalls im Blutserum in der Berührung mit der atmosphärischen Luft, vor Allem aber in seinen alkalisch reagierenden Bestandtheilen gegeben sind; darum kann man auch dem Blutserum seine Wirksamkeit durch Luftabsperrung resp. durch Neutralisieren verhältnissmässig lange erhalten. Aber auch wenn man ihm die alkalische Reaktion lässt, so zerfällt das Thrombin doch nicht so rasch, wie in wässeriger Lösung unter Einwirkung eines geringen Natronzusatzes; dies wäre verständlich bei der Annahme, dass im Serum kein freies Natron enthalten ist.

Wärme begünstigt in hohem Grade den Zerfall des Thrombins, aber auch seine Entstehung; ich tauchte ein Gläschen mit gekühltem Pferdeblutplasma in Wasser von 42°, wobei die Gerinnung in 2 bis 3 Minuten erfolgte. Das sofort geprüfte Serum war kaum noch als wirksam zu bezeichnen. Das Ferment war hier rasch entstanden, hatte gewirkt und war dann wieder ebenso rasch geschwunden. Dass die Kälte die Blutgerinnung nur dadurch unterdrückt resp. verlangsamt, dass sie den Vorgang der Fermentabspaltung hemmt, resp. verzögert, habe ich schon in meiner ersten Mittheilung über das Fibrinferment bewiesen.[1])

A. KÖHLER fordert, man solle, wenn man sich davon überzeugen will, dass das eigne Blut, sobald es den Gerinnungsprocess durchgemacht, intravasculäre Gerinnungen herbeiführen könne, dasselbe so schnell wie möglich, nachdem man es rasch defibriniert, „noch körperwarm" zurückinjicieren, und es steht fest, dass man auf diese Weise sehr häufig sein Ziel erreicht. Aber nicht auf die Körperwärme kommt es hierbei an, sondern darauf, dass das Blut noch frisch ist, so dass es mit seinem ganzen bei der Gerinnung gebildeten Thrombingehalt in die Blutbahn des betreffenden Thieres zurückgelangt; im Gegentheil die Abkühlung, welche das Blut beim Defibrinieren erleidet, ist dem Versuch nur förderlich.

Ich habe bisher die zymoplastischen Substanzen nur in Beziehung zu gerinnbaren Flüssigkeiten, wie namentlich zum filtrierten Plasma, zum verdünnten Salzplasma und zu den künstlichen Gerinnungsmischungen besprochen, in welchen man ihre Wirkung an der eintretenden Gerinnung unmittelbar wahrnimmt. Aber grade ebenso fermentabspaltend wie hier, wirken sie auch auf das Blutserum nur mit dem selbstverständlichen Unterschiede, dass dasselbe dabei nicht gerinnt. Mittelbar aber erkennt man ihre Wirkung auf das Blutserum an der durch sie herbeigeführten eminenten Steigerung seiner coagulierenden Kräfte bezw. der Wiedererweckung derselben, falls sie ihm durch Zerfall des Thrombins verloren gegangen waren. Es muss also auch im Blutserum, wie ich es aus mehrfach angegebenen Gründen vermuthete, das unwirksame Material zur Thrombinbildung vorhanden sein.

Man nehme irgend eine Art von Serum auch das allerfrischeste, thrombinhaltige und mache einen geringen Zusatz von zymoplastischen, je nach der Concentration der Emulsion von 1—3 Tropfen pro 1 Ccm. Serum, warte 5—10 Minuten und prüfe nun ihre fermentative Wirksamkeit mit irgend einer passenden Reaktionsflüssigkeit, so wird man sie um ein Vielfaches grösser geworden finden. Frappanter noch ist natürlich der Versuch, wenn man ihn mit unwirksam gewordenem Serum anstellt, wozu man am leichtesten mit Pferdeblutserum gelangt, das man einfach, lose bedeckt, nur einen Tag lang stehen zu lassen braucht; oder man erwärmt es resp. man benutzt das Serum von Pferdeblutplasma, das man unter Erwärmen defibriniert hat. Man wird finden, dass die coagulierende Kraft,

---

1) PFLÜGER's Arch. Bd. VI, S. 469—473.

welche man solchem unwirksam gewordenen Serum durch einen
unbedeutenden Zusatz von zymoplastischen Substanzen ertheilt, sogar
bedeutend grösser ist, als sie ganz zu Anfange, am Schlusse der
natürlichen Blutgerinnung war.

Das Vorhandensein des Prothrombins im Blutserum kann bis
jetzt nur durch die Möglichkeit von ihm das Thrombin abzuspalten
bewiesen werden; dieses ist aber nur an seinen Wirkungen zu erkennen. Um aber eine Neuentstehung von Thrombin zu erkennen,
ist das filtrierte Plasma nicht die passende Reaktionsflüssigkeit.
Zwar wird dasselbe durch Blutserum, das durch Zusatz von zymoplastischen Substanzen wieder wirksam geworden ist, energisch coaguliert werden, aber qualitativ ganz ebenso wirkt ein Zusatz dieser
Substanzen allein für sich auf das filtrierte Plasma. Deshalb sind
diese Versuche nur mit solchen Reaktionsflüssigkeiten anzustellen,
auf welche die zymoplastischen Substanzen an sich entweder gar
keine, oder doch nur eine langsam fortschreitende Wirkung ausüben.
Zu den ersteren gehören vor Allem die proplastischen Transsudate
und die ganz inaktiven, zu den letzteren die mehr oder weniger
noch aktiven Salzplasmalösungen. Meine das Prothrombin betreffenden Versuche sind deshalb auch nur mit dieser Flüssigkeit angestellt worden.

Von der unter der Einwirkung der zymoplastischen Substanzen
stattfindenden Neubildung des Thrombins kann man sich aber auch
auf eine andere zeitraubendere, aber sichere Weise überzeugen, indem
man je eine Probe des unwirksam gewordenen und des wieder wirksam gemachten Blutserums mit Alkohol coaguliert und dann, nachdem man zum Überfluss denselben behufs möglichst vollständiger
Entfernung jener Substanzen noch ein oder ein paar Mal erneuert
hat, die betreffenden Wasserextrakte in Hinsicht auf ihre fermentative Wirksamkeit prüft. Man wird sie in demselben Sinne und
in demselben Grade verschieden finden wie in den betreffenden
Serumproben selbst, und das wirksame Wasserextrakt wird nach
einmaligem Aufkochen vollständig unwirksam geworden sein. —

Das Prothrombin verhält sich insofern ganz anders als das
Thrombin, als es sich im Serum viel länger als dieses unverändert
erhält. Wie lange, weiss ich nicht. Ich will in dieser Beziehung
nur anführen, dass ich in Zimmertemperatur aufbewahrtem Pferdeblutserum nach 4 Tagen durch Zusatz von zymoplastischen Substanzen
denselben Grad von Wirksamkeit ertheilen konnte, wie 24 Stunden
nach der Blutentnahme.

Das Prothrombin erleidet also bei der Blutgerinnung nur eine partielle Spaltung und bleibt dann unangetastet bestehen; die Spaltung steht stille trotz des Gehalts des Blutserums an zymoplastischen Substanzen. Es hat offenbar eine Selbsthemmung des Processes durch seine Produkte stattgefunden, und er beginnt von Neuem, sobald man das eingetretene Gleichgewicht zwischen spaltenden und spaltungshemmenden Kräften durch eine Verstärkung der ersteren, d. h. durch einen Zusatz von zymoplastischen Substanzen stört.

Dieselbe Eigenschaft der Blutflüssigkeit, welche dem Thrombin verderblich ist, nämlich ihre Alkalescenz, begünstigt dessen Entstehung, also die Spaltung des Prothrombins. Die Alkalescenz wirkt in dieser Hinsicht wie Erwärmen; denn von mehr als einer Begünstigung kann man hierbei nicht reden. Sie ist für die Fermententwickelung nicht so absolut nothwendig, wie für die Paraglobulinbildung aus den Zellenderivaten. Man neutralisiere fermentativ unwirksam gewordenes Blutserum, füge zymoplastische Substanzen hinzu, lasse sie etwa 10 Minuten wirken und stelle alsdann den Gerinnungsversuch an. Man wird das Serum wieder wirksam geworden finden. Aber der Vergleichsversuch mit dem bei natürlicher alkalischer Reaktion mit diesen Substanzen versehenen Serum fällt bedeutend günstiger aus. Es ist nur dabei zu bedenken, dass die Alkalescenz zwar die Fermentabspaltung befördert, der sekundären Fermentwirkung aber, der Verdichtung der fibrinogenen Substanz zu flüssigem Faserstoff hinderlich ist und zwar soweit, dass in Bezug auf die Geschwindigkeit der Gerinnung der Nachtheil den Vortheil überkompensiert. Deshalb ist es bei diesem Versuch nöthig, für Gleichheit der Bedingungen zu sorgen, was man dadurch erreicht, dass man die alkalisch reagierende Serumprobe, nachdem die zugesetzten zymoplastischen Substanzen eben so lange auf sie eingewirkt wie auf die neutralisierte, nun gleichfalls neutralisiert. Häufig sind die im alkalischen Serum durch jenen Zusatz entwickelten Fermentmengen übrigens so bedeutend, dass dasselbe, auch ohne dass man ihm seine Alkalescenz nimmt, wirksamer ist als das vor dem Zusatz der zymoplastischen Substanzen neutralisierte. Wir werden auch noch am dialysierten Blutserum die Erfahrung machen, dass die Alkalescenz nicht unbedingt nöthig für die Erzeugung des Thrombins ist. Wie wäre es sonst möglich, dass neutralisiertes Blut oder Blutplasma nicht bloss schnell gerinnen, sondern sogar schneller als bei Bewahrung ihrer ursprünglichen alkalischen Reaktion? Nach dem Gesagten wird uns dieses „schnell" und das „sogar schneller" verständlich sein.

Der Umstand, dass die Alkalescenz einerseits die Fermentab-

spaltung begünstigt, andrerseits aber die Fermentwirkung, durch
welche doch allein die stattgehabte Spaltung erkennbar wird, beeinträchtigt, bringt es mit sich, dass die betreffenden Versuche die
besten Resultate geben, wenn man die zymoplastischen Substanzen,
die präexistierenden ebensowohl wie die zugesetzten, bei der natürlich gegebenen, resp. bei einer verstärkten alkalischen Reaktion
wirken lässt, dieselbe dann aber, wenn das unter den obwaltenden
Umständen mögliche Maximum der Spaltung erreicht ist, durch Neutralisieren beseitigt und zwar unmittelbar vor oder unmittelbar nach
Herstellung der bezüglichen Gerinnungsmischungen. In diesem Sinne
werde ich weiterhin von einer kurzdauernden oder von einer
vorübergehend ertheilten resp. vorübergehend verstärkten Alkalescenz reden.

Das durch einen Zusatz von zymoplastischen Substanzen im
unwirksam gewordenen Blutserum erzeugte Thrombin zerfällt nun
gleichfalls rasch. Versucht man jetzt durch einen nochmaligen Zusatz jener Substanzen das Serum wieder wirksam zu machen, so
erreicht man sehr wenig oder gar nichts. Man bringt aber die bereits unterdrückte Spaltung des Prothrombins sofort wieder in Gang
und erzeugt dabei bedeutende Thrombinmengen, sobald man die
Alkalescenz des Serums vor dem Zusatz der zymoplastischen Substanzen verstärkt, etwa verdoppelt. Das Gleichgewicht zwischen
den spaltenden und den spaltungshemmenden Kräften, von welchem
ich oben sprach, ist also bedingt durch ein bestimmtes quantitatives
Verhältniss zwischen den alkalischen und den zymoplastisch wirkenden Bestandtheilen der Blutflüssigkeit. Beim Versuch, die Spaltung
zu Ende zu führen, reicht der gegebene Alkaligehalt der Flüssigkeit bald nicht mehr aus, um die sich aufhäufenden Spaltungswiderstände unschädlich zu machen. Aber auch der Versuch, unter stets
erneuertem Alkalizusatz das Prothrombin durch fraktionierte Spaltung mittelst wiederholten Zusatzes von zymoplastischen Substanzen
ganz zu verbrauchen, misslingt. Die hemmenden Stoffe sammeln
sich dabei in solcher Masse an, dass die Methode schliesslich versagt und man dem Prothrombin nicht anders als durch Entfernung
derselben beizukommen vermag. Dies geschieht mit vollkommenem
Erfolge durch Dialysieren.

Die Dialyse ist das wichtigste und bequemste Mittel, um sich
von dem Dasein des Prothrombins zu überzeugen und seine Eigenschaften kennen zu lernen. Man kann sie beim frischen, wirksamen
Blutserum ebenso gut anwenden, wie beim unwirksam gewordenen,
denn der störende Thrombingehalt des ersteren zerfällt während

der Dialyse durch die ausgedehnte Berührung mit der atmosphärischen Luft vollständig.

Eine zweitägige Dialyse genügt, um das Blutserum seines Thrombingehalts zu berauben und zugleich die alkalisch reagierenden Bestandtheile so vollkommen zu entfernen, dass die Reaktion absolut neutral ist; das im Dialysator ausgeschiedene Paraglobulin entfernt man durch Filtrieren.

Fügt man zu solchem auf dem Dialysator unwirksam und neutral gewordenen Serum eine kleine Menge zymoplastischer Substanz und wartet 10—15 Minuten, so wird man es hochgradig wirksam finden, wiederum ein Beweis, dass die alkalische Reaktion keine unumgängliche Bedingung der Spaltung des Prothrombins ist. Stellt man den Gerinnungsversuch unmittelbar nach Hinzufügung der zymoplastischen Substanz zum Serum an, so ist die Wirkung desselben gering, insbesondere wenn man als Reaktionsflüssigkeit das verdünnte Salzplasma verwendet, weil die Fortsetzung der Spaltung des Prothrombins in der Gerinnungsmischung durch das Salz unterdrückt resp. sehr erschwert wird. Aber auch für die Versuche mit den proplastischen Transsudaten macht es natürlich einen Unterschied, ob das Serum im Augenblick des Zusatzes schon mit freiem Thrombin beladen ist, oder ob sich dasselbe erst in der bereits hergestellten Gerinnungsmischung entwickeln muss. Die Spaltung des Prothrombins beansprucht also eine gewisse Zeit, freilich eine sehr kurze, denn nach 10—15 Minuten ist das Maximum der Spaltung erreicht, aber bei Weitem nicht, weil das Prothrombin verbraucht ist, sondern weil wieder die Selbsthemmung der Spaltung durch ihre eigenen Produkte eintritt. Durch einen nochmaligen Zusatz von zymoplastischen Substanzen erreicht man jetzt sehr wenig oder gar nichts, es sei denn, dass man dem Serum einen geringen Grad von Alkalescenz ertheilt; aber damit ist auch die Möglichkeit, die Spaltung weiter zu treiben, erschöpft, wiederum aber nicht der Vorrath an Prothrombin. Man bringe das so behandelte Serum noch einmal auf den Dialysator, jetzt nur für 24 Stunden, und wiederhole nun den Versuch mit den zymoplastischen Substanzen, so ist der Erfolg ganz derselbe wie nach der ersten Dialyse.

Den am natürlichen Blutserum gemachten Erfahrungen entsprechend wird also auch im dialysierten Serum die Spaltung des Prothrombins durch einen geringen Alkalizusatz sehr begünstigt. Dieser Umstand führte mich darauf, ganz ohne Zusatz von zymoplastischen Substanzen, welche man nicht immer zur Hand hat, die Spaltung herbeizuführen, bloss dadurch, dass ich das dialysierte Serum schwach

alkalisch machte, und der Versuch gelang vollkommen, denn das
Serum besitzt ja einen eigenen Gehalt an jenen Substanzen und erleidet an denselben durch die Dialyse nur sehr geringfügige Verluste. Es kommt nur darauf an, das Optimum des Alkalizusatzes
zu treffen. Beim dialysierten Pferdeblutserum wirkt ein Zusatz von
0,1—02 Ccm. $^1/_{10}$ Normalnatronlösung auf je 1 Ccm. Serum am günstigsten, gewöhnlich wandte ich 0,15 Ccm. dieser Lösung an. Man
muss aber auch hier der Spaltung einige Zeit gönnen, damit sie ihr
Maximum erreicht, und zwar etwa $^1/_4$—$^1/_2$ Stunde. Die Erfolge,
welche man mit so behandeltem Blutserum erreicht, sind wirklich
eklatant; sie lassen die durch das allerfrischeste, aus einer soeben
stattgehabten Blutgerinnung hervorgehende Serum erzielten weit hinter
sich, auch wenn man vor Anstellung des Gerinnungsversuchs das
letztere neutralisiert, während man das erstere bei der ihm ertheilten
Alkalescenz belässt, was natürlich nicht ausschliesst, dass die Be-
seitigung derselben nach stattgehabter Thrombinentwickelung die
Wirkung auf die Reaktionsflüssigkeit noch weiter erhöht. Ich kann
dreist behaupten, dass die Thrombinmengen, welche sich im unwirksam gewordenen Pferdeblutserum nach stattgehabter Dialyse
bloss unter Vermittelung des Natronzusatzes entwickeln, nach der
Zeit der Wirkung beurtheilt, die bei der natürlichen Blutgerinnung
auftretenden um das 20—30fache überragen; nicht selten verliefen
die Gerinnungen, welche ich in meinen Salzplasmalösungen mit dialysiertem, alkalisch gemachtem und nach $^1/_4$—$^1/_2$ Stunde wieder neutralisiertem Pferdeblutserum herbeiführte, in wenigen Sekunden, so
dass eine genauere Zeitbestimmung nach der Uhr nicht möglich
war. Nie erzielt man mit dem allerfrischesten, vom eben geronnenen
Blute genommenen Pferdeserum auch nur annähernd solche Wirkungen.

   Mit dem Rinder-, Hunde- und Katzenserum habe ich qualitativ
durchaus dieselben Erfahrungen gemacht wie mit dem Pferdeserum,
aber so gewaltige Thrombinmengen wie in diesem, habe ich in
ihnen nach stattgehabter Dialyse doch nicht entwickeln können. Es
folgt hieraus aber noch keineswegs, dass die erstgenannten Serumarten ärmer an Prothrombin sind; viel wahrscheinlicher erscheint
mir, dass ich das Optimum des Natronzusatzes bei ihnen nicht in
Anwendung gebracht habe, denn ich verfuhr mit ihnen in dieser
Hinsicht ganz wie mit dem Pferdeserum; für dieses hatte ich aber
das ungefähre Optimum durch eine Reihe ad hoc angestellter Versuche bestimmt. Es kam mir eben vor allem darauf an, das Prothrombin an einer und derselben Serumart zu studieren; die Resul-

tate durften dann ja auch für andere Serumarten, mutatis mutandis, Geltung beanspruchen.

Es scheint mir, dass auch ohne den Alkalizusatz eine Spaltung des Prothrombins im dialysierten Serum durch die in ihm präexistierenden zymoplastischen Substanzen stattfindet, aber eine sehr geringfügige und langsam fortschreitende, deren Nachweis durch den Gerinnungsversuch, namentlich sofern eine allmähliche Zunahme des Thrombins durch denselben konstatiert werden soll, schwierig ist. Im normalen, nicht dialysierten Serum haben wir trotz Neutralisierens desselben die Spaltung des Prothrombins eintreten sehen, aber nur unter der Bedingung eines Zusatzes von zymoplastischen Substanzen. Ob sie auch im dialysierten, neutralen Serum ohne einen solchen Zusatz stattfinden kann, erscheint umsomehr zweifelhaft, weil die geringe fermentative Wirksamkeit, welche dasselbe an und für sich zeigt, vielleicht auf trotz der Dialyse übriggebliebene Reste des ursprünglichen Thrombingehalts des Serums zu beziehen ist.

In dem alkalisch gemachten dialysierten Serum zerfällt nun das freigewordene Thrombin, namentlich wenn die Alkalescenz keine vorübergehende war, wieder sehr bald, so dass es meist bis zum folgenden Tage wieder unwirksam geworden ist. Durch eine Verstärkung resp. Erneuerung der Alkalescenz führt man jetzt keine neue Thrombinentwickelung mehr herbei, wohl aber durch einen Zusatz von zymoplastischen Substanzen; aber die unüberschreitbare Grenze rückt wieder heran, und nur der Dialysator macht das Prothrombin den spaltenden Kräften wieder zugänglich. Ich habe in dieser Weise das Serum dreimal nach einander behandelt, ohne seinen Prothrombingehalt zu erschöpfen. Gewiss muss man endlich an das Ende kommen, ich habe es aber nicht erreicht. Die weitere Fortführung des Versuchs gab ich wegen der Wasseraufnahme seitens des Serums auf dem Dialysator auf; die Verdünnung wird schliesslich so stark, dass man allen Maassstab für den Alkalizusatz verliert.

Im dialysierten Blutserum tritt nach dem Gesagten die Selbsthemmung ebenso ein wie bei der die Blutgerinnung begleitenden resp. verursachenden Spaltung des Prothrombins. Warum werden aber dort so viel grössere Fermentmengen frei, als hier? Die Erklärung liegt meiner Meinung nach in dem Umstande, dass die mit der Blutgerinnung verbundene Spaltung unter dem Drucke von vornherein gegebener hemmender Kräfte stattfindet, welche aus dem Kreislauf stammen; denn der vitale Fermentgehalt setzt einen stetigen entsprechenden Spaltungsvorgang voraus, und es ist doch sehr

möglich, dass die Produkte desselben nicht sofort im Augenblicke
ihres Entstehens verschwinden, sondern sich bis zu einem gewissen
Grade im Blute ansammeln. Von ihnen sowohl als von den extra
corpus bei der Blutgerinnung entstehenden wird das Serum durch
die Dialyse befreit, und die zymoplastischen Substanzen finden zunächst freie Bahn zu wirken vor, bis auch hier die Selbsthemmung
des Processes eintritt.

Das bisher über die Spaltung des Prothrombins Mitgetheilte er-
innert doch sehr an die fermentativen Vorgänge. Aber das Merk-
würdige ist, dass das Produkt dieser Spaltung selbst ein Ferment
ist. Soll man nun annehmen, dass ein Ferment das andere erzeugt,
und soll man die zymoplastischen Substanzen für ein Ferment ansehen?

Über das Prothrombin kann ich noch die Angabe machen, dass
es zerstört wird 1. durch concentrirtere Alkalien, 2. durch Siedhitze, 3. durch Alkohol.

ad 1. Den Grad der Concentration der Natronlauge, welche
zur Zerstörung des Prothrombins nöthig ist, kann ich nicht genauer
angeben, jedenfalls ist er kein sehr hoher. Wenn ich zu meinen
Versuchen statt der Zehntelnormallösung des Natrons die volle benutzte, in dem Verhältnisse von 0,2 Ccm. pro 1 Ccm. dialysirtem
Serum, und dann nach einer halben Stunde mit Essigsäure neutra-
lisirte, so war das letztere unwirksam. Die entsprechende Menge
essigsaures Natron zu einem durch $^1/_{10}$ Normalnatronlösung wirksam
gemachten Serum hinzugefügt, hinderte die Wirkung desselben nicht.

ad 2. Das nur zwei Tage lang der Dialyse unterworfene Blutserum ist noch nicht so weit von den Salzen befreit, dass es beim
Kochen klar bliebe; es gerinnt dabei zwar nicht eigentlich, aber es
wird völlig undurchsichtig durch Ausscheidung feinster Partikelchen,
die der Flüssigkeit beim Verdünnen mit Wasser eine starke Opalescenz ertheilen. Das dialysirte Serum bleibt beim Kochen klar,
wenn man ihm vorher nur 0,1—0,2 Ccm. $^1/_{10}$ Normalnatronlösung pro
10 Ccm. hinzufügt, aber zugleich ist es unmöglich geworden, in ihm
eine Thrombinentwickelung herbeizuführen.

ad 3. Wenn der Alkohol das Prothrombin nicht antastete, so
müsste dasselbe sich nach stattgehabter Coagulirung von Blutserum
mit Alkohol entweder im Coagulum oder im alkoholischen Extrakt
befinden. Durch Wasser entzieht man dem ersteren bekanntlich das
Thrombin, aber auch nur dieses und keine Spur von Prothrombin;
das Resultat bleibt ebenso negativ, wenn man statt des Wassers
verdünnte Lösungen von Alkalien oder von kohlensauren Alkalien

zum Extrahieren benutzt. Das vom Coagulum getrennte alkoholische Extrakt trocknete ich im Vacuum über Chlorcalcium, nahm den Rückstand in Wasser, resp. in höchst verdünnter Natronlösung auf und filtrierte. Im Filtrat war keine Spur von Prothrombin nachzuweisen. Dasselbe ist also weder im Coagulum, noch im Alkohol enthalten, d. h. es zerfällt unter der Einwirkung des Alkohols. Mit der letzteren beginnt aber die von mir befolgte Methode der Zellenzerlegung, und es ist deshalb verständlich, dass ich in den Produkten derselben das Prothrombin nicht aufzufinden vermochte.

Es war nun nicht schwer, den Beweis zu liefern, dass das Prothrombin einen Bestandtheil des Protoplasmas bildet. Zu diesem Zwecke verrührte ich auf der Centrifuge gesammelte Lymphdrüsenzellen, nachdem ich das betreffende Serum möglichst vollständig entfernt hatte, mit Wasser (etwa den 6—8 fachen Volum des Zellenbreis), filtrierte am folgenden Tage zu wiederholten Malen durch doppelte Filtra und erhielt so schliesslich ein ziemlich klares, etwas opalisierendes Filtrat. Dasselbe reagierte neutral und enthielt Spuren von Thrombin, durch welche es nach Verlauf einiger Stunden auf verdünntes Salzplasma zu wirken begann. Im Wasserextrakt der Zellen waren nun zwar zymoplastische Substanzen in geringer Menge enthalten, aber sie verhielten sich indifferent gegen das neben ihnen vorkommende Prothrombin. Als ich aber eine Probe des wässerigen Zellenextrakts vorübergehend alkalisch machte und zwar in den für das Pferdeblutserum angegebenen Grenzen, so war sie hochgradig wirksam geworden, ebenso nach Zusatz von zymoplastischen Substanzen, am meisten, wenn dieselben in Combination mit dem Natron auf das Wasserextrakt einwirkten. Nach den Thrombinmengen, welche sich im Wasserextrakt der Lymphdrüsenzellen abspalten lassen, zu urtheilen, schwankt übrigens ihr Gehalt an Prothrombin in ziemlich weiten Grenzen. Durch eine 0,6 procentige Kochsalzlösung wurde dasselbe ebenso gut aus den Zellen extrahiert wie durch destilliertes Wasser.

Auch in dem von den Zellen getrennten und gleichfalls zu wiederholten Malen filtrierten Lymphdrüsensaft war Prothrombin enthalten, aber in viel geringerer Menge, als im Wasserextrakt der Zellen, trotzdem er gar nicht (abgesehen von dem geringen Wasserzusatz beim Auspressen der Lymphdrüsen) verdünnt worden war. Es ist hierbei im Auge zu behalten, dass der Lymphdrüsensaft auch nach dem Centrifugieren noch viele Zellen enthält, von welchen er durch Filtrieren viel unvollkommener befreit wird, als der stark mit Wasser verdünnte Zellenbrei.

Versuche mit anderen Zellen, wie farblosen Blutkörperchen,
Milzzellen, Leberzellen, habe ich nicht angestellt, weil sie zu ihrer
Reinigung und Isolierung mit so riesigen Quantitäten verdünnter
Kochsalzlösung gewaschen werden müssen, dass die Aussicht, trotzdem das leicht lösliche Prothrombin in ihnen noch aufzufinden, sehr
gering ist. Dagegen gelang es mir, im Humor aqueus und im Wasserextrakt der Hornhaut von Rindern recht beträchtliche Mengen
von Prothrombin nachzuweisen. Die Augen kamen ganz frisch vom
Schlachthause und wurden sofort in Arbeit genommen. Die Extraktion der Hornhäute mit Wasser währte 20 Stunden.

Obgleich nun meine Erfahrungen in Bezug auf das Vorkommen
des Prothrombins in den Zellen noch beschränkte sind, so halte ich
den Schluss, dass es einen sehr allgemeinen Zellenbestandtheil darstellt, doch nicht für zu kühn. Es giebt aber Ausnahmen. Zu diesen gehören vor allem die rothen Blutkörperchen, wie ich an den
so leicht vom Serum fast ganz zu befreienden rothen Elementen des
Pferdebluts, die ich durch Zusatz bald grösserer, bald geringerer
Wassermengen zerstörte, zu konstatieren vermochte. Es traten zwar
unter Mitwirkung eines Alkalizusatzes geringe Thrombinmengen in
der Blutkörperchenlösung auf, aber eben so geringe, dass sie wohl
nur als dem den rothen Elementen doch immer noch anhangenden
Serum angehörig zu betrachten waren. Eine andere Ausnahme werden wir später kennen lernen.

Ich trennte eine grössere Quantität Pferdeblutplasma in zwei
Theile und überliess den einen ohne Weiteres der Gerinnung, den
anderen, nachdem ich ihn erst in der Kälte filtriert hatte. Zwei
Tage später gewann ich das Serum von beiden und prüfte es in
Bezug auf seinen Prothrombingehalt; dann liess ich eine zweitägige
Dialyse eintreten und wiederholte die Prüfung. Beide Sera enthielten Prothrombin in grosser Menge, so dass ein Unterschied nicht
zu konstatieren war. Ich schliesse daraus, dass die Blutflüssigkeit
schon in der Gefässbahn aufgelöstes Prothrombin enthält; denn dass
es seiner ganzen Menge nach während des Filtrierens bei 0° aus
den farblosen Blutkörperchen in die Flüssigkeit übergetreten sein
sollte, erscheint mir nicht glaublich. Ich halte vielmehr auch das
Prothrombin für ein allgemeines Zellenderivat, das sich in dem allgemeinen Medium, der Blutflüssigkeit, sammelt, ebenso wie das eiweissartige Substrat der Faserstoffgerinnung und die zymoplastischen
Substanzen. Die Blutflüssigkeit enthält Alles vorgebildet, was zur
Faserstoffgerinnung gehört, sogar auch das Thrombin, das wirksame
Ferment, von welchem es schwer ist zu glauben, dass es im Orga-

nismus existiert, ohne dass ihm in irgend einer Weise zu wirken erlaubt wäre.

Dennoch erscheint die Faserstoffgerinnung wesentlich durch die farblosen Elemente des Blutes bedingt, — ich will nicht sagen verursacht, denn die Ursachen liegen schon in der Blutflüssigkeit vorgebildet; sie wirken auch schon dort, aber die farblosen Blutkörperchen geben dem Process extra corpus einen Stoss, der seinen Gang mächtig beschleunigt und zu einem Abschluss führt, der jedenfalls anders geartet ist, als der im Organismus vorkommende. Ich meine also, das dem Organismus entnommene Blut würde auch gerinnen, wenn die farblosen Blutkörperchen n i c h t da wären, aber sehr langsam und allmählich. Ganz langsam würde das Prothrombin gespalten werden, bis die Selbsthemmung sich einstellt, ganz langsam würde die schrittweise Überführung der Globuline zu flüssigem Faserstoff erfolgen, ganz langsam würde dieser den zur Fällung durch die Plasmasalze erforderlichen Verdichtungsgrad erlangen, und schliesslich würde doch ebenso aller Faserstoff, welcher unter den gegebenen Verhältnissen überhaupt entstehen kann, ausgeschieden werden, wie bei dem in beschleunigtem Tempo ablaufenden Process. Ich berufe mich in dieser Hinsicht auch auf das kalt filtrierte Plasma, dessen Gerinnung zwar häufig schon nach 1 bis 1½ Stunden beginnt, nie aber unter 24 Stunden, häufig noch viel später ihr Ende erreicht. Und doch hat man es hier mit einem unvermeidlichen die Spaltungen begünstigenden Fehler zu thun, nämlich mit der Zeit, in welcher die Temperatur des Blutes von der Höhe der Körpertemperatur auf 0⁰ hinabsinkt.

Schon seit längerer Zeit habe ich die Ansicht vertreten, dass der grössere Theil der farblosen Blutkörperchen mit der Entfernung des Blutes aus dem Körper einem mit der Faserstoffgerinnung zusammenhängenden Zerfallprocess unterliegt. N. HEYL, welcher seine Zählmischungen aus dem Plasma gekühlten Pferdeblutes herstellte, und zwar sowohl v o r, als n a c h dem Defibrinieren desselben, konstatierte ein mit der Fibrinbildung zeitlich zusammenfallendes Deficit an farblosen Elementen von ca. 70 %, während der Faserstoff selbst doch nur vereinzelte intakte Exemplare derselben einschloss.[1] Auch E. v. SAMSON - HIMMELSTJERNA, RAUSCHENBACH u. a. unterschieden, theilweise auf Grund anderer Erfahrungen, die extra corpus rasch zerfallenden, bei der Faserstoffgerinnung betheiligten, farblosen Ele-

---

1) N. HEYL. Zählungsresultate, betreffend die farblosen und rothen Blutkörperchen. Inaug.-Abh. Dorpat 1882. S. 24—33.

mente von den persistierenden, vom Faserstoff grösstentheils nur
eingeschlossenen. Die Beweiskraft dieser Versuche ist angestritten
worden, meiner Meinung nach nicht mit zwingenden Gründen. Aber
wenn ich auch in der Lage wäre, zugeben zu müssen, dass der von
HEYL beobachtete Leukoeytenschwund nur mechanisch bedingt sei
durch den Insult des defibrinierenden Stäbchens oder durch den
Druck des sich kontrahierenden Faserstoffs auf die eingeschlossenen,
zarten Elemente, so würde das Wesen der uns hier beschäftigenden
Frage dadurch doch nur in sehr untergeordneter Weise berührt werden; denn dann würde es sich um eine extra corpus eintretende
plötzliche Ausscheidung seitens der farblosen Blutkörperchen handeln, auf welche der mechanisch bewirkte, aber für die Faserstoffgerinnung eventuell gleichgültige Zerfall derselben folgte. In dem
einen wie in dem anderen Falle würden die farblosen Körperchen
die Blutflüssigkeit mit irgend etwas speisen, was bei ihrer Gerinnung
mitwirkt, und statt zu fragen, was bewirkt extra corpus den plötzlichen Zerfall derselben, würde man zu fragen haben, was veranlasst sie zu der plötzlichen Ausscheidung jenes unbekannten Etwas. —
    Von besonderem Interesse ist es nun, dass die der spontanen
Gerinnung absolut unfähigen Höhlenflüssigkeiten des Pferdes, in welchen wir schon nach den zymoplastischen Substanzen vergeblich
gesucht haben, auch des Prothrombins durchaus ermangeln. Ich
habe diese Thatsache am Liquor pericardii des Pferdes konstatiert,
und es ist kein Grund zu der Annahme vorhanden, dass die Pleura-
und Peritonealflüssigkeit derselben Thierspecies, die gleichfalls der
spontanen Gerinnung unfähig sind, sich in dieser Hinsicht anders
verhalten sollten. Dieser Mangel an spaltbarem Stoff ist der Grund,
weshalb auch ein Zusatz von zymoplastischen Substanzen auf diese
Flüssigkeiten nicht die mindeste Wirkung ausübt, so dass bis jetzt
als einziges Mittel, ihre Gerinnung herbeizuführen, das freie Ferment
gelten musste.
    Die Sache liegt jetzt anders. Durch den Zusatz einer Prothrom-
binlösung [1] allein wird man freilich gar keine, resp. sehr schwache
und sehr späte, oft erst nach vielen Stunden sichtbar werdende
Zeichen der Gerinnung in den proplastischen Transsudaten hervorrufen. Aber fügt man ausserdem noch zymoplastische Substanzen
hinzu, so ist der Erfolg grade derselbe, wie nach Zusatz einer Lö-

---

    1) Als Prothrombinlösung will ich der Kürze halber das dialysierte, zu-
gleich fermentativ unwirksam gewordene und von seinen, die Spaltung des Prothrombins hemmenden Bestandtheilen befreite Blutserum bezeichnen.

sung des fertigen Ferments, und die Gerinnung concentriert sich auf
wenige Minuten, wenn man den ersteren nun noch durch kurzdauernde
geringe Erhöhung der Alkalescenz der Flüssigkeit zu Hülfe kommt.
Jene schwachen und spät auftretenden Gerinnungen, welche durch
die Prothrombinlösungen an und für sich herbeigeführt werden, könnten von Fermentspuren, welche trotz der Dialyse sich erhalten haben,
abgeleitet werden. Es scheint mir aber wahrscheinlicher, dass sie
durch die Wirkung der alkalischen Bestandtheile des Transsudats
auf die zugesetzte Prothrombinlösung zu erklären sind.

Ich erhielt einmal eine Quantität Pericardiumflüssigkeit vom
Pferde, welche ziemlich zellenreich war. Ich sammelte dieselbe
und prüfte sie in derselben Weise, wie die Lymphdrüsenzellen, in
Hinsicht auf ihren Gehalt an Prothrombin, aber mit durchaus nega-
tivem Erfolge; diese Zellen enthalten also diesen Stoff nicht, wodurch sich auch das Fehlen desselben in ihrem Medium erklärt.

Aber andrerseits fehlt es ebendenselben Zellen keineswegs an
den zymoplastischen Substanzen, weshalb sie ja auch auf filtriertes
Plasma mächtig coagulierend wirken und bei intravasculärer Injektion Thrombosen herbeiführen. Trotzdem enthält die Flüssigkeit,
in welcher sie sich suspendiert befinden, diese Substanzen nicht;
aber dies muss an ihr liegen und nicht an den Zellen selbst, weil
die letzteren ja eben auf die Blutflüssigkeit durch ihren Gehalt an
zymoplastischen Substanzen ganz ebenso einwirken, wie alle anderen
Zellenarten.

Die Höhlenflüssigkeiten der übrigen, von mir in dieser Hinsicht
untersuchten Hausthiere gerinnen alle von selbst und zwar in sehr
wechselnden Zeiten, bisweilen beinahe so rasch wie das Blut der
betreffenden Thiere, bisweilen erst nach Stunden und selbst nach
Tagen. Im Allgemeinen ist aber ihre Gerinnungstendenz geringer
als die des Blutes. Immerhin kann ihnen also das Prothrombin
nicht fehlen, und deshalb wird ihre Gerinnung auch durch einen Zusatz von zymoplastischen Substanzen beschleunigt und durch einen
solchen von Cytoglobin oder Präglobulin verzögert, resp. ganz unterdrückt. Übrigens ist die Gerinnungstendenz dieser Flüssigkeiten
grösser, wenn sie dem lebenden Thiere, als wenn sie erst einige
Zeit nach dem Tode der Leiche entnommen werden. Das Gleiche
gilt ja auch vom Blute.

Wenn es Anstoss erregen sollte, dass zwischen anatomisch iden-
tischen Körperflüssigkeiten des Pferdes und der übrigen Haussäuge-
thiere ein solcher qualitativer Unterschied bestehen sollte, so
ist es gestattet, sich denselben in Gedanken in einen quantitativen

umzusetzen, indem man auf Grund der Thatsache, dass selbst die
grossen, im Pferde- und Rinderblutserum enthaltenen Prothrombin-
mengen durch einen mässigen Zusatz von Alkalien zerstört werden,
sich vorstellt, dass auch in den Höhlenflüssigkeiten des Pferdes dieser Körper vorkommt, aber in so geringer Menge, dass er durch
ihre eigenen alkalisch reagierenden Bestandtheile vernichtet wird.

In einer Beziehung verhält sich das Prothrombin wie das Hämoglobin; es wird nämlich aus den Lymphdrüsenzellen mit Wasser
extrahiert, ist also darin löslich, durchdringt aber nicht das Pergamentpapier. —

Achtzehntes Kapitel.
Noch einmal über die Faserstoffgerinnung.

Die Faserstoffgerinnung hat eine Reihe von Umsetzungen im
cirkulierenden Blute zu ihrer entfernteren Voraussetzung und besteht
wesentlich, sofern wir nur das, was extra corpus geschieht, ins Auge
fassen, in dreien auf einander folgenden und von einander abhängigen Akten, und zwar: 1. in der mit erhöhter Intensität sich fort-
setzenden Abspaltung des Thrombins vom Prothrombin durch die
zymoplastischen Substanzen; 2. in der Wirkung des Thrombins,
welche in der Spaltung des Paraglobulins und der Überführung der
aus dieser Spaltung hervorgehenden fibrinogenen Substanz in flüssigen Faserstoff besteht, und 3. in der Fällung des letzteren durch die
Plasmasalze in unlöslicher Modifikation.

Dem ersten dieser Akte begegnen wir schon in der cirkulierenden Blutflüssigkeit, denn sie enthält stets gewisse Mengen von Thrombin, aber er ist eben engbegrenzt, durch hemmende Einrichtungen
reguliert und wird erst ausserhalb des Körpers stürmisch. Auch
die von mir als primäre Wirkung des Thrombins aufgefasste Entstehung der fibrinogenen Substanz findet schon im Kreislauf statt,
wenn sie sich auch extra corpus höchstwahrscheinlich fortsetzt, so
dass der Faserstoff jedenfalls theilweise und vielleicht zum grösseren
Theil auf Kosten der im Blute schon vorgebildeten fibrinogenen Substanz gebildet wird. Was der Organismus aber durchaus nicht gestattet, ist die weitere Wirkung des Ferments, der Verdichtungsprocess, die Umformung der fibrinogenen Substanz in den durch
Neutralsalze fällbaren Eiweisskörper. Niemals gelingt es, durch

Zusatz von Neutralsalzen zu dem der Gefässbahn direkt entnommenen Blute oder zum Blutplasma (sofern die Fermententwickelung in demselben durch Kälte unterdrückt worden ist) überhaupt einen Eiweisskörper, geschweige einen faserstoffähnlichen zu fällen. Diese Reaktion stellt sich erst ein, nachdem das Fibrinferment n a c h - w e i s b a r sich entwickelt und gewirkt hat. Selbstverständlich kann nun auch vom letzten Akte der Faserstoffgerinnung im Kreislauf unter normalen Verhältnissen nicht die Rede sein.

Es ist klar, dass, wenn man im Blute durch irgend ein Mittel die Abspaltung des Ferments unterdrückt, auch die weiteren, an diesen Vorgang sich anschliessenden, die Faserstoffgerinnung ausmachenden Akte nicht zu Stande kommen können, insbesondere wenn das Mittel derart ist — und das gilt, wie wir sehen werden, von den gebräuchlichen Unterdrückungsmitteln der Blutgerinnung —, dass es auch die Wirkung des im Blute p r ä f o r m i e r t e n Ferments unterdrückt.

Es giebt aber an sich gerinnungsunfähige Flüssigkeiten, welche man nach Belieben nach dem Typus des Blutplasmas, in allen drei Akten, gerinnen machen kann, die man damit also gewissermaassen in Blutplasma verwandelt, und in welchen man andrerseits auch eine Faserstoffgerinnung herbeiführen kann, welche n u r in dem Akte der Fermentwirkung (ja sogar nur in dem sekundären, der Bildung des flüssigen Faserstoffs aus der fibrinogenen Substanz) und dem darauf folgenden Akte der Fällung durch die Salze besteht. Das sind die proplastischen Transsudate.

Wenn man zu diesen Flüssigkeiten eine w ä s s e r i g e F e r m e n t - l ö s u n g hinzufügt, so hat man es nur mit der sekundären Wirkung des Ferments zu thun, unter der Voraussetzung natürlich, dass sie gar keine, resp. nicht in Betracht kommende Spuren von Paraglobulin enthalten, was fast immer der Fall ist. Fügt man ausserdem noch gereinigtes Paraglobulin hinzu, so resultiert eine Faserstoffvermehrung, es findet in solchem Falle also auch der primäre Akt der Fermentwirkung, die partielle Spaltung des Paraglobulins, statt. Aber von dem Akte der Fermentabspaltung ist hier in keinem Falle die Rede, weil weder das Transsudat, noch die Fermentlösung, noch das Paraglobulin Prothrombin enthalten; es giebt hier also nichts für die zymoplastischen Substanzen zu spalten, selbst wenn sie da wären.

Wenn man aber das Transsudat statt mit einer wässerigen Fermentlösung mit B l u t s e r u m mischt, so stellt man damit künstliches Plasma mit einem mehr oder weniger grossen Überschuss an freiem

Ferment her, denn das Transsudat bringt die fibrinogene Substanz
mit sich, das Blutserum aber das Paraglobulin, das Prothrombin,
die zymoplastischen Substanzen und den eben erwähnten Thrombin-
überschuss. Ob nun der letztere allein in einem solchen Gerinnungs-
gemisch zur Wirkung kommt, oder ob zugleich eine Spaltung des
Prothrombins stattfindet, kann an dem Verlauf der Gerinnung nicht
ohne Weiteres erkannt werden; beide, der spaltbare und der spaltende Stoff, sind Bestandtheile des zugesetzten Blutserums, und in
diesem stand die Spaltung ja eben still; andererseits erscheint es
jedoch möglich, dass sie durch die alkalisch reagierenden Bestandtheile des Transsudats wieder angefacht wird, wofür weiter angeführt werden kann, dass die Gerinnung des Gemisches durch eine
kurzdauernde Verstärkung der Alkalescenz beschleunigt wird.
Unfraglich aber ist es, dass durch einen Zusatz von zymoplastischen
Substanzen der Vorgang der Fermentabspaltung in der das
Blutserum enthaltenden Gerinnungsmischung herbeigeführt wird, da
ein solcher Zusatz ja schon auf das Blutserum an sich in diesem
Sinne wirkt; deshalb beschleunigt er auch unter allen Umständen
die Gerinnung des Gemisches. Der Vergleich des letzteren mit dem
Blutplasma erscheint in diesem Falle also durchaus gerechtfertigt.

Die uns durch diese Transsudate an die Hand gegebene Möglichkeit, den Vorgang der Fermentwirkung getrennt von dem der
Fermentabspaltung zu beobachten, gewährt uns auch die Mittel, in
die Art und Weise, wie die gewöhnlichen Unterdrückungs- und Beförderungsmittel der Faserstoffgerinnung auf die einzelnen Akte derselben wirken, einen tieferen Einblick zu gewinnen.

Von den Unterdrückungsmitteln will ich hier die Alkalien, die
neutralen Alkalisalze und die gallensauren Alkalien ins Auge fassen.

Was die Alkalien anbetrifft, so ist ihre Wirkung, je nach der
Beschaffenheit der Versuchsflüssigkeiten und je nach ihrer Menge,
eine sehr verschiedene. Nur wo die Gerinnung ganz oder theilweise
auf dem Vorgange der Spaltung des Prothrombins beruht, sind
sie ihr förderlich, insbesondere wenn man nach stattgehabter Spaltung
sie durch Neutralisieren wieder beseitigt. Wo aber die Gerinnung
nur in den letzten Akten, in der Wirkung des freien Ferments auf
das vorgebildete Gerinnungssubstrat und in der Fällung durch die
Salze besteht, da wirken die Alkalien unter allen Umständen nach-
theilig. Deshalb gerinnt ein proplastisches Transsudat unter der Einwirkung einer wässerigen, neutralen Thrombinlösung am schnellsten, wenn man dasselbe vorher neutralisiert hat und jede
Verstärkung seiner Alkalescenz verzögert, resp. unterdrückt den Pro-

cess. In grösseren Mengen zerstören die Alkalien das unter ihrem
Einfluss in prothrombinhaltigen Flüssigkeiten freiwerdende Ferment
sofort wieder, in noch grösseren Mengen zerstören sie das Prothrombin direkt, und schliesslich greifen sie auch die Globuline an, womit
dann auch die Möglichkeit, nach dem Neutralisieren die Gerinnung
wieder hervorzurufen, vollkommen geschwunden ist.

Die Neutralsalze der Alkalien und die gallensauren
Alkalien üben auf keinen Faktor der Faserstoffgerinnung einen
zerstörenden Einfluss aus, aber sie hindern, resp. unterdrücken
den Vorgang der Fermentabspaltung sowohl als den der Fermentwirkung, den ersteren indess intensiver als den letzteren; dieselbe
Menge dieser Stoffe also, welche hinreicht, um im Blutplasma die
Spaltung des Prothrombins und damit auch die ganze Gerinnung zu
unterdrücken (da sie ja auch die geringen Mengen des im Blute
präformierten Ferments nicht zur Wirkung kommen lassen), würde
die in einem proplastischen Transsudat durch Zusatz einer kräftigen
Fermentlösung herbeigeführte Gerinnung nur verzögern, und zur vollständigen Hemmung wären viel grössere Salzmengen erforderlich,
als beim Blutplasma.

Am deutlichsten sieht man dies an den verdünnten Salzplasmalösungen. Das nach meinen Angaben hergestellte Salzplasma enthält nach dem Verdünnen mit 8 Theilen Wasser ca. 1 % Magne-
siumsulfat. Dieses Quantum reicht in den meisten Fällen vollständig
aus, um die spontane Spaltung des Prothrombins zu unterdrücken
und somit die Lösung permanent flüssig zu erhalten, aber zugleich
stellt diese Lösung ein empfindliches Reagens gegenüber dem freien
Ferment dar, und es sind weitere Salzzusätze erforderlich, um sie
vor der Wirkung desselben auf das in ihnen enthaltene präformierte
Gerinnungssubstrat zu schützen.

Nun stellen die neutralen Alkalisalze in grösseren Mengen Hem-
mungsmittel für viele Spaltungsvorgänge dar; da sie aber zugleich
auch die Wirkung des Thrombins zu beeinträchtigen vermögen,
so geht daraus mit Wahrscheinlichkeit hervor, dass dieselbe gleichfalls in Spaltungen besteht, und zwar gilt dies nicht bloss von der
von mir angenommenen Entstehung der fibrinogenen Substanz aus
dem Paraglobulin, sondern auch von der thatsächlichen Entstehung
des löslichen Zwischenprodukts der Faserstoffgerinnung aus der fibrinogenen Substanz, denn die Neutralsalze verzögern, resp. hemmen,
gleich den verdünnten Alkalien, auch solche Gerinnungen, deren
Wesen nur in der sekundären, auf die präformierte fibrinogene Substanz bezügliche Wirkung des Thrombins besteht; um sich hiervon

zu überzeugen, bieten wieder die proplastischen Transsudate und reine
wässerige Thrombinlösungen das geeignete Versuchsmaterial dar.
Systematisch durchgeführte Versuche mit gallensauren Alkalien
habe ich nicht angestellt, aber nach den bisherigen, bei anderen Gelegenheiten gewonnenen Ergebnissen zu urtheilen, verhalten sie sich der
Faserstoffgerinnung gegenüber den neutralen Alkalisalzen sehr ähnlich.

Auf den dritten und letzten Akt der Blutgerinnung, die durch
die Salze der gerinnbaren Körperflüssigkeiten bewirkte Fällung des
flüssigen Faserstoffs in unlöslicher Modifikation, üben weder die Neutralsalze noch die gallensauren Alkalien den geringsten hemmenden
Einfluss aus. Es ist dies leicht am gekühlten Pferdeblutplasma zu
konstatieren, indem man zuerst an einer Probe desselben den Zeitpunkt bestimmt, in welchem die Gerinnung bei Zimmertemperatur
beginnt, darauf eine zweite Probe dem unterdess fortwährend kalt
gehaltenen Plasma entnimmt und unmittelbar vor dem Eintritt des
Ausscheidungsmomentes das Neutralsalz oder das gallensaure Salz
hinzufügt, und zwar in derjenigen Menge, welche vor Beginn der
Fermentabspaltung, d. h. ganz zu Anfang, hinreichte, um die Gerinnung vollständig zu unterdrücken. Das Neutralsalz bewirkt in
solchem Falle eine sofortige, also verfrühte Faserstoffausscheidung,
und das gallensaure Salz hindert wenigstens die Wirkung der natürlichen Salze der betreffenden Flüssigkeiten durchaus nicht.[1]

Zu den Unterdrückungs- resp. Hemmungsmitteln der Faserstoffgerinnung gehören nun auch das Cytoglobin und das Präglobulin, nur mit der Besonderheit, dass das Blut im Stande ist, ihnen,
wenn sie nicht in einem gewissen Überschuss vorhan-
den sind, die hemmende Kraft zu nehmen, indem es sie in seine
eigenen Bestandtheile verwandelt und als solche bei der Gerinnung
mitverwerthet, wobei dem mit der Spaltung des Prothrombins beginnenden eigentlichen Gerinnungsakte diejenigen Spaltungen, durch
welche aus jenen Stoffen Paraglobulin entsteht, vorausgehen. Ist
aber ein hinreichend grosser Überschuss dieser Stoffe vorhanden,
so unterdrückt er nicht bloss den Gerinnungsakt, sondern auch die
eben erwähnten, ihm vorausgehenden Spaltungen; das Cytoglobin
sowohl als das Präglobulin unterliegen unter solchen Umständen
weder im Blutplasma, noch im Blutserum weiteren Veränderungen;
sie stagnieren in ihnen. In Bezug auf die spaltungshemmenden Wirkungen kann ich also vom Cytoglobin und Präglobulin mehr aus-

---

1) Auch die Salze der Erden fällen den flüssigen Faserstoff in unlöslicher
Modifikation.

sagen, als von den neutralen Alkalisalzen, da es mir bis jetzt, wegen
technischer Schwierigkeiten, noch nicht gelungen ist, über die Frage,
ob auch die letzteren die Paraglobulinbildung hemmend beeinflussen,
ins Klare zu kommen.

Wie wir bereits wissen, stimmen das Cytoglobin und das Präglobulin auch darin mit den neutralen Alkalisalzen überein, dass
sie nicht bloss den Vorgang der Fermenterzeugung, sondern auch
den der Fermentwirkung hindernd beeinflussen, den letzteren gleichfalls weniger intensiv, als den ersteren. Sehr hübsch lässt dieses
Verhältniss sich an zwei Proben eines und desselben proplastischen
Transsudats zeigen, von welchen die eine mit einer wässerigen Thrombinlösung versetzt wird, während die andere, nachdem man sie mit
einer thrombinfreien Prothrombinlösung gemischt hat, einen Zusatz
von zymoplastischen Substanzen erhält. Es gelingt nun leicht, den
Versuch so anzuordnen, dass in der letzteren Probe das Thrombin
so rasch und in so grosser Menge abgespalten wird, dass sie ebenso
schnell, resp. schneller gerinnt, als die erstere; nöthigenfalls erhöht
man vorübergehend die Alkalescenz der die Prothrombinlösung enthaltenden Mischung. Fügt man nun aber zu jeder von diesen beiden Gerinnungsmischungen Cytoglobin oder Präglobulin hinzu, neutralisiert dann das eventuell zu der einen von beiden zugesetzte
Alkali, so wird man finden, dass diejenige Menge jener Stoffe, welche
eben hinreicht, um in der mit Prothrombin und zymoplastischen Substanzen versehenen Probe die Fermentbildung und damit auch die
Gerinnung ganz zu unterdrücken, die Gerinnung der anderen, mit
Thrombin versehenen Probe nur mehr oder weniger verzögert. —

Alles hier über das Cytoglobin und das Präglobulin Gesagte beruht
auf Versuchen mit filtriertem Plasma und mit proplastischen Transsudaten. Das verdünnte Salzplasma zu diesen Versuchen heranzuziehen,
habe ich aus den früher angegebenen Gründen unterlassen. —

Zu den Mitteln, durch welche die Faserstoffgerinnung befördert
wird, gehört zuerst das Neutralisieren, aber dies gilt nur für den
Fall, entweder dass, wie bei jeder spontanen Gerinnung, ein Überschuss der das Prothrombin spaltenden Kräfte gegenüber den hemmenden vorhanden ist, so dass es unter allen Umständen zur Entwickelung von freiem Ferment kommt, oder dass von einer Fermententwickelung überhaupt keine Rede mehr ist, weil bereits freies
Ferment mit dem präformirten Gerinnungssubstrat sich in der betreffenden Flüssigkeit begegnen, wie beim Zusammenmischen eines
proplastischen Transsudats mit einer wässerigen Thrombinlösung.
In beiden Fällen wird durch das Neutralisieren etwas die Thätigkeit

des Ferments mehr oder weniger Hinderndes beseitigt. Wenn aber
der Gleichgewichtszustand zwischen den die Prothrombinspaltung bewirkenden und den sie hemmenden Kräften eingetreten ist, so ist das
Neutralisieren vom Übel. Fügt man zu einem proplastischen, mit einem
Zusatz von zymoplastischen Substanzen versehenen Transsudat, statt
einer wässerigen Thrombinlösung, eine thrombinfreie Prothrombinlösung hinzu, so wird man bemerken, dass durch sofortiges Neutralisieren des Gemisches die Gerinnung nicht beschleunigt, sondern im
Gegentheil sehr verlangsamt wird, und dass der günstige Verlauf derselben durch eine vorübergehende Verstärkung der Alkalescenz des
Gemisches erzielt wird.

Ein die Gerinnung beförderndes Mittel stellen auch die zymoplastischen Substanzen dar; im eigentlichen Sinne sind sie die
entferntere Ursache der Gerinnung, aber insofern wir dieselbe
dadurch beschleunigen können, dass wir das natürliche, in den gerinnbaren Körperflüssigkeiten enthaltene Maass dieser Ursache künstlich
erhöhen, und insofern wir eine durch Cytoglobin oder Präglobulin
unterdrückte Gerinnung durch diese Substanzen wieder hervorzurufen
vermögen, können wir sie auch als Beförderungsmittel der Faserstoffgerinnung ansehen.

Ein Zusatz von zymoplastischen Substanzen befördert die Gerinnung selbstverständlich zunächst dadurch, dass er die Spaltung
des Prothrombins vertieft, wie die Erfahrung lehrt, aber auch dadurch,
dass er in unbekannter Weise auch die Wirkung des Ferments
begünstigt. In einer aus einem proplastischen Transsudat und reiner,
wässeriger Thrombinlösung bestehenden Gerinnungsmischung
wird die Fibrinausscheidung durch einen Zusatz dieser Substanzen
beschleunigt, trotzdem dass in dieser Mischung kein Prothrombin
enthalten ist; es ist aber erforderlich, bei diesen Versuchen kleinere
Fermentmengen anzuwenden, weil sonst die Gerinnung so rasch verläuft, dass die durch den Zusatz bewirkte Beschleunigung nicht deutlich genug zur Wahrnehmung kommt.

Diese Erfahrung ist nicht leicht zu erklären. Wenn wir sehen,
dass die entgegengesetzte, hemmende Wirkung der früher genannten
Salze oder eines Überschusses von Cytoglobin oder Präglobulin nicht
bloss die Fermenterzeugung, sondern auch die Fermentwirkung betrifft,
so haben wir es eben mit allgemeinen spaltungshemmenden Stoffen
zu thun, welche zwar den einen Spaltungsvorgang intensiver beeinflussen können, als den anderen, deren Wirkung aber nicht specifisch
ist. Die Wirkung der zymoplastischen Substanzen aber ist eine
specifische, sie besteht in der Spaltung des Prothrombins. Es ist

uns· also auch ganz verständlich, dass sie die Gerinnung prothrombin-
haltiger Flüssigkeiten, wie des Blutplasmas oder einer künstlichen,
aus einem proplastischen Transsudat und einer Prothrombinlösung oder
Blutserum, hergestellten Gerinnungsmischung oder endlich unter
Umständen auch einer verdünnten Salzplasmalösung befördern; aber
in welcher Weise kommt dieselbe Wirkung in einer künstlichen, statt
des Blutserums oder der Prothrombinlösung mit einer wässerigen
Fermentlösung versetzten Gerinnungsmischung zu Stande? Man kann
nicht darauf hinweisen, dass vielleicht auch in einer solchen Mischung
Spaltungen stattfinden, welche durch die zymoplastischen Substanzen bewirkt werden könnten, so eventuell die Abspaltung des
flüssigen Faserstoffs von der fibrinogenen Substanz und weiter rückwärts (in vorkommenden Fällen) die der letzteren vom Paraglobulin; denn für diese Spaltungen, insoweit sie vorkommen, sind die
zymoplastischen Substanzen nicht specifisch, weil die Gerinnung der
betreffenden Mischungen ja auch ganz ohne sie, in Folge der Fermentwirkung allein, erfolgt, wenn auch langsamer als unter ihrer
Mitwirkung.

Aber die begünstigende Wirkung der zymoplastischen Substanzen
zeigt sich nicht bloss beim eigentlichen Gerinnungsakte, sie erstreckt
sich auch über die ihm vorausgehenden Spaltungsvorgänge. Wenn
wir sehen, dass eine durch einen Überschuss von Cytoglobin oder
Präglobulin unterdrückte Gerinnung durch·einen Zusatz von zymoplastischen Substanzen wieder in Gang gebracht wird, dass der Faserstoff dabei eine Vermehrung erfährt, so darf man doch zunächst
sagen, dass diese Substanzen die zu dem Endeffekt erforderlichen
Spaltungen jener Stoffe begünstigt resp. hervorgerufen haben; und
doch sind sie für dieselben, wie ich schon früher nachgewiesen habe,
nicht specifisch. Ich betone in dieser Hinsicht nur nochmals die
Thatsache, dass die Erzeugung von Paraglobulin aus jenen Zellenbestandtheilen ja auch in den proplastischen Transsudaten stattfindet.
Dieselbe Thatsache macht auch die Annahme unmöglich, dass die
zymoplastischen Substanzen mittelbar, durch das Ferment, welches
sie aus dem Prothrombin freimachen, jene dem Gerinnungsakte vorausgehenden Umsetzungen herbeiführen; denn die proplastischen Transsudate enthalten eben keine Spur dieses Ferments, weder vor der
beginnenden, noch nach der beendeten Paraglobulinbildung. Ausserdem ist ja auch das dialysierte und dadurch auch zugleich seines
Fermentgehaltes beraubte Blutserum das günstigste Mittel, um
die betreffenden Umsetzungen des Cytoglobins und Präglobulins in
Paraglobulin herbeizuführen.

Für's Erste kann man wie mir scheint nichts mehr sagen, als dass die zymoplastischen Substanzen, abgesehen von ihrer specifischen Wirkung auf das Prothrombin, zugleich einen allgemeinen befördernden Einfluss auf die in der Blutflüssigkeit stattfindenden Umsetzungen resp. Spaltungen ausüben, wie es andere Stoffe giebt, welche dieselben allgemein hindern resp. unterdrücken. —

Es kann nicht Wunder nehmen, dass Zusätze von Zellen, z. B. von Lymphdrüsenzellen, trotzdem sie nicht bloss zymoplastische Substanzen sondern auch Prothrombin enthalten, in den proplastischen Transsudaten doch ohne Wirkung bleiben (von den äusserst geringfügigen coagulierenden Wirkungen, welche GROTH durch ihre Wasserextrakte erzielt hat, und welche wir auf in der Zelle vorgebildetes Ferment bezogen haben, sehe ich hierbei ab); denn wir haben gesehen, dass die spaltenden und spaltungshemmenden Kräfte in der Zelle sich im Gleichgewicht befinden, wobei vielleicht das in der Zelle enthaltene Cytoglobin als spaltungshemmender Stoff mitbetheiligt ist. Indem wir dieses Gleichgewicht durch einen passenden Natronzusatz störten, kam es zu einer reichlichen Thrombinentwickelung; das Wasserextrakt der Zellen, wenigstens der Lymphdrüsenzellen, mit welchen ich vorzugsweise diese Versuche ausgeführt habe, reagierte neutral. Man kann die Thrombinentwickelung auch durch einen Zusatz von zymoplastischen Substanzen herbeiführen; da diese Stoffe aber nicht in die Zelle einzudringen vermögen, so eignet sich hierzu das Wasserextrakt der Zellen besser als diese selbst. Die Thrombinentwickelung findet natürlich ebenso statt, wenn man die Zellen oder ihr wässeriges Extrakt zuerst zum Transsudat hinzufügt und dann erst die Alkalescenz desselben vorübergehend verstärkt oder zymoplastische Substanzen zusetzt. Diese Beobachtungen legen die Vermuthung nahe, dass vielleicht auch die von RAUSCHENBACH im Wasserextrakt von Lymphdrüsenzellen gefundenen Spuren von freiem Ferment nicht als solche in der Zelle präexistierten, sondern erst unter der Einwirkung des Transsudates, speciell der alkalisch reagierenden Bestandtheile desselben entstanden sind. Eine andere Ursache, welche eine ausserhalb der Zelle stattfindende Spaltung des Prothrombins herbeiführen könnte, liegt vielleicht in der Verdünnung des extrahierten Zelleninhalts mit Wasser. Ich habe nämlich, wenn auch nur beiläufig, so doch recht häufig, beobachtet, dass eine unwirksame oder nahezu unwirksame Prothrombinlösung durch Verdünnen mit dem gleichen Volum Wasser bis zu einem gewissen Grade wirksam wurde, resp. an Wirksamkeit zunahm. Wenn es sich hierbei nur um ein Überbleibsel des Thrombins handelte, so wäre offenbar das Umgekehrte zu erwarten.

Durchaus verständlich ist es ferner, dass die rothen Blutkörperchen, welche dem defibrinierten Blute in Hinsicht auf die coagulierende Kraft ein solches Übergewicht über das Blutserum ertheilen, auf die Transsudate doch nur in dem Falle wirken, dass sie sich in Begleitung des letzteren befinden; denn sie, resp. ihre Stromata, sind reichlich versehen mit zymoplastischen Substanzen, enthalten aber gar kein Prothrombin.

In dem defibrinierten Blute selbst steht freilich, trotz der Gegenwart der rothen Blutkörperchen, die Spaltung des Prothrombins vom Moment der beendeten Gerinnung an stille; ja sie haben nicht einmal während der Gerinnung bei dieser Spaltung mitgewirkt, da, wie wir gesehen haben, das Serum des rothen Blutes nicht fermentreicher ist, als dasjenige des nur die farblosen Elemente enthaltenden Plasmas. Wenn sie nun nach Zumischung zum Transsudat das in ihrem eigenen Serum enthaltene Prothrombin zu spalten beginnen, so kommt hierbei ausser dem früher Angeführten die Alkalescenz des Transsudats und die durch dasselbe bewirkte Verdünnung des Serums in Betracht. Letztere war in meinen Versuchen immer sehr bedeutend, da ich das defibrinierte Blut sowohl seiner grossen Wirksamkeit wegen, als um dem Entstehen und Fortschreiten der Gerinnung mit den Augen besser folgen zu können, stets nur in relativ kleinen Mengen zum Transsudat hinzugefügte. —

Wir haben in einem früheren Kapitel gesehen, dass das filtrierte Pferdeblutplasma, nachdem es das Gefässsystem mit verdünnter Kochsalzlösung entbluteter Frösche passiert hatte, eine hochgradig gesteigerte Gerinnungstendenz zeigte und können jetzt versuchen, die Ursache dieser Erscheinung anzugeben. Vom Plasma aus den Geweben des Frosches aufgenommenes Cytoglobin oder Präglobulin würde im Gegentheil seine Gerinnungstendenz herabsetzen oder gar ganz beseitigen. Ausserdem ist es doch wahrscheinlich, dass, was von diesen Stoffen, namentlich vom Cytoglobin etwa den Zellen zur Abgabe disponibel ist, bereits von der Waschflüssigkeit fortgenommen worden ist. Beim Waschen von Milz- und Leberzellen mit grossen Mengen einer halbprocentigen Kochsalzlösung fand ich, dass sie einen Rest von Cytoglobin mit grosser Kraft zurückhalten, welcher ihnen nur durch destilliertes Wasser entzogen werden konnte.

Auch von dem so leicht löslichen Prothrombin wird aus denselben Gründen wohl kaum viel für das die Gefässe passierende Blutplasma übrig geblieben sein; ausserdem ist das letztere ja an sich sehr reich an Prothrombin, von welchem bei der Gerinnung nur ein kleiner Bruchtheil verbraucht wird. Das Prothrombin kann als

Fermentquelle in Flüssigkeiten, welche diesen Stoff gar nicht oder, gegenüber den zymoplastischen Substanzen, in unzureichender Menge enthalten, den Eintritt der Gerinnung wohl erst ermöglichen resp. zur Entwickelung grösserer Fermentmengen Gelegenheit geben, aber es ist nicht zu verstehen, wie eine einseitige Vermehrung desselben in einer Flüssigkeit, welche, wie das Blutplasma, damit schon überschüssig beladen ist, die Gerinnungstendenz durch verstärkte Fermententwickelung steigern soll.   Zur Stütze des Gesagten führe ich an, dass es mir nicht gelungen ist durch Zusatz einer Prothrombinlösung die Gerinnung des filtrierten Blutplasmas zu beschleunigen.

Es scheint mir also nur die Annahme übrig zu bleiben, dass das filtrierte Plasma beim Durchgang durch den Froschorganismus sich mit zymoplastischen Substanzen beladen hat, welche ihrer Natur nach von der neutralen Waschflüssigkeit schwieriger extrahiert werden, als vom alkalisch reagierenden Plasma, und von welchem ja schon sehr geringe Mengen hinreichen, um die Gerinnung des letzteren hochgradig zu beschleunigen. —

Zu den Erfahrungen, welche J. v. Samson-Himmelstjerna und Nauck mit den einzelnen Produkten der regressiven Metamorphose der Eiweisskörper gemacht haben, kann ich meinerseits nichts hinzufügen, da ich zu diesen Versuchen bis jetzt nicht zurückgekehrt bin.   Es waren chemisch reine Stoffe; sie wirkten qualitativ wie die von mir einfach durch Alkohol aus den Zellen sowohl, als aus der Blutflüssigkeit extrahierten Stoffe, unterschieden sich aber von ihnen durch die Leichtigkeit, mit welcher ihre Wirkung auf das Blutplasma in das Gegentheil, in eine relative Gerinnungshemmung umschlug.   Sollten sie aber zur Gruppe der zymoplastischen Substanzen in dieser Hinsicht zu zählen sein, so würde man die thatsächlichen Verhältnisse folgendermaassen ausdrücken können: Beim Abbau der complicierten, eiweissliefernden Zellenbestandtheile bis zur Eiweissstufe werden gerinnungshemmende Kräfte frei, mit der Erreichung dieser Stufe ist das Material zur Faserstoffbildung gegeben, und beim weiteren Abbau bis zur Harnstoffstufe werden gerinnungsauslösende Kräfte frei.   Auch die durch Alkohol extrahierbaren Bestandtheile der Zellen selbst sind ja stickstoffhaltig und stehen deshalb in Beziehung zu den Eiweissstoffen der Nahrung und wohl auch zu den eiweissliefernden Bestandtheilen der Zelle selbst. —

S. Kroeger hat nun auch noch einige Injektionsversuche mit Prothrombinlösungen, welche aus Pferdeblutserum gewonnen waren und einen Zusatz von 0,6 % Kochsalz erhielten, an Katzen ausgeführt.[1]) Wie immer wurde vor der Injektion eine Blutprobe dem Thier entnommen, nach derselben einige. Die Vergleichung dieser Proben ergab keine charakteristische Veränderung des Blutes. Von vornherein war von diesen Versuchen wenig zu erwarten; denn es wird dem Thiere mit der ersten Blutentziehung zunächst ein gewisses Quantum Prothrombin entzogen, um es gleich darauf durch die Injektion mehr oder weniger vollständig wieder zu ersetzen. Anders wäre es, wenn es gelänge, das Prothrombin zu isolieren und als solches in grösseren Mengen in die Gefässbahn der Versuchsthiere zu bringen, wie dies bei den zymoplastischen Substanzen möglich ist. Aber die Gefahr der intravasculären Gerinnung scheint mir auch in solchem Falle fern zu liegen; dazu bedarf es offenbar der einseitigen Vermehrung des spaltenden und nicht des spaltbaren Stoffes. So vertrugen denn auch sämmtliche Thiere die Injektion sehr gut, mit Ausnahme eines einzigen, welches einige Augenblicke nach derselben plötzlich verschied. Im rechten Herzen fanden sich einige sehr kleine, frische Gerinnsel. Wenn hier wirklich das injicirte Prothrombin die Schuld an dem Auftreten dieser Gerinnsel trug, so lässt sich dies vielleicht so deuten, dass in diesem besonderen Falle der Umstand, dass in der Injektionsflüssigkeit die die Prothrombinspaltung hemmenden Stoffe nicht mehr vorhanden waren, dem Thiere verderblich wurde. Wenn aber die Widerstandskraft des letzteren zufällig eine sehr geringe war, so ist es ebenso denkbar, dass die in der Prothrombinlösung enthaltenen zymoplastischen Substanzen die unbedeutende Thrombosis des Herzens veranlasst haben.

Neunzehntes Kapitel.

Über die Reaktion des cirkulierenden Blutes gegen die experimentell herbeigeführte Erhöhung seiner Gerinnungstendenz.

Wir haben, abgesehen von den direkt coagulierend wirkenden Thrombininjektionen, die Gerinnungstendenz des cirkulierenden Blutes in indirekter Weise bis zum eventuellen Eintritt von intravasculären

---

1) S. Krögen. Ein Beitrag zur Physiologie des Blutes. Inaug.-Abh. Dorpat 1892. S. 31 ff.

Gerinnungen gesteigert durch intravenöse Injektion, 1. von Zellen
verschiedener Art, wohin ich auch das Stroma der rothen Blutkörperchen zähle, und 2. von zymoplastischen Substanzen. Die
Wirkung auf das Blut war in beiden Fällen die gleiche. Ein Unterschied bestand nur insofern, als die zymoplastischen Substanzen eine
ganz geringe Abnahme der Leucocytenzahl bewirkten, nicht grösser
als wir sie nach Wasserinjektionen von gleichem Umfange eintreten
sehen, während die injicierten Zellen einem rapiden, beinahe
plötzlichen Zerfall anheimfielen und dabei den grössten Theil der im
Blute der Versuchsthiere präformierten farblosen Elemente in ihren
Untergang mit hineinzogen. Man mag sich den Untergang der
injicierten Zellen dadurch erklären, dass sie durch die Methode ihrer
Reindarstellung abgetödtet und dadurch unfähig gemacht worden sind
sich ihre Form in der Blutbahn eines lebenden Organismus zu erhalten; aber dass mit ihnen zugleich der grösste Theil der präformierten farblosen Elemente des Versuchsthiers zu Grunde geht, und
oft so schnell, dass fast das ganze Zerstörungswerk im Laufe von
ein Paar Minuten vollendet ist, kann dann doch nur auf der Wirkung
eines ihrer durch den Zerfall freiwerdenden Bestandtheile beruhen.
Als solchen werden wir das Cytoglobin kennen lernen.

    Durch diesen ausgedehnten intravasculären Zerfall gelangen nun
die zymoplastischen Bestandtheile der Zellen in Begleitung ihres
Prothrombingehalts in die Blutflüssigkeit und vermehren dadurch
plötzlich den Gehalt der letzteren an diesen Stoffen. Dabei ist zu
berücksichtigen, dass die Blutflüssigkeit alkalisch reagiert; unter
diesen Umständen ist es durchaus denkbar, dass die zymoplastischen
Substanzen das Übergewicht über die hier etwa wirkenden hemmenden Kräfte erlangen. Thatsächlich ist eine rapide Prothrombinspaltung, resp. Thrombinentwickelung die regelmässige Folge der
Zelleninjektionen. Wesentlich denselben Effekt erzielt man durch intravasculäre Applikation von zymoplastischen Substanzen; man vermehrt
dadurch einseitig den Gehalt der Blutflüssigkeit an diesen Stoffen,
was nicht ohne Wirkung auf das in ihr enthaltene Prothrombin bleibt.
Der durch diese Injektion bewirkte Zerfall von farblosen Elementen
ist so unbedeutend, dass er mir kaum sicher constatiert zu sein
scheint; auf ihm kann die Wirkung der injicierten zymoplastischen
Substanzen jedenfalls nur zum geringsten Theil beruhen.

    Ich will die schon früher ausführlich dargelegten gemein-
schaftlichen Wirkungen der Zellen und zymoplastischen Substanzen
auf das cirkulierende Blut hier noch einmal kurz zusammenfassen.

    1. In unmittelbarer Folge der betreffenden Injektionen findet

ein mehr oder weniger mächtiges, dabei immer sehr plötzliches Ansteigen des vitalen Fermentgehalts statt, welcher sich nur einige
Augenblicke auf der erreichten Höhe erhält, um dann meist ebenso
plötzlich bis auf nahezu Null zu sinken. In diesen Momenten
können intravasculäre Gerinnungen eintreten. Gleichgültig aber,
ob es dazu kommt oder nicht, immer äussert diese Blutveränderung
sich durch die Momentangerinnungen in den während dieser kurzen
Periode dem Versuchsthiere entzogenen Blutproben; sie sind die unmittelbare Folge der in der Gefässbahn aufgehäuften Fermentmengen,
welche vorbereitend gewirkt haben, und sie zeigen, dass Thrombosen
nicht mehr fern waren. Aber die Gerinnbarkeit des Blutes ist hierbei nur erhöht in Bezug auf die Geschwindigkeit, herabgesetzt
ist sie in Bezug auf die extra corpus eintretende Fermententwickelung und ebenso in Bezug auf die Masse des gebildeten Produkts, des Faserstoffs. Letzteres kann leicht auf
dem gewöhnlichen Wege, durch Wägungen, festgestellt werden,
ersteres ergiebt sich aus dem Umstande, dass es für den Thrombingehalt der betreffenden Wasserextrakte kaum einen Unterschied
macht, ob man das so veränderte Blut direkt in Alkohol fliessen
lässt, oder ob man dasselbe früher oder später nach beendeter Momentangerinnung in denselben bringt; der extra corpus auftretende
Thrombinzuwachs ist mindestens als sehr unbedeutend zu bezeichnen.
Das Ebengesagte gilt auch für die Fälle, in welchen es zu Thrombosen kommt. Aus der Vergleichung der Fibrinziffer solchen Blutes
mit derjenigen der unmittelbar vor der Injektion entnommenen Normalblutprobe ergiebt sich, dass in ausgeprägteren Fällen der grössere Theil der fibringebenden Bestandtheile der Blutflüssigkeit gar
nicht zur Fibrinbildung verwendet wird. [1])

2. Da das in der Gefässbahn aufgetretene Thrombin sehr rasch
wieder schwindet und somit für die Blutgerinnung von diesem Moment an nur noch die extra corpus entwickelten Fermentmengen be-
stimmend sind, so folgt, gleichgiltig, ob es inzwischen zur Thrombosis gekommen ist oder nicht, unmittelbar auf die Phase der Beschleunigung eine solche der Verlangsamung der Gerinnung resp.,
nach den wirksamsten Injektionen, der völligen Gerinnungsunfähigkeit. Die Fermententwickelung ausserhalb des Körpers steht ganz
still. Zuweilen ragt noch ein Rest des in unmittelbarer Folge der

---

1) Die Thromben bilden sich meist nur im Herzen und bei raschem Verfahren gelingt es, aus den grossen Gefässen die zu einer Fibrinbestimmung erforderliche Menge noch ungeronnenen Blutes zu erlangen.

Injektion in der Gefässbahn freigewordenen Ferments in diese Phase
hinein, der mitwirken mag, wo es extra corpus überhaupt noch zu
Faserstoffgerinnungen kommt, in extremen Fällen aber, wie die Thatsache der völligen Gerinnungsunfähigkeit lehrt, wirkungslos bleibt.
Das Vorhandensein dieses Restes kann dann natürlich nur durch Isolierung desselben auf dem gewöhnlichen Wege nachgewiesen werden.

3. In den Fällen, in welchen die Gerinnungsfähigkeit des Blutes
nur mehr oder weniger herabgesetzt ist, gelingt es noch, sie durch
einen Zusatz von zymoplastischen Substanzen wieder einigermaassen
zu heben; besser noch wirkt ein Thrombinzusatz, da derselbe wenigstens die präformierte, fibringebende Substanz ·vorfindet. In den
extremsten Fällen aber, bei völliger Gerinnungsunfähigkeit, erzielt
man weder auf die eine, noch auf die andere Weise irgend einen
auf die Gerinnung bezüglichen Effekt.

Auf die Frage, worauf die Erfolglosigkeit eines Zusatzes von
zymoplastischen Substanzen zu solchem Blute beruht, komme ich
später zurück. Die Unwirksamkeit des Thrombins aber beweist, dass
entweder die im Blute präformierten fibringebenden Substanzen selbst
eine wesentliche Veränderung erlitten haben, oder dass Widerstände
gegen die Wirkung des Thrombins erstanden sind, welche extra
corpus fortwirken.

Von diesen Erscheinungen bedarf die eventuell zu Thrombosen
führende Erhöhung der Gerinnungstendenz des Blutes weiter keiner
Erklärung, ebensowenig das Schicksal des in der Gefässbahn frei
gewordenen Thrombins. Es geschieht mit demselben wesentlich dasselbe, wie ausserhalb des Organismus; das Ferment entsteht und zerfällt wieder. Aber wenn hier beides, namentlich der Zerfall, vergleichsweise langsam vor sich geht, so handelt es sich intravasculär
fast nur um Augenblicke. Es ist eben eine leicht zu constatierende
Thatsache, dass das im Zusammenhange mit dem Organismus befindliche Blut das Vermögen besitzt, das an sich so vergängliche
Thrombin in kürzester Zeit zu vernichten.

An sich nicht so klar ist der Grund der sekundären Blutveränderung, der verminderten oder ganz geschwundenen Gerinnungsfähigkeit des Blutes. Es könnte irgend etwas geschehen sein
entweder mit den zymoplastisch wirkenden Bestandtheilen der Blutflüssigkeit, oder mit dem Prothrombin.
Dass die ersteren keine wesentliche, mit Verlust ihrer das Prothrombin spaltenden Kräfte verbundene Veränderung ihrer Substanz
erlitten haben, ergiebt sich aus der uns schon bekannten Thatsache,
dass das an sich gerinnungsunfähig gewordene Blut auf filtriertes

Plasma kräftig coagulierend wirkt, gerade wie ein Zusatz von Zellen oder von zymoplastischen Substanzen, mit welchen es ja auch durch die Injektion überladen worden ist. Wenn diese Stoffe ihre spezifische Wirksamkeit eingebüsst hätten, so käme nur noch der Prothrombingehalt des gerinnungsunfähigen Blutes als Ursache der beschleunigten Gerinnung des filtrierten Plasmas in Betracht. Dass aber durch eine einseitige Vermehrung des s p a l t b a r e n Stoffes eine coagulierende Wirkung auf das Plasma ausgeübt werden sollte, ist an sich, ich wiederhole es, nicht gut denkbar und auch durch einen bereits angeführten Versuch widerlegt worden. Dagegen steht nichts der Annahme entgegen, dass die im kranken Blute aufgehäuften zymoplastischen Substanzen ihre Wirkung auf das im gesunden Plasma enthaltene Prothrombin ausgeübt haben.

Es kann mithin die sekundäre Blutveränderung nur von Seiten des Prothrombins eine Erklärung finden. Hierbei ergeben sich zwei Möglichkeiten. Das Prothrombin wird 1. entweder direkt als solches oder indirekt (durch eine vollständige Spaltung mit drauffolgender Vernichtung der ganzen hierbei freiwerdenden Fermentmenge) z e r - s t ö r t, oder 2. es erstehen Widerstände, welche seine weitere Spaltung intra und extra corpus h i n d e r n.

Zur Entscheidung dieser Alternative injicierte ich einem 5 Kilo schweren Hunde 20 Ccm. eines zu gleichen Theilen mit einer 0,6 % igen Kochsalzlösung verdünnten und durch Canevas filtrierten Lymphdrüsenzellenbreies, nachdem ich ihm unmittelbar vorher 50 Ccm. Blut entzogen hatte. Nahezu eine halbe Stunde nach der Injektion fand die zweite Blutentziehung von gleichem Umfange Statt. Beide Blutproben wurden in den Cylindergläsern einer Handcentrifuge aufgefangen. Es war mir aber nicht gelungen, die vollständige Gerinnungsunfähigkeit des Blutes herbeizuführen. Indess zog sich die Gerinnung ausserordentlich langsam fort und die rothen Blutkörperchen hatten Zeit, sich so weit zu senken, dass die obere Plasmaschicht höher war, als die untere rothe Schicht. Am folgenden Morgen erschien die erstere von einem zarten Netzwerke von Fibrinfäden durchsetzt. Jetzt wurden beide Blutproben centrifugiert, wobei sich jenes Netzwerk auf die Blutkörperchenschicht legte, die bezüglichen Flüssigkeiten abgehoben und von jeder ein Theil der Dialyse unterworfen. Nach 1—1 ½ Stunden fand ich in der vom nahezu gerinnungsunfähigen Blute stammenden Flüssigkeit ein massiges Fibringerinsel, während der bei Seite gestellte Rest derselben nichts derartiges bis zum folgenden Tage aufwies. Das Gerinsel wurde entfernt und es erfolgte auf dem Dialysator nun keine Gerinnung mehr, das faserstoffliefernde Material war also verbraucht. Nicht um eine Zerstörung des Prothrombins handelte es sich also, sondern darum, dass diese Blutflüssigkeit Stoffe enthielt, welche seine Spaltung energisch hemmten, durch die Dialyse aber entfernt wurden.

Nach 2 mal 24 Stunden wurde die Dialyse unterbrochen, das Serum vom ausgeschiedenen Paraglobulin durch Filtrieren getrennt und in der früher angegebenen Weise auf seinen Prothrombingehalt geprüft. Einen in dieser Hinsicht bestehenden Unterschied zwischen dem Serum des vor der Injektion entnommenen normalen und des gerinnungsunfähig gewordenen Blutes konnte ich aber nicht constatieren. Die Fermentmengen, welche nach Zusatz von Natron oder von zymoplastischen Substanzen entwickelt wurden, waren, nach ihrer Wirkung auf verdünntes Salzplasma zu urtheilen, in beiden, wie immer, sehr gross, aber zugleich unter einander nicht verschieden.

KROEGER[1]) hat noch einige solche den Prothrombingehalt des gerinnungsunfähig gewordenen Blutes betreffende Versuche an Hunden und Katzen ausgeführt, mit ganz gleichem Erfolge. Auch in diesen Versuchen gelang es uns nicht, die vollkommene Gerinnungsunfähigkeit des Blutes herbeizuführen, bei der Katze weniger noch als beim Hunde. Man ist hierbei eben mehr oder weniger vom Zufall abhängig, da man im einzelnen Falle den zur Herbeiführung des gewünschten Effekts erforderlichen Umfang der Injektion nicht vorausbestimmen kann. Zwei Hunde starben infolge der Injektion auf dem Operationstische; bei der sofort vorgenommenen Sektion ergoss sich aus dem noch zuckenden Herzen die zur Ausführung des Versuchs nöthige Blutmenge; in der rechten Herzhälfte fanden sich spärliche Gerinnsel. Es war also zur Thrombosis gekommen, aber der hierbei stattgehabte Verbrauch an fibringebender Substanz war sehr unbedeutend, so dass die Blutflüssigkeit kein Serum, sondern noch überwiegend Plasma darstellte. Aber die sekundäre Blutveränderung war nicht vollständig ausgeprägt; das Blut verhielt sich ungefähr ebenso, wie in dem soeben angeführten ersten Versuche mit Hundeblut. Das Katzenblut zeigte am folgenden Tage ein etwas stärkeres Gerinnsel als das Hundeblut. Man darf sich übrigens bei diesen Versuchen nicht dadurch täuschen lassen, dass die niedergesunkenen rothen Blutkörperchen sehr bald die Neigung zeigen, unter einander zu verkleben. Bei Bewegungen des Gefässes macht es alsdann den Eindruck, als ob die untere Schicht geronnen wäre. Mit

---

1) A. a. O. S. 34—39

einem Glasstab aber lässt sie sich vollkommen wieder vertheilen; in Wasser gebracht, erhält man eine Blutkörperchenlösung, in welcher von Fibrinflocken nichts wahrzunehmen ist; erst viel später, sofern und soweit es überhaupt zu Fibrinausscheidungen kommt, wird man sie auf diese Weise erkennen können.

Obgleich diese Versuche nun nicht so vollkommen gelangen, wie wir es wünschten, so zeigen sie doch, dass die Gerinnungsfähigkeit des Blutes durch derartige Injektionen ausserordentlich herabgesetzt werden kann, trotzdem die Blutflüssigkeit noch Vorräthe an Prothrombin enthält, welche gross genug wären, um den Thrombinbedarf für viele Gerinnungen zu decken; aber die betreffenden Spaltungen sind gehindert, und wenn das Hinderniss für die spaltenden Kräfte unüberwindlich wird, dann ist auch totale Gerinnungsunfähigkeit die Folge.

Welcher Art ist nun aber dieses Hinderniss? Man wird in Beantwortung dieser Frage doch wohl viel mehr geneigt sein, an eine quantitative Änderung physiologischer Leistungen des Blutes, physiologischer Hemmungen, zu denken, als an einen bis dahin unthätig daliegenden deus ex machina, welcher plötzlich erwacht und dem gefährdeten Blute Hülfe bringt.

Denken wir uns, wir hätten die Möglichkeit, im Aderlassblute die durch die zymoplastischen Substanzen erzeugten und unter der Mitwirkung der farblosen Blutkörperchen sogar mit erhöhter Geschwindigkeit freiwerdenden Thrombinmoleküle nach Maassgabe ihres Auftretens immer wieder fortzuschaffen oder in irgend einer Weise, ohne im Übrigen das Blut zu alterieren, zu binden, so zwar, dass auch die im Blute präformierten Fermentmoleküle dem gleichen Schicksale unterlägen, so würde der Prozess der Prothrombinspaltung sehr bald durch Selbsthemmung in Stockung gerathen, eine Faserstoffgerinnung hätte dabei nicht stattgefunden, die Blutflüssigkeit aber wäre kein Serum, sondern Plasma, und zwar gerinnungsunfähiges, und das wäre sie, obgleich sie noch grosse Quantitäten von Prothrombin und von zymoplastischen Substanzen enthielte, wie das beim Blutserum auch der Fall ist. Durch einen Zusatz von zymoplastischen Substanzen oder durch eine vorübergehende Erhöhung ihrer Alkalescenz würde es uns wohl noch gelingen, das Prothrombin in mehr oder weniger beschränkter Weise weiter zu spalten, aber die Hemmungen würden jetzt oder das nächste Mal unüberwindlich werden und nur nach Fortschaffung der hemmenden Stoffe, wie die Dialyse sie ermöglicht, würde man auf diese Weise neue Fermentmoleküle entstehen lassen können. Ich beziehe mich hierbei

auf die mit Blutserum gemachten Erfahrungen. Hier konnte trotz
der bereits vorhandenen hemmenden Stoffe durch die erwähnten Zusätze noch eine weitere Thrombinabspaltung bewirkt werden, aber
damit war auch die Grenze erreicht, und nur die Dialyse eröffnete
die Möglichkeit, sie zu überschreiten, bis eine neue Grenze sich
einstellte.

Die zymoplastischen Substanzen lösen also im Blute wachsende
Widerstände gegen ihre eigne Wirkung aus, welche für sie schliesslich zu absoluten werden. So lange ihre Menge nicht ein gewisses
Maass überschreitet, werden sie im cirkulirenden Blute stetig aber
langsam Thrombin erzeugen, dasselbe wird, ehe es wirken kann,
eliminiert werden, extra corpus aber wird die Spaltung des Prothrombins weiter gehen und das freigewordene Thrombin ungehin-
dert wirken können; je mehr aber dieses Maass überschritten wird,
desto mehr rückt die Gefahr heran, dass der Organismus die rapide
freigewordenen Thrombinmassen nicht mehr zu bewältigen vermag,
desto früher und dauernder wird aber auch die Spaltung des Prothrombins in Stockung gerathen. So haben wir es ja auch bei unseren Injektionen gefunden. Je wirksamer dieselben waren, desto
schneller wurde die Phase der erhöhten Gerinnbarkeit des Blutes
von derjenigen der Gerinnungsunfähigkeit abgelöst, desto mehr war
die letztere ausgeprägt und desto länger dauerte sie an.

Die rasche Zerstörung des Ferments und die Selbsthemmung
der Prothrombinspaltung sind die Mittel, durch welche der Organismus den eventuell verderbenbringenden Wirkungen der zymoplastischen Substanzen bis zu einer gewissen Grenze vorzubeugen vermag.

Mit der Angabe, dass es mir gelang, im Serum des sekundär
veränderten Blutes, nach stattgehabter Dialyse, ebenso grosse Thrombinmengen abzuspalten, wie in dem des normalen, will ich aber
keineswegs gesagt haben, dass auch der Prothrombingehalt beider
ein gleicher gewesen sei. Im Gegentheil, die Gerinnungsunfähigkeit
selbst beruht ja eben auf einem erhöhten intravasculären Umsatz von
Prothrombin. Aber das hierdurch entstandene Deficit nach der angegebenen Methode nachzuweisen, ist schwierig, weil man ja immer
nur partielle Spaltungen herbeiführen kann und deshalb auch der
Unterschied im Gesammtgehalt an Prothrombin zunächst nicht hervortreten kann.[1] Wenn man die fraktionierten Spaltungen bis zu

---

1) A priori wird man annehmen, dass ein solches Deficit in Folge der Injektion von zymoplastischen Substanzen eintritt. Ob aber injicierte Zellen ebenso
wirken, erscheint zweifelhaft, weil sie ja Prothrombin mit sich führen, wodurch

Ende fortsetzen würde, so würde sich wohl zeigen, dass das veränderte Blut weniger zu thun gäbe; auch die Alkalimenge, welche gerade hinreicht, um das Prothrombin vollkommen zu zerstören, würde vielleicht einen Maassstab zur Beurtheilung seiner Menge abgeben. Gegen solche Versuche erheben sich aber Schwierigkeiten, welche mich veranlassten, sie fallen zu lassen.

Wenn die Gerinnungsfähigkeit des im sekundären Stadium der Veränderung befindlichen Blutes nicht vollkommen aufgehoben, sondern nur hochgradig geschwächt ist, so dass man es mit einer langsam sich fortschleppenden Gerinnung zu thun bekommt, so wird die letztere, wie ich schon früher angegeben habe, durch einen Zellenzusatz nicht beschleunigt, sondern im Gegentheil noch mehr verlangsamt, ja oft sogar ganz unterdrückt. Füge ich nun noch hinzu, dass ein Zusatz von zymoplastischen Substanzen diesen Effekt nicht hat, sondern doch immer noch um ein Geringes den Verlauf des Processes kürzt, so liegt der Grund jener Erscheinung klar zu Tage. Die in der Gefässbahn in Folge der Injection aufgetretenen Thrombinmassen sind verschwunden, gegenüber den bei ihrer Entstehung aufgespeicherten hemmenden Stoffen ist der Überschuss der das Prothrombin spaltenden Kräfte ein relativ sehr geringer geworden, und wenn sie auch durch den Zusatz von Zellen einen Zuwachs in Gestalt der zymoplastischen Bestandtheile derselben erhalten haben, so kann auch dadurch nur wenig bewirkt werden, da unter den gegebenen Umständen die Spaltung des Prothrombins ja schon nahezu bis an die Grenze des Möglichen gelangt war. So kraftlosen coagulierenden Einflüssen gegenüber aber kann das Cytoglobin der Zellen sich zur vollen Geltung bringen, und zwar ebensowohl in Bezug auf den Vorgang der Prothrombinspaltung, als auf die Wirkung der unter solchen Umständen sehr geringfügigen Thrombinmengen.

Ich erinnere ferner an die Thatsache, dass zwischen den intra und extra corpus sich entwickelnden Thrombinmengen unter normalen Umständen ein reciprokes Verhältniss in dem Sinne besteht, dass wachsenden Werthen der ersteren abnehmende Werthe der letzteren entsprechen und umgekehrt, ein Verhältniss, welches nicht nur als ein Nacheinander bei einem gegebenen Individuum wahrzunehmen

der Ausfall gedeckt werden könnte. KROEGER hat in einem Falle, nach stattgehabter Dialyse, in dem Serum des durch Injektion von Lymphdrüsenzellen nahezu gerinnungsunfähig gewordenen Blutes nach Alkalizusatz sogar mehr Thrombin entstehen sehen als in demjenigen der Normalblutprobe, was doch für einen entsprechenden Unterschied im Gehalt beider an Prothrombin spricht.

ist, sondern sich auch als ein constantes beim Vergleich verschiedener Thierarten mit einander, ferner auch des arteriellen Blutes mit dem venösen herausstellte. Ich bemerkte dabei, dass der Zu- oder Abnahme des vitalen Fermentgehalts der Verbrauch an fermentlieferndem Material entsprechen müsse. Dies würde nur in dem Falle nicht zutreffen, dass die Erhöhung des vitalen Fermentgehalts nicht auf vermehrter Thrombinbildung, sondern auf verminderter Thrombinzersetzung beruht. Ein solches Verhältniss kann aber theoretisch nicht als ein regelmässiges betrachtet werden, weil es die Gefahr der Thrombosis einschliesst. Für die reciproken quantitativen Anderungen der intra und extra corpus erzeugten Thrombinmengen ist aber offenbar nicht der durch die vitalen Vorgänge bewirkte Verbrauch an Prothrombin maassgebend, jedenfalls nicht allein. Dazu ist der in der Blutflüssigkeit enthaltene Vorrath an Prothrombin gegenüber den die Blutgerinnung veranlassenden partiellen Spaltungen zu sehr im Überschuss vorhanden. Von viel grösserer Bedeutung für diese Frage scheint mir der Umstand zu sein, dass eine durch vitale Vorgänge bedingte umfangreichere Umsetzung des Prothrombins Widerstände auslöst, welche der extra corpus eintretenden Spaltung ein früheres Ende bereiten. Das Entgegengesetzte würde in Folge einer verminderten vitalen Umsetzung des Prothrombins, wie sie sich durch die Abnahme des vitalen Fermentgehalts kenntlich macht, eintreten.

BIRK giebt an, dass die durch seine Fermentinjektionen bewirkte Erhöhung des vitalen Thrombingehalts allmählich, im Laufe von 20—24 Stunden wieder geschwunden sei. Wir haben aber gesehen, mit welcher blitzartigen Geschwindigkeit das cirkulierende Blut das bei übernormaler Entwickelung freiwerdende Thrombin wieder eliminiert. Nicht die injicierten Fermentmoleküle selbst waren es in BIRK's Versuchen, welche sich so lange im Blute erhielten, sondern die vitale Fermentproduktion war in Folge seiner Injektionen gestiegen. Sie bewirkten Fieber und BIRK selbst fand den vitalen Fermentgehalt eines Hundes, dessen Körperwärme er durch Erwärmen künstlich um $1\frac{1}{2}{}^0$ gesteigert hatte, um das Dreifache erhöht und in Folge davon die postmortale Fermententwickelung auf ein Drittel hinabgesunken.

Dass in dem sekundär veränderten Blute, wenn es den Zustand der völligen Gerinnungsunfähigkeit erreicht hat, auch ein Thrombinzusatz ohne Wirkung bleibt, ist eine Thatsache, mit deren blosser Angabe ich mich fürs Erste begnügen muss. Ist meine Annahme richtig, dass die Wirkung des Thrombins in Spaltungen besteht, durch welche aus dem Paraglobulin die fibrinogene Substanz und aus diesem der lösliche Faserstoff entsteht, so wäre es denkbar, dass dieselben aus der Spaltung des Prothrombins hervorgehenden Stoffe, welche ihre Selbsthemmung bewirken, auch den vom Thrombin abhängigen Spaltungen hindernd in den Weg treten. Ich glaube den Weg gefunden zu haben, um die Stichhaltigkeit dieser Annahme zu prüfen, doch fehlt es mir augenblicklich an dem erforderlichen Versuchsmaterial. —

An das Vorstehende schliesse ich einige Mittheilungen über die Blutveränderungen an, welche durch intravasculäre Applikation, 1. von Jauche, 2. von destilliertem Wasser, sowie von verdünnter Kochsalzlösung herbeigeführt werden.

Die Jaucheinjektionen, welche durch die Vena jug. ext. stattfanden, wurden ausgeführt an Schafen, Hunden und Kälbern von F. HOFFMANN,[1]) N. BOJANUS[2]) und E. v. GÖTSCHEL.[3]) Die Blutveränderungen waren den durch Zelleninjektion bewirkten sehr ähnlich; auch hier sank die Leukocytenzahl auf ein Minimum herab, der vitale Fermentgehalt ging in die Höhe und dann wieder hinunter, die Geschwindigkeit und Ergiebigkeit der Blutgerinnung nahm stetig ab, sodass in einzelnen Fällen die Fibrinziffer kaum 10 % derjenigen der vor der Injektion den Thieren entnommenen Blutprobe betrug, in andern Fällen schliesslich sogar gar kein Fibrin ausgeschieden wurde. Auch hier stellte sich also der Zustand der relativen resp. absoluten Gerinnungsunfähigkeit des Blutes ein. Aber diese Blutveränderungen gingen sehr allmählich vor sich. Nur der Schwund der farblosen Blutkörperchen schien sich in Hinsicht auf seine Geschwindigkeit insofern dem nach Zelleninjektion beobachteten zu nähern, als in den einige Stunden nach der Jaucheinjektion durchgezählten Blutproben die Leukocytenzahl ebenso niedrig war, wie in den etwa zu den correspondierenden Zeiten nach Zelleninjektion den Versuchsthieren entnommenen Blutproben. Ob sie aber dort ebenso im unmittelbaren Anschluss an die Injektion und ebenso steil auf diesen niedrigen Werth gesunken war, wie es hier fast immer der Fall ist, weiss ich nicht, da die Zählproben damals eben frühestens einige Stunden nach der Injektion entnommen wurden.

1) A. a. O. S. 72—81 (Tabellen).

2) A. a. O. S. 53—55 (Tabellen) und S. 61—66 (Tabellen).

3) E. v. GÖTSCHEL. Vergleichende Analyse des Blutes gesunder und septisch inficirter Schafe u. s. w. Inaug.-Abh. Dorpat 1883. S. 48—60 (Tabellen).

Über die Veränderung des vitalen Fermentgehalts aber und der Faserstoffziffer kann ich bestimmtere Aussagen machen. Langsam, aber stetig im Laufe vieler Stunden sank die letztere bis auf das angegebene Minimum herab, langsam stieg der vitale Fermentgehalt zu oft bedeutender Höhe heran, erreichte sein Maximum meist mitten in der Periode der abnehmenden Gerinnbarkeit des Blutes und sank dann wieder ebenso langsam auf ein Minimum herab, sodass dasselbe zeitlich mit dem Minimum der Faserstoffziffer zusammentraf. Die Langsamkeit, mit welcher der vitale Fermentgehalt in die Höhe ging, macht einen ähnlich plötzlichen Zerfall der farblosen Blutkörperchen, wie nach Zelleninjektion, sehr unwahrscheinlich und erklärt wohl auch, warum es nie zu Thrombosen kam. Je tiefer die genannten drei Werthe gesunken waren, desto sicherer war auf den Tod der Thiere zu rechnen; das Wiederansteigen derselben bezeichnete meist den Eintritt der Genesung. Auch hier glaube ich in dem Zerfall der farblosen Elemente des Blutes die nächste Ursache der durch die Injektion von Jauche herbeigeführten Blutveränderung sehen zu müssen, und wenn sie, namentlich in Hinsicht auf ihren zeitlichen Verlauf, von bedeutend geringerer Intensität ist und deshalb auch nicht mit der Gefahr der Thrombosis droht, so ist es eben ein grosser Unterschied, ob, wie bei Jaucheinjektion, nur die präformierten farblosen Elemente zerfallen oder ob zugleich von aussen in das Blut hineingebrachte Zellen diesem Schicksal unterliegen und zwar in Massen, welche, wie es in den Versuchen von GROTH der Fall war, die Gesammtmenge der präformierten sicherlich um ein Mehrfaches überragten. Trotzdem führte die Jauche den Tod der Thiere häufiger herbei, als die Zellen; ihre Gefährlichkeit wird also wohl in etwas Anderem begründet sein, als in den hier betrachteten Blutveränderungen.

Auch darin stimmt die Wirkung der Jauche mit derjenigen intravasculär applicierter Zellen überein, dass in dem seiner spontanen Gerinnbarkeit verlustig gegangenen Blute auch durch einen Thrombinzusatz keine Faserstoffausscheidung mehr herbeigeführt werden kann, eine Thatsache, welche grade zuerst an dem durch Jaucheinjektion veränderten Blute von v. GÖTSCHEL beobachtet worden ist[1] und welche zu bestätigen ich später mehrfach Gelegenheit gehabt habe.

Nur in einer Beziehung zeigt sich nach Jaucheinjektion eine specifische Abweichung von den normalen Verhältnissen im Blute.

---

1) A. a. O. S. 66—71.

Die durch sie bewirkten quantitativen Änderungen der Thrombinentwickelung in und extra corpus bewegen sich nämlich nicht in entgegengesetzter, sondern in gleicher Richtung, so dass beide gleichzeitig wachsen und abnehmen. Es giebt hier also ein mittleres Stadium der Erkrankung, in welchem bei fortwährendem Sinken der Fibrinziffer nicht bloss die in der Gefässbahn präformierten Thrombinmengen übernormal sind, sondern auch die extra corpus abgespaltenen, während trotzdem die Fibrinausscheidung darniederliegt. Diese Erfahrung würde doch für die Existenz specifischer Widerstände gegen die Thrombinwirkung sprechen. Übrigens sehe ich für diesen Paralellismus im Gange der vitalen und postmortalen Fermentkurve keine anderen als ganz hypothetische Erklärungen, welche zu finden ich dem Leser überlassen will. —

Die Kenntniss der Blutveränderungen, welche durch die Injektion von Wasser oder von verdünnter Kochsalzlösung herbeigeführt werden, ist deshalb nicht ohne Nutzen, weil dieselben die Wirkungen der meisten specifischen Injektionsflüssigkeiten complicieren; dass ich mich hier mit ihnen befasse, geschieht in besonderem Hinblick auf die Resultate der später vorzuführenden Injektionen von Cytoglobin- und Präglobulinlösungen.

Die Wasserinjektionen sind ausgeführt worden von BOJANUS,[1] BIRK,[2] HOFFMANN[3] und KOLLMANN;[4] letzterer hat diese Versuche durch Injektion von 0,75—1,0 procentigen Kochsalzlösungen ergänzt. Die Injektionsmengen betrugen 10—20 % der präsumptiven Blutmenge, welche zu 1/13 des Körpergewichts angenommen wurde.

Man kann die Wirkungen des injicierten Wassers trennen in solche, welche der Injektion auf dem Fusse folgen und bald vorübergehen und in solche, welche allmählich hervortreten und längere Zeit anhalten. Was die verdünnte Kochsalzlösung anbetrifft, so sind von KOLLMANN nur die unmittelbar auf die Injektion folgenden Wirkungen berücksichtigt worden; sie unterschieden sich in nichts Wesentlichem von denen des Wassers.

Ich will zuerst bemerken, dass ein extra corpus zum Blute oder Blutplasma gemachter Zusatz von 10—20 % Wasser oder verdünnter Kochsalzlösung die Menge des Faserstoffs nicht im mindesten beein-

---

1) A. a. O. S. 69—71.
2) A. a. O. S. 49—57.
3) A. a. O. S. 92 und 97.
4) P. KOLLMANN. Über den Ursprung der faserstoffgebenden Substanzen des Blutes. Inaug.-Abh. Dorpat 1891. S. 51—55.

flusst; anders ist es bei intravasculärer Applikation dieser Flüssigkeiten.

Eine Abnahme der Zahl der farblosen Blutkörperchen in Folge dieser Injektionen haben bei Katzen weder KOLLMANN noch später ich mit Sicherheit beobachten können. Wenn eine solche stattfindet, so ist sie jedenfalls unbedeutend und bald vorübergehend. Dagegen hat HOFFMANN die Leukocytenzahl nach Wasserinjektionen bei Schafen im Laufe von ein paar Stunden um ca. 50 % abnehmen sehen. Wenn nun auch die farblosen Elemente des Schafes besonders vergängliche sein mögen, so macht diese Beobachtung doch wahrscheinlich, dass auch bei anderen Thieren das injicierte Wasser nicht ganz ohne Einfluss auf die Leukocytenzahl bleibt.

Die unmittelbar auf die Injektion folgenden Veränderungen des Blutes sind den durch Zelleninjektion herbeigeführten ähnlich, nur dass sie bald, in 1—2 Stunden, vorübergehen. Sie bestehen in Folgendem:

1. Die Geschwindigkeit der Blutgerinnung nimmt zu. Momentangerinnungen, wie sie nach Zelleninjektion die Regel bilden, sind hier zwar nicht beobachtet worden, mit Ausnahme eines Falles bei KOLLMANN, aber der in dieser Hinsicht bestehende Unterschied zwischen dem Normalblut und den nach der Injektion entnommenen Blutproben war doch immer sehr in die Augen fallend; denn die Gerinnungszeit der letzteren betrug $^1/_3$, $^1/_4$, in einem Versuch sogar weniger als $^1/_7$ von derjenigen des ersteren. Diese Tendenz des Blutes zu beschleunigter Gerinnung coincidiert mit dem schon früher von BIRK nachgewiesenen Ansteigen des intravasculären Thrombingehalts, welcher sein Maximum 1—3 Stunden nach der Injektion erreicht und dann wieder abnimmt.

2. Die Fibrinziffer sinkt gleichzeitig tief, in zwei von KOLLMANN's Versuchen sogar auf 32, resp. 35% der normalen; der beobachtete tiefste Stand derselben entfiel auf die 1—2 Minuten nach Schluss der Injektion entnommene Blutprobe; ein Mal stellte er sich erst nach $^3/_4$ Stunden ein. Sofort aber beginnt die Fibrinziffer sich wieder zu heben, um schliesslich regelmässig die Norm zu überschreiten. Die übernormalen Fibrinziffern entfielen auf die $^3/_4$—$1^1/_2$ Stunden nach der Injektion den Thieren entzogenen Blutproben. In Procenten der Normalziffer ausgedrückt, betrug die Fibrinvermehrung in einem Falle nur 7%, in den übrigen aber 18 bis 45%. Diese Zunahme des Faserstoffes erscheint wie eine Compensation der anfänglichen Abnahme. BOJANUS und HOFFMANN hatten ihre Blutentziehungen zeitlich so vertheilt, dass dieser der Injektion

auf dem Fusse folgende Wechsel der Faserstoffziffer nicht zu ihrer Wahrnehmung gelangen konnte; ergänzt man aber die KOLLMANN-schen Zahlen durch die ihrigen, so ergiebt sich, dass die Fibrinziffer, nachdem sie die Norm überschritten, wieder zu ihr zurückkehrt und nun eine Zeit lang mit kleinen Schwankungen nach oben und unten in ihrer Nähe weilt. Am folgenden Tage zeigt die Fibrinziffer eine nochmalige Erhöhung, die viel bedeutender ist, als die auf die Injektion folgende; denn sie kann über 100% betragen. Sie hält meist den ganzen zweiten Tag an, vielleicht noch länger.

Gegen das durch die Injektion von Wasser oder von verdünnter Kochsalzlösung bewirkte Wachsthum des vitalen Thrombingehalts und die beschleunigte Gerinnung reagirt das Blut also wiederum damit, dass es die Wirkung des Ferments auf das faserstoffgebende Material, wenn auch nicht ganz hemmt, so doch sehr beschränkt; wie das geschieht, bleibt auch hier dunkel. Das Wachsthum des intravasculären Thrombingehalts würde wohl zunächst auf den fraglichen Zerfall von farblosen Elementen zu beziehen sein; vielleicht erleichtert aber auch die durch die Injektion gesetzte vorübergehende Blutverdünnung die Spaltung des Prothrombins. Bei den Wasserinjektionen kommt auch noch die Zerstörung eines Theiles der rothen Blutkörperchen in Betracht, wodurch zymoplastische Substanzen frei werden. Doch ist diese Zerstörung bei Injektionen vom angegebenen Umfange eine sehr beschränkte und die röthliche Färbung der Blutflüssigkeit schwindet in ein paar Stunden. Jedenfalls' ist dieser Umstand nicht von grosser Bedeutung, da nach Injektion von verdünnter Kochsalzlösung die Erscheinungen nicht merkbar weniger ausgeprägt waren, obgleich ein Hämoglobinaustritt in die Blutflüssigkeit hier niemals stattfand.

Vielleicht ist hier noch ein anderer Umstand zu berücksichtigen, nämlich die Wasseraufnahme von Seiten der rothen Blutkörperchen. KRÜGER injicirte einer Katze eine Quantität 0,6%iger Kochsalzlösung, welche 10% der präsumptiven Blutmenge betrug. Ein paar Minuten nach Schluss der Injektion entnahm er dem Thiere eine mässig grosse Blutmenge und theilte sie in zwei ungleiche Theile, mittelst welcher er den Wassergehalt des Gesammtbluts sowohl als des Serums bestimmte. Er fand den ersteren, verglichen mit demjenigen des vor der Injektion entnommenen Blutes beträchtlich erhöht, den des letzteren aber fast unverändert. Unter der Annahme, dass die Blutmenge des Thieres 1/13 des Körpergewichts betrug, ergab sich, dass die ganze injicirte Wassermenge zur Zeit des betreffenden Aderlasses noch im Blute enthalten und von den rothen Blutkörperchen

aufgenommen worden war, ein Ergebnis, das später von Th. LAK-
SCHEWITZ [1]) bestätigt worden ist und auch für den Fall Geltung hat,
dass die verdünnte Kochsalzlösung extra corpus dem Blute zugesetzt wird.

Wenn nun die rothen Blutkörperchen im Austausch bei der
Wasseraufnahme zymoplastische Substanzen an die Blutflüssigkeit abgeben sollten, so würden die geschilderten nächsten Folgen der Injektion von Wasser oder von verdünnter Kochsalzlösung in diesem
Umstande ihre Erklärung finden.

Die vorübergehende Wasserwirkung begleitet auch jede Injektion von Jauche, wenn das Volum derselben kein allzukleines ist.
Auch hier beobachtet man also die anfängliche, plötzliche Beschleunigung der Gerinnung, das gleichzeitige rasche und tiefe Sinken der
Fibrinziffer und das drauffolgende Wiederansteigen derselben. Ob sie
dabei, wie nach Wasserinjektion, vorübergehend die Norm überschreitet, ist bis jetzt nicht ermittelt worden; jedenfalls folgt erst
auf dieses Wiederansteigen der Fibrinziffer das bereits beschriebene
anhaltende Sinken derselben mit den Begleiterscheinungen, so dass
also in solchem Falle Wasserwirkung und Jauchewirkung sich in
der Gesammtsumme der Erscheinungen wiederspiegeln.

Die nach Wasserinjektionen beobachteten hohen Fibrinwerthe
des zweiten Tages scheinen mir auf eine durch die Blutverdünnung
bewirkte Steigerung des Gewebszerfalles hinzuweisen, wobei vielleicht die durch die Wasseraufnahme bewirkte Alteration der rothen
Blutkörperchen mit in Betracht kommt.

Übrigens führt man dieselben Blutveränderungen wie durch Injektion von Wasser oder von verdünnter Kochsalzlösung auch durch
eine starke Blutentziehung oder durch wiederholte Aderlässe herbei,
was auf Blutverdünnung durch Wasseraufnahme aus den Geweben
beruhen dürfte. Das Blut eines auf einen vorangegangenen in etwa
einem Zeitraume von $^1/_4$—$^1/_2$ Stunde nachfolgenden zweiten Aderlasses gerinnt immer in sehr beschleunigter Weise und zeigt eine

---

1) TH. LAKSCHEWITZ. Über die Wasseraufnahmofähigkeit der rothen Blutkörperchen u. s. w. Inaug.-Abh. Dorpat 1892. Diese Arbeit enthält mehrere
nach der in meinem Institut gebräuchlichen Methode ausgeführte vergleichende
Analysen des vor und nach der Injektion von 0,6 procentiger Kochsalzlösung
den Versuchsthieren entzogenen Blutes; es ergab sich, dass der Wassergehalt
der rothen Blutkörperchen in Folge der Injektionen um 52—115 %, der des
Serums aber gleichzeitig nur um 0,7—1,1 % gewachsen war. Dabei war der
Gesammtrückstand der rothen Blutkörperchen bezogen auf 100 Gr. Blut fast ganz
unverändert geblieben.

mehr oder weniger bedeutende Faserstoffverminderung, die bald
einer Vermehrung Platz macht. Applicirt man dem Thiere im
Laufe eines Tages drei bis vier mässige Aderlässe in gleichen
Intervallen, so schwankt die Fibrinziffer in engeren Grenzen; am folgenden Tage aber liegt sie sehr hoch. HOFFMANN stellte einen
solchen Versuch mit einem Hunde an. Die Fibrinziffern des Injek-
tionstages waren 0,16—0,16—0,18—0,24%, am folgenden Tage aber
fand HOFFMANN am Vormittag sie = 0,46% und am Nachmittag =
0,36%. LAKSCHEWITZ entzog einem Kater von mässiger Grösse 48 gr.
Blut und entnahm ihm 40 Minuten später ein zweites kleineres Blutquantum, und es fand sich, dass der Wassergehalt des Blutes infolge
des ersten stärkeren Aderlasses eine Vermehrung erfahren hatte, aber
so, dass derjenige der rothen Blutkörperchen um 30%, derjenige
des Serums nur um 0,7% zugenommen hatte. Die Blutkörperchen
verhindern auf diese Weise jede stärkere Verdünnung des Plasmas,
und eine Vermehrung des fibringebenden Materials ist die Folge,
mag das Wasser von aussen oder aus den Geweben in das Blut gelangt sein.

Beim Hungern wird an den Geweben gezehrt; der Organismus
spart, die Harnstoffausscheidung sinkt, der Globulingehalt des Blutes,
resp. das Fibrinprocent, wachsen zu bedeutender Höhe an. Das
Organeiweiss wird also im Blute aufgespeichert. KOLLMANN liess
zwei Katzen, deren Körpergewicht und augenblickliches Fibrinprocent
er bestimmt hatte, 8 Tage hungern und wiederholte dann diese Bestimmungen. Das Körpergewicht der Thiere war von 3500 resp.
3800 gr. auf 2200 resp. 2600 gr. gesunken, ihre Fibrinziffer aber in
dieser Zeit von 0,209 resp. 0,158 auf 0,784 resp. 0,435% gestiegen.
In einem von mir an einer Katze ausgeführten Versuche, von welchem
ich die Notizen nicht mehr zur Hand habe, betrug das Fibrinprocent
nach 8 Hungertagen mehr als das Fünffache seines früheren Werthes.

Die Beziehung zwischen dem Globulingehalt des Blutes und dem
Organumsatze drückt sich auch in der bekannten Thatsache aus,
dass bei mit febriler Consumption einhergehenden Krankheiten das
Faserstoffprocent des Bluts steigt. —

Im Anschluss an die in diesem Kapitel mitgetheilten Versuchsergebnisse will ich noch einige andere hier erwähnen, welche durch
die intravenöse Injektion von Cytoglobin- und Präglobulinlösungen
gewonnen wurden. Sie gehören eigentlich nicht hierher, weil sie
die intravasculäre Gerinnungstendenz des Bluts keineswegs erhöhen,
weshalb dieses auch in ganz anderer Weise gegen sie reagirt, als

es in den bisher besprochenen Versuchen der Fall war. Da ich über
sie aber nur kurz berichten werde, weil meine betreffenden Erfahrungen noch wenig zahlreich sind, so will ich ihnen kein besonderes Kapitel widmen.

Es sollte ermittelt werden 1. ob das Cytoglobin und das Präglobulin auch in der Blutbahn eines lebenden Organismus in Paraglobulin umgesetzt werden, 2. ob infolge davon das nach der Injektion den Versuchstbieren entzogene Blut zu irgend einer Zeit eine
Faserstoffvermehrung zeigt.

Zur Beantwortung dieser beiden Fragen mussten also sowohl
die Normalblutprobe, als auch die auf die Injektion in zunächst will-
kürlich gewählten Zeitintervallen folgenden dienen. Da ich aber
nur über kleine Vorräthe des Injektionsmaterials disponierte, so
konnte ich auch nur kleine Thiere, wiederum Katzen, zu diesen Versuchen verwenden; ich musste also auch mit kleinen Blutmengen
zu einem Resultate zu kommen suchen.

Zur Fibrinbestimmung genügen 10 Ccm. Blut; zur Beantwortung
der Frage aber, ob aus den Injektionsstoffen im Kreislauf Paraglobulin entstanden ist, kann das rothe Blut nicht benutzt werden, sondern nur das Blutserum. Quantitative Paraglobulinbestimmungen
sind aber unsicher, selbst wenn man über grosse Serummengen verfügt; hier konnte davon nicht die Rede sein. Es bedurfte dessen,
wie mir schien, aber auch nicht, sobald es gelang, den früher erwähnten, zur Paraglobulinstufe führenden Übergangskörper in dem
Serum der auf die Injektion folgenden Blutproben auftreten und dann
wieder schwinden zu sehen. Zu dieser Prüfung genügt aber 1 Ccm.
Serum. Die Blutentziehungen wurden deshalb so eingerichtet, dass
jedesmal getrennt ca. 10 und 5 Ccm. aufgefangen wurden. Von der
grösseren Portion wurde der Faserstoff durch Defibrinieren mit einem
Fischbeinstäbchen gewonnen, die kleinere diente zur Herstellung der
Zählmischung, welche aus 1 Ccm. Blut und 80 Ccm. einer 0,5%igen
NaCl-Lösung bestand. An dem Reste der kleineren Portion wurde
die Gerinnungszeit beobachtet, dann wurde der Rand des Blutkuchens
von der Glaswand mit einem Platindraht abgelöst, was die Contraktion des Gerinnsels sehr beschleunigt. Nach einigen Stunden liessen
sich mit einer feinen Pipette bequem 1—2 Ccm. Serum abheben.
Auch die defibrinierte Portion diente, da die rothen Blutkörperchen
der Katze sich gut senken, zur Serumgewinnung. [1]

---

[1] In einer Anzahl von Versuchen wurde indess das defibrinierte Blut zum
Zwecke der Bestimmung des vitalen Fermentgehalts unter Alkohol gesetzt.

Eine sichere Aussicht auf Erfolg boten diese Versuche keineswegs dar. Wenn das cirkulierende Blut die Umwandlung bis zur Paraglobulinstufe vollzieht, so war es doch sehr zu bezweifeln, dass es gelingen werde, mit irgend einer der wenigen Blutentziehungen, welche den Thieren überhaupt applicirt werden konnten, den gewiss rasch vorübergehenden Zeitpunkt zu treffen, auf welchen, als Folge der Umsetzung, die Faserstoffvermehrung entfiel; es war sogar fraglich, ob es überhaupt dazu käme, da der Organismus in die Verhältnisse des cirkulierenden Blutes so einzugreifen vermag, dass, wie wir gesehen haben, eine Erniedrigung der Fibrinziffer die Folge ist. Wann tritt in solchem Falle die etwaige Compensation ein und findet sie überhaupt statt? Das Material könnte anderen weiteren Zersetzungen anheimfallen oder sich auf lange Zeiträume vertheilen, so dass die Compensation an der Fibrinziffer nicht zu erkennen ist u. s. w.

Der Versuch, mittelst Essigsäure den Übergangskörper im Serum der betreffenden Blutproben nachzuweisen, beruhte auf der unseren bisherigen Erfahrungen widersprechenden Voraussetzung, dass dieser Körper, nachdem er im Kreislaufe aus den sehr kleinen Substanzmengen, welche den Thieren beigebracht werden konnten, entstanden, extra corpus noch einige Stunden, bis die Serumgewinnung möglich wurde, unverändert bestehen bleibe. Nur der Erfolg hat diese Untersuchungsmethode gerechtfertigt.

Die Injektion fand durch die vena jug. ext. statt, die Blutproben wurden der Carotis entnommen. Das Cytoglobin kam in wässeriger Lösung zur Anwendung. Das Präglobulin wurde, nachdem es vom Filtrum abgeschabt worden, in Wasser suspendirt; da es sich aber darin durch Schütteln nicht fein vertheilen lässt, so wurden einige Tropfen hochgradig verdünnter Natronlauge bis zur theilweisen Auflösung der Substanz hinzugefügt und dann geschüttelt; die vollständige Auflösung konnte dann dem Blute überlassen werden.

Das Volum der Injektionsflüssigkeit betrug je nach der Grösse der Thiere ca. 15—20 Ccm., etwa 10% der präsumptiven Blutmenge.

Noch unbekannt mit den Wirkungen der Substanz versuchte v. RENNENKAMPFF [1]), welcher die Cytoglobininjektionen übernahm, es zunächst mit 1 gr. derselben. Da das Thier 2370 gr. wog, so wurden ihm mit diesem Quantum 0,42 gr. pro Kilo oder ca. 0,55% seiner Blutmenge in das Gefässsystem applicirt.

6 Minuten vor der Injektion fand die erste Blutentziehung statt,

1) In der angeführten Inaug.-Abhandlung.

$1/2$ Minute nach Schluss derselben die zweite und $1/4$ Stunde später
die dritte; 10 Minuten nach der dritten Blutentnahme verschied das
Thier plötzlich und ohne besonders hervortretende Symptome. Mit
der in diesem Versuche angewandten Dosis war also dem Thiere
jedenfalls zu viel zugemuthet worden.

Die Gerinnung der beiden auf die Injektion folgenden Blutproben
war deutlich verlangsamt, besonders die der ersten; sie gerann in
10 Minuten, die zweite schon in $7\frac{1}{2}$ Minuten, die Normalprobe in
5 Minuten. Der vitale Thrombingehalt erfuhr eine geringe Erhöhung,
die Fibrinziffer sank von 0,57%, ihrem anfänglichen Werth, auf
0,48% und weiter auf 0,34%.

Gemäss den späteren, mit viel kleineren Cytoglobinmengen ausgeführten Versuchen, in welchen die in der Beschleunigung der Gerinnung sich äussernde anfängliche Wasserwirkung deutlich und ausnahmslos hervortrat, ist die in diesem Versuche beobachtete Verlangsamung derselben offenbar als Wirkung des Cytoglobins zu
fassen, welches diejenige des Wassers übercompensiert hat, nicht so
aber die Faserstoffverminderung. Ein Quantum Cytoglobin von 0,55%
des rothen Blutes vermag wohl die Gerinnung um Einiges zu ver-
langsamen, schliesslich wird sie durch die körperlichen Elemente
des Blutes aber doch ausgelöst, und eine wenn auch geringe Zunahme, niemals aber eine Abnahme des Faserstoffs ist der Endeffekt. Um die Fibrinziffer herabzusetzen, bedarf es beim rothen
Blute viel grösserer Mengen von Cytoglobin und, um die Gerinnung
ganz zu unterdrücken, sogar wenigstens einer Quantität von 3%. In
Hinsicht auf die Depression der Fibrinziffer prägte sich also auch
in diesem Versuche, wie in allen folgenden, die Wasserwirkung aus.
Dasselbe gilt von dem vitalen Fermentgehalte, der eine Erhöhung
aufweist, während wir doch wissen, dass das Cytoglobin sowohl wie
das Präglobulin die Spaltung des Prothrombins, je nach ihrer Menge,
beschränken oder ganz unterdrücken. Da aber in dem vorliegenden
Versuche der vitale Fermentgehalt eine bedeutend geringere Erhöhung erfahren hat als in den späteren, mit kleineren Cytoglobinmengen ausgeführten Versuchen, so hat die injicierte Substanz dem
Wasser doch bis zu einem gewissen Grade entgegengewirkt.

Es wurde leider versäumt eine Zählmischung herzustellen, sowie
auch das Serum der beiden auf die Injection folgenden Blutproben in
Hinsicht auf die Frage, ob der Übergangskörper oder gar noch unverändertes Cytoglobin in demselben enthalten war, zu untersuchen.
Wiederum nach den Resultaten der späteren Versuche zu urtheilen,
wäre wenigstens der erstere, und zwar in seinen anfänglichsten

Stadien, im Serum aufgefunden worden, was meiner Auffassung über den Grund der Verzögerung der Gerinnung zu Gute gekommen wäre.

Nachdem v. RENNENKAMPFF die Erfahrung gemacht hatte, dass das Cytoglobin schon zu 0,42 gr. pro Kilo des Thieres so rasch tödlich gewirkt hatte, ging er zuerst auf 0,10 Gr. pro Kilo hinunter. Auch diese Dosis wirkte tödlich, aber erst nach längerer Zeit, so dass es möglich wurde dem Schicksal der injicierten Substanz im Blute genauer zu folgen. Die Resultate habe ich zum Theil schon eben angedeutet. Zunächst tiefes Sinken der Faserstoffziffer, deren beobachtetes Minimum nicht auf die unmittelbar, sondern auf die ca. $\frac{1}{4}$ Stunde nach der Injektion folgende Blutprobe entfiel, darauf baldiges Wiederansteigen derselben, wobei jedoch die Normalziffer zu den Zeiten, in welchen sie nach einfacher Wasserinjektion überschritten wird, nicht einmal erreicht wurde. Ferner die gewöhnlichen unmittelbar auf die Injektion folgenden Wasserwirkungen, d. h. Wachsthum des vitalen Fermentgehalts und beschleunigte Gerinnung, welche, wie KOLLMANN später fand, wohl zugleich auch auf einer extra corpus in Folge der Blutverdünnung eintretenden tieferen Spaltung des Prothrombins beruhen dürfte. Jedenfalls lassen die beiden von KOLLMANN angestellten Versuche mit Cytoglobin keinen Zweifel an der Thatsache aufkommen, dass eine starke aber vorübergehende Steigerung der postmortalen Fermententwickelung eine Folge dieser Injektionen ist. Auch dieses Ergebniss beziehe ich auf das injicierte Wasser, da BOJANUS unter drei Versuchen mit destilliertem Wasser zwei Mal dem gleichen Effekt begegnete, so dass, wenn im dritten Versuch dieses Verhältniss nicht zur Beobachtung kam, die Wahrscheinlichkeit dafür spricht, dass BOJANUS mit seinen um Stunden auseinanderliegenden Blutentziehungen hier den Zeitpunkt der erhöhten postmortalen Fermententwickelung nicht aufgefunden hatte.[1]

Durchaus vom Cytoglobin abhängig war aber der in diesen Versuchen beobachtete rasche und ausgedehnte Schwund der farblosen Blutkörperchen, welcher in diesem Umfange bisher nur als Folge der Injektion von Zellen uns entgegengetreten ist. In einem Versuch war die Leucocytenzahl schon in der zweiten nach der Cytoglobininjektion entnommenen Blutprobe, d. h. im Laufe einer Viertelstunde auf 1,7 % ihres ursprünglichen Werthes gesunken; in den übrigen Versuchen lagen die Minima der Leukocytenzahl etwas höher, über 12 % des Normalwerthes gingen sie aber nicht hinaus.

---

1) A. a. O. S. 69—71.

Ebenfalls vom Cytoglobin abhängig war offenbar das Ausbleiben
der Wasserwirkung in Betreff der auf die anfängliche Depression der
Faserstoffziffer folgenden Erhebung derselben über die Norm; sie trat
weder zu der gewöhnlichen, nach Wasserinjektion beobachteten Zeit
ein, noch, so weit man aus den nicht zahlreichen Versuchen v. RENNEN-
KAMPFF's schliessen darf, zu irgend einer späteren Zeit im Laufe des
Tages. Die Faserstoffmenge kam derjenigen der Normalblutprobe
nahe, aber sie ging nicht über sie hinaus. Aber nicht das Cytoglobin
hindert das Ansteigen der Faserstoffziffer; dazu war seine Quantität
in diesen Versuchen viel zu klein, ganz abgesehen davon, dass es
zu der Zeit, in welcher das Überschreiten der Norm seitens der
Faserstoffziffer zu erwarten gewesen wäre, als solches gar nicht mehr
im Blute existierte. Ich komme hierauf zurück.

v. RENNENKAMPFF verkleinerte seine Dosis nun noch ein Mal,
indem er auf 0,05 gr. pro Kilo Körpergewicht herabging. In allem
Übrigen erhielt er dabei die gleichen Resultate, wie in den früheren
Versuchen, insofern aber machte sich eine Abweichung geltend, als
nun wirklich eine Faserstoffvermehrung eintrat. In vier bezüglichen
Versuchen von v. RENNENKAMPFF und in zweien von KOLLMANN blieb
sie kein Mal aus.

Der letztere führte ausserdem die Versuche mit Präglobulin aus,
indem er dabei die letzte Dosierung von v. RENNENKAMPFF beibehielt,
d. h. er brachte den Thieren stets die 0,05 gr. Cytoglobin pro Kilo
entsprechende Präglobulinmenge bei (also ungefähr 0,03 gr. pro Kilo).
Die Resultate stimmten in allen Beziehungen mit den von
v. RENNENKAMPFF mit der kleineren Cytoglobulinquantität gewonnenen
überein, auch in Betreff der vorübergehenden Erhebung der Faserstoffziffer über die Norm.

Der aus diesen Befunden sich ergebende Schluss, dass das injicierte Cytoglobin resp. Präglobulin hier, wie es extra corpus der
Fall ist, unmittelbar den Faserstoffzuwachs veranlasst habe, ist durch
KOLLMANN's spätere Beobachtung, dass eben ein solcher Zuwachs
auch die Folge einer einfachen Wasserinjektion ist, zweifelhaft geworden. Die Gipfel der Fibrinkurve fielen beim Cytoglobin fast
genau in dieselbe Zeit, wie nach Injektion von Wasser oder von
verdünnter Kochsalzlösung. Nach Präglobulin traten sie in einigen
Fällen freilich früher zu Tage, ein Mal sogar 3 Minuten nach Schluss
der Injektion; aber die Zahl der Versuche ist doch noch zu klein,
als dass hieraus eine Regel abgeleitet werden dürfte. Es ist leicht
möglich, dass auch ein Mal nach Wasserinjektion ein solcher Fall zur
Beobachtung gelangt. Kurz der Einwand lässt sich nicht abweisen,

dass v. Rennenkampff und Kollmann zu d i e s e m Resultat auch
gelangt wären, wenn sie statt ihrer Lösungen von Cytoglobin und
Präglobulin in gleicher Menge reines Wasser oder verdünnte Kochsalzlösung injiciert hätten, und dass eine Quantität von 0,05 gr. Cytoglobin und 0,03 gr. Präglobulin zu klein ist, als dass der Organismus in einer Weise gegen sie reagierte, in deren Folge die vom
Wasser abhängige Erhebung der Faserstoffziffer nicht zu Stande käme.[1]
Von viel grösserer Bedeutung ist nun aber die Thatsache, dass der
Ü b e r g a n g s k ö r p e r sich jedesmal in dem Serum der n a c h diesen
Injektionen den Thieren entzogenen Blutproben mit Essigsäure nachweisen lässt.

Nach Cytoglobininjektionen im Umfange von 0,05—0,10 gr. p. K.
erzeugt verdünnte Essigsäure in dem Serum der ersten, unmittelbar nach
Schluss der Injektion aufgefangenen, Blutprobe eine mächtige Trübung,
und es bedarf des mehrfachen Volums concentrierter Essigsäure, um
die ausgefällte Substanz wieder aufzulösen; das ist offenbar kein
durch die verdünnte Säure aus der u n v e r ä n d e r t g e b l i e b e n e n
S u b s t a n z abgespaltenes Präglobulin, denn dieses ist eben auch in
concentrierter Essigsäure unlöslich. In der etwa 10 Minuten später
entnommenen Blutprobe war der betreffende Körper schon viel leichter
in Essigsäure löslich, aber selbst noch nach 30—35 Minuten (bei
0,1 gr. Cytoglobin pro Kilo Körpergewicht auch noch nach ³/₄ Stun·
den) enthielt das Serum stets noch eine Substanz, welche, verglichen
mit der in den vorangegangenen Blutproben enthaltenen, zwar schon
als leicht, verglichen mit dem echten Paraglobulin, aber immer noch
als ziemlich schwer in Essigsäure löslich bezeichnet werden musste.
In den etwa 1¹/₂ Stunden nach der Injektion entnommenen Blutproben war der Übergangskörper nicht mehr aufzufinden, das Serum
derselben verhielt sich gegen Essigsäure, wie das der Normalprobe.

Wie bei meinen extra corpus mit Blutserum angestellten Versuchen, so ging auch hier die Umsetzung des Präglobulins zu Paraglobulin v i e l s c h n e l l e r v o r s i c h, als die des Cytoglobins. Nach Prä-
globulininjektion fand Kollmann den Übergangskörper in der Mehrzahl der Fälle nur noch in dem Serum der ersten, gleich auf die
Injektion folgenden Blutprobe auf, und derselbe war zugleich viel
leichter in Essigsäure löslich, als der nach Cytoglobininjektion in den
mittleren Blutproben enthaltene. Nur in zweien seiner Versuche war
der Übergangskörper noch 35 Minuten nach der Injektion nach-

---

1) Es könnten ja auch die injicierten Stoffe neben dem Wasser an der
Erhöhung der Fibrinziffer betheiligt sein, inwieweit aber, kann natürlich dem
Faserstoffzuwachs nicht angesehen werden.

weisbar, aber die betreffenden Thiere waren sterbende und starben auch schon ¹/₂ Stunde später.

Das Cytoglobin und das Präglobulin unterliegen also unter der Einwirkung des Blutes in der Gefässbahn dem gleichen Schicksal wie extra corpus, und hier war das Ende desselben die Paraglobulin-bildung. Wenn nun aber aus diesen Stoffen sogar im circulirenden Blute ein physiologischer Bestandtheil desselben entsteht, so ist man berechtigt weiter zu schliessen, dass sie durch die Methode der Darstellung keine wesentliche Veränderung ihrer Substanz erlitten haben.

Wenn man aber ebenso geringfügige Mengen dieser Stoffe, wie sie in diesen Versuchen intravasculär applicirt worden sind, extra corpus in das Blutplasma bringt und dann noch· eine Temperatur gleich der des Körpers zu Hülfe nimmt, so geht die Paraglobulin-bildung in wenigen Augenblicken vor sich; mit dem Abschluss der Gerinnung sind sie als solche bereits verschwunden. Ebenso schnell geht unter diesen Bedingungen die Umsetzung im Blutserum vor sich. Demgegenüber erscheint der Vorgang in der Blutbahn als ein ver-langsamter, besonders gilt dies vom Cytoglobin, bis zu einem gewissen Grade aber auch vom Präglobulin. Aber noch mehr: in einer sehr bald nach der Injektion entnommenen Blutprobe wäre der Über-gangskörper, je nachdem er vom Cytoglobin oder vom Präglobulin stammt, in etwa einer Stunde, resp. in einigen Minuten, als solcher ver-schwunden, wenn das Blut im Körper geblieben wäre. Extra corpus aber verhält dasselbe sich anders. Das Blut kommt körper-warm aus der Ader, es gerinnt, es vergehen noch einige Stunden, bis das Serum gewonnen werden kann, und der Übergangskörper ist noch in demselben vorhanden, in KOLLMANN's Versuchen selbst noch der vom Präglobulin stammende, trotzdem er der Paraglobulinstufe schon sehr nahestand. Es geht daraus hervor, dass in dem mit dem Organismus im Zusammenhange befindlichen Blute Widerstände gegen eine zu rasche Umsetzung der injicirten Stoffe wirksam werden, welche das circulirende Blut zwar allmählich wieder eliminiert, extra corpus aber verhältnissmässig lange, vielleicht unbegrenzt lange, fortwirken.

Im circulirenden Blute erwachen aber nicht bloss Widerstände, welche die Umsetzung der injicirten Stoffe zu Paraglobulin verzögern, es treten auch Verhältnisse ein, welche es mit sich bringen, dass der weitere, extra corpus stattfindende Vorgang der Faserstoffbildung an Umfang abnimmt statt zuzunehmen. Man überlege Folgendes: mit dem Cytoglobin und mit dem Präglobulin wurde zugleich Wasser injicirt und zur Zeit, wo die vom Wasser abhängige Elevation der

Faserstoffziffer über die Norm zu erwarten war, war aus beiden
Stoffen schon Paraglobulin entstanden, der Globulingehalt des Blutes
hatte also einen Zuwachs erhalten; auf eine um so bedeutendere
Elevation der Faserstoffziffer, wenigstens als Folge der Wasserwirkung
wäre nun doch zunächst zu rechnen gewesen. Wir sehen dieselbe
aber nur nach Applikation der kleinen Quantitäten (0,05 resp. 0,03 gr.
pro Kilo) eintreten; schon bei der doppelten Dosis bleibt die Faserstoffziffer, statt die Norm zu überschreiten, hinter ihr zurück, obgleich
auch hier d i e U m s e t z u n g i n d i e G l o b u l i n f o r m frühzeitig genug
stattgefunden hat, die nur a l s s o l c h e hemmend wirkenden Injek-
tionsstoffe im Blute also gar nicht mehr vorhanden waren.

Die gleichen Erfahrungen macht man bei intravenöser Injektion
der Globuline selbst in das Blut. KROEGER hat ca. 20 solche Versuche
ausgeführt, die Mehrzahl mit Paraglobulin, einen mit fibrinogener
Substanz und einen mit einem Gemenge beider, wie man es so leicht
aus Pferdeblutplasma sich herstellen kann; das Paraglobulin wurde
aus Rinderblutserum, die fibrinogene Substanz aus Herzbeutelflüssigkeit vom Pferde gewonnen. Die Darstellungsmethode war die gewöhnliche, nämlich Verdünnen mit Wasser und Fällen mit verdünnter
Essigsäure, resp. Kohlensäure; dabei wurden die Substanzen durch
mehrmaliges Wiederauflösen und Wiederfällen mit titrierter Natronlauge und Essigsäure gereinigt. KROEGER hat es mit den verschie-
densten Quantitäten versucht, er ist hinaufgegangen bis auf 0,10 gr.
Substanz pro Kilo (also etwa 0,13 % des Blutes), eine Quantität, welche,
wenn sie extra corpus zum Blute hinzugefügt wird, sich in der Faserstoffziffer deutlich wahrnehmbar macht, aber der erwartete Erfolg
blieb aus; das tiefe und vorübergehende Sinken der Faserstoffziffer
unmittelbar nach der Injektion fand zwar jedesmal statt, bei der darauffolgenden Erhebung aber erreichte sie niemals die Norm, geschweige,
dass sie sie überschritt; das Resultat war also eine dauernde Faserstoffverminderung, und doch vertheilte KROEGER seine Blutentziehungen
in dieselben Zeiten wie KOLLMANN bei seinen Wasserinjektionen. Man
kann hiergegen nicht einwenden, dass dieses Resultat durch die
Blutentziehungen selbst bedingt sei, da jeder Blutverlust an sich eine
sofort eintretende Faserstoffverminderung bewirke, während die nachfolgende Vermehrung durch die nächste Blutentziehung unmöglich
gemacht worden sei; denn nach Injektion von Wasser kam die Vermehrung trotz des ihr vorausgegangenen Aderlasses zur Wahrnehmung.[1]
Diese negativen Resultate sind um so auffallender, als KROEGER ja

1) Es dürfen natürlich die Blutabnahmen nicht zu rasch auf einander folgen.

doch das unmittelbare Substrat der Faserstoffbildung seinen Versuchsthieren intravasculär applicirt hat, sie sind noch negativer als die
mit Cytoglobin und Präglobulin gewonnenen. Ich stelle mir vor, dass
das cirkulierende Blut sich stets mit seinem augenblicklichen Gehalt
an Globulinen in einem Gleichgewichtszustande befindet und dass
deshalb jede nicht natürliche Vermehrung derselben als Störung wirkt
und Reaktionen veranlasst, welche eine Abnahme des Faserstoffes
statt einer Zunahme zur Folge haben. Wenn aber das im Zusammenhange mit dem Organismus befindliche Blut nicht bloss hier, sondern
auch in mancher anderen Hinsicht, sich anders verhält als extra
corpus, so sind wir berechtigt, von einem Eingreifen des Organismus
in die Verhältnisse und Zustände des Blutes zu reden.

Im Ganzen reagiert das cirkulierende Blut gegen das Cytoglobin
und das Präglobulin doch anders als gegen von aussen ihm zuge-
führte Zellenmassen, gegen die zymoplastischen Substanzen und gegen
Jauche. Die gleich nach der Injektion auftretenden Erscheinungen
der Wasserwirkung, die Gerinnungsbeschleunigung bei gleichzeitiger
Erniedrigung der Faserstoffziffer, gehen bald vorüber, die Farbe des
Blutes ist unverändert, der Faserstoff, der in den ersten auf die Injektion folgenden Blutproben ein geringes Contraktionsvermögen besitzt, so dass das Coagulum bei Druck leicht in Stücke zerfällt,
nimmt sehr bald seine gewöhnliche Beschaffenheit wieder an, seine
Menge zeigt weiterhin nur die gewöhnlichen Tagesschwankungen, kurz
als wesentlich verändert, als krank, kann das Blut nicht bezeichnet
werden. Und doch findet dabei ein sehr ausgedehnter Zerfall der
farblosen Blutkörperchen statt. Warum reagiert der Organismus gegen
diesen Zerfall nicht ebenso durch Aufheben der Gerinnungsfähigkeit
des Blutes, wie gegen denjenigen, welcher durch injicierte Zellen
oder Jauche herbeigeführt wird? Ich könnte hierauf mehrere Antworten geben, da sie aber alle sehr hypothetischer Natur sind, so be-
gnüge ich mich mit der Aufstellung der Frage. Bedenkt man, dass das
normale, die farblosen Blutkörperchen enthaltende Blutplasma eines
Zusatzes von ca. 2 % Cytoglobin oder Präglobulin bedarf, um dauernd
flüssig zu bleiben, so erscheint es jedenfalls unmöglich, in den kleinen
durch die Injektionen den Thieren beigebrachten Mengen dieser Stoffe
die Ursache zu erblicken, welche die durch die zymoplastischen Bestandtheile der zerfallenen Zellen unter anderen Umständen einge-
leiteten Spaltungen und damit auch die konsekutive Blutveränderung
zu hindern vermag. Es muss im Gefässsystem jedenfalls noch etwas
anderes hinzukommen.

Trotzdem aber eine tiefgreifende Blutveränderung durch die

intravenöse Injektion dieser Stoffe nicht herbeigeführt wurde, starben doch fast alle Versuchsthiere, einige sehr bald, nach einigen Stunden, andere erst am folgenden oder dritten Tage. Es war an sich unwahrscheinlich, dass der durch die wiederholten Blutabnahmen bewirkte Blutverlust die Todesursache abgegeben hatte. KOLLMANN fand diese Voraussetzung an zwei Katzen bestätigt, welchen er Blutmengen entzog, die den grössten von ihm in Begleitung seiner Präglobulininjektionen bewirkten Blutverlusten gleich waren, ohne dass die geringste Störung ihres Wohlbefindens wahrnehmbar geworden wäre.

Injiciert man andererseits den Thieren diese Stoffe in den angegebenen Quantitäten, ohne ihnen zugleich Blut zu entziehen, so sterben sie zwar nicht, aber sie erkranken schwer. Nach wenigen Stunden stellen sich heftige Durchfälle und starkes Fieber ein; die Thiere, welche anfangs noch Nahrung zu sich nehmen, weisen sie bald vollständig zurück. Fieber, Appetitlosigkeit, grosse Mattigkeit halten zwei bis drei Tage an, dann lassen die Symptome allmählich nach und die Thiere genesen.

Hieraus geht hervor, dass das Cytoglobin und das Präglobulin in den erwähnten Versuchen das eigentlich Schädliche darstellten und dass die Katzen nach intravasculärer Applikation selbst so kleiner Mengen dieser Stoffe, wie es in v. RENNENKAMPFF's und KOLLMANN's Versuchen der Fall war, Blutverluste nicht vertragen, weil sie ihrer ganzen Blutmenge benöthigt sind, um die durch die Injection gesetzte Störung auszugleichen.

Ähnliche, aber, wie es scheint, l e i c h t e r e Krankheitssymptome treten auch nach Injektion von Paraglobulin auf; selbst eine Dosis von 0,15 gr. dieser Substanz pro Kilo des Thieres wirkte noch nicht tödlich. Aber auch hier sterben viele Thiere, sobald die Injektion mit Blutverlusten verbunden wird.

Fasst man das Paraglobulin als Organeiweiss auf, so stellt es die Form dar, in welcher das eiweissartige Produkt des langsamen Abbaues der Zellen als Blutbestandtheil von relativer Constanz in der Gefässbahn aufgespeichert wird. Die Zwischenglieder, die nächsten Produkte des Zellenstoffwechsels, haben keinen Bestand im Blute und sind uns deshalb unfassbar. Da nun auch aus dem injicierten Cytoglobin und Präglobulin in der Blutbahn Paraglobulin entsteht, so sind sie, wenn nicht identisch, so doch den nächsten Stoffwechselprodukten der Zellen sehr nahe verwandt, resp. sie werden in dieselben übergeführt. Durch intravasculäre Injektion dieser Stoffe bewirkt man also eine relative Überladung des allgemeinen Mediums, das alle Zellen umspült, mit den Stoffwechselprodukten der letzteren, und wenn in unseren Versuchen dem Blute die Umsetzung in Paraglobulin gelang, so stellt auch dieses immer noch ein Stoffwechselprodukt der Zellen dar, dessen willkürliche Vermehrung der darauf nicht vorbereitete Organismus nicht ohne Schädigung verträgt. Es ist deshalb verständlich, dass die Thiere auch nach Injektion von Paraglobulin erkranken, andererseits aber auch, dass dies beim Cytoglobin und Präglobulin in noch höherem Grade der Fall ist. Wenn den Bakterien ihre eignen Stoffwechselprodukte verderblich sind, so fragt sich, ob dasselbe nicht auch von den den Organismus der höheren Lebewesen zusammensetzenden Zellen gilt. Die Aufgabe des Bluts wäre es eben, dieselben rasch fortzuschaffen, indem es sie in seine eignen Bestandtheile und damit in relativ unschädliche Formen überführt. Die Quantitäten, welche in unseren Versuchen zur Verwendung kamen, sind allerdings nicht gross (0,03 — 0,10 pro Kilo des Thieres), aber sie wirkten auch an und für sich, sofern nicht Blutverluste hinzukamen, nicht tödlich sondern nur krankheitserregend. Welche Dosis für Katzen als absolut tödlich bezeichnet werden muss, habe ich nicht ermittelt. Haben wir es aber hier mit Stoffen zu thun, welche in gewissem Sinne Ptomaine darstellen, so wird man sich nicht wundern, wenn auch die tödlich wirkenden Mengen derselben keine grossen sind. Es ist auch zu berücksichtigen, dass wir das Cytoglobin und das Präglobulin direkt in das in einen verhältnissmässig engen Behälter eingeschlossene Blut gebracht haben, während im regelmässigen Gange der Dinge die Produkte des langsamen Zellenzerfalls sich zunächst über den Flüssigkeitssee, welcher alle Organe durchtränkt, vertheilen, um von hier aus allmählich in das Blut zu gelangen. —

Zwanzigstes Kapitel.

Schluss.

Obgleich ich die Angriffspunkte zur weiteren Fortsetzung meiner Arbeiten vor mir zu sehen glaube, will ich den Faden dieser Untersuchungen hier abreissen lassen, da ich nicht weiss, wie lange äussere Verhältnisse es mir gestatten werden ihn fortzuspinnen. Zu einem wirklichen Abschluss, einem unangreifbaren Facit in Hinsicht auf die Aufgaben, deren Lösung mir stets vorgeschwebt hat, hat er mich nicht geführt und es scheint mir, dass er noch lange fortgesponnen

werden muss, ehe das Ziel annähernd erreicht ist; aber einige An-
schauungen allgemeinerer Art glaube ich aus den Ergebnissen meiner
bisherigen Untersuchungen ableiten zu dürfen, obgleich manches an
ihnen noch hypothetisch sein mag.

Man kann, denke ich, von einem Blutsee reden, der den ganzen
Organismus durchtränkt und von welchem ein Theil, die im gewöhnlichen Sinne „Blut" genannte Flüssigkeit, mit den in ihm schwim-
menden körperlichen Elementen, in einem besonderen Behälter eingeschlossen ist und doch zugleich mit dem Übrigen communiciert,
wie ein Fischbehälter, der mit seinen Insassen in einen Fluss ge-
taucht wird. Die mit dem Leben des Organismus verknüpften Um-
satzprocesse vertheilen sich aber nicht derart, dass in den Zellen,
resp. in den Geweben Alles geschieht und in der sie umspülenden
Flüssigkeit nichts, so dass die letztere nur die Rolle eines indifferenten Transportmittels zu spielen hätte, sondern Zellenbestandtheile
werden Blutbestandtheile und was in der Zelle beginnt, wird im
Blute fortgesetzt. Wir nehmen aber in dem letzteren unmittelbar nur
das wahr, was relativen Bestand hat; wie es entsteht und vergeht
bleibt uns verborgen, weil es sich um zu kleine Werthe und um zu
rasche Übergänge handelt. Das Blut erscheint uns deshalb als etwas
wesentlich Unveränderliches, wie wir die Bewegung des Wassers in
einem Glasrohr nicht erkennen würden, falls Zu- und Abfluss unseren
Sinnen verborgen blieben.

In der kleinen Welt, welche demnach die Zelle mit ihrer Umgebung, der Blutflüssigkeit, bildet, sind wir einer zusammenhängenden Kette von metamorphen Bildungen begegnet, für welche es, da
jedes Glied derselben aus dem vorangehenden durch S p a l t u n g
entsteht, unbekannte Nebenketten geben muss. In der von uns ver-
folgten Entwickelungsreihe ist jedes Glied dem nachfolgenden ähnlich, wie die Stärke dem Dextrin ähnlich ist und dieses dem Zucker.
Man betrachte in dieser Hinsicht die einzelnen Glieder der Kette:
Cytin, Cytoglobin, Präglobulin, Paraglobulin, fibrinogene Substanz
(Metaglobulin), fermentatives Zwischenprodukt der Faserstoffgerinnung (löslicher Faserstoff), Faserstoff. Und doch welcher Unterschied zwischen dem Anfangs- und dem Endgliede dieser Kette,
dem Cytin als der organisierten festen Grundlage der Zelle und
dem amorphen Faserstoff. Nach der Compliciertheit ihres chemischen
Baues beurtheilt stehen das Cytin und das Cytoglobin hoch über
den Eiweissstoffen und können sowohl deshalb, als wegen ihres
ganzen Verhaltens nicht zu ihnen gezählt werden, ohne unsere bisherigen Vorstellungen über diese Substanzgruppe über den Haufen

zu werfen. Das Präglobulin giebt zwar Eiweissreaktionen und dreht die Polarisationsebene nach links, aber es lässt sich zugleich mit Leichtigkeit etwas von ihm abspalten, was kein Eiweissstoff ist, es muss also auch noch erst bis zur wahren Eiweissstufe abgebaut werden; dasselbe scheint mir auch von den folgenden Gliedern der Kette zu gelten, wenn wir ihnen auch unterschiedslos die bekannten Eiweissreaktionen abzuzwingen vermögen, welche nur das Dasein eines Eiweisskörpers anzeigen, keineswegs aber die Annahme, dass er mit einem Atomcomplex anderer Art verbunden war, ausschliessen. Bei 100—110° getrocknetes Paraglobulin wenigstens giebt, mag man es noch so gründlich durch wiederholtes Fällen und Wiederauflösen gereinigt haben, an heisses Wasser immer noch geringe Mengen einer Substanz ab, von welcher ich freilich nur sagen kann, dass sie kein Eiweissstoff ist. Aber in dieser zum Faserstoff führenden Reihe nimmt, vom Cytin an gerechnet, die Masse der vom Eiweissmolekül abtrennbaren, andersartigen Spaltungsprodukte stetig ab, das erstere überwiegt relativ mehr und mehr und der Faserstoff in seiner lös· lichen und unlöslichen Modifikation würde, als letztes Glied dieser Kette, der Idee des Eiweisses als am meisten entsprechend, d. h. als reinstes Eiweiss, anzusehen sein.

Man darf aber nun wohl fragen, was es für einen Sinn hat, dass das Blut, nicht etwa infolge äusserer Einwirkungen, sondern aus eigenen Kräften, also aus seinem innersten Wesen heraus, diesen Abbau bis zur Faserstoffstufe zu treiben vermag, wenn die Stufen- folge der Metamorphosen, so lange es sich im Organismus befindet und hier seine Dienste verrichtet, doch schon früher, nämlich bei der fibrinogenen Substanz abbricht? wozu die Möglichkeit, an dieses Glied ausserhalb des Organismus noch ein weiteres in Gestalt eines in zwei Modifikationen existirenden Eiweisskörpers anzu- schliessen?

Ich meine, die Antwort hierauf lautet, dass es denn doch noch die Frage ist, ob wirklich der Umsatz der eiweissliefernden Zellen- derivate im Organismus mit der fibrinogenen Substanz abschliesst. Innerhalb der Gefässräumlichkeit gewiss; aber was geschieht, wenn die Blutflüssigkeit mit den in ihr enthaltenen Spaltungsprodukten den Weg rückwärts in das Parenchym der Organe einschlägt und hier den Einwirkungen der von ihr umspülten Zellen unterliegt? Sollten wir von den Begebenheiten, die hier stattfinden, nicht ein verzerrtes Abbild in der Einwirkung der farblosen Blutkörperchen auf das Plasma des dem Organismus entzogenen Blutes vor uns sehen? Bedürfen die Zellen zum Aufbau ihrer complicierteren

Leibesbestandtheile irgend einer Eiweissform, so muss dieselbe ihnen auch in der Blutflüssigkeit beständig dargeboten werden, und der Gedanke, dass das letzte im Blute vorkommende eiweissartige Spaltungsprodukt der Zelle auch wieder zu ihrer Regeneration dient, liegt sehr nahe. Das verbreitete Vorkommen des Thrombins ausserhalb der Gefässbahn hat doch gewiss etwas zu bedeuten, um so mehr, wenn sich meine Annahme, dass auch das Prothrombin einen allgemeinen Zellenbestandtheil darstellt, bestätigen sollte; dazu nehme man, dass die Zellen in Gestalt ihrer zymoplastischen Bestandtheile die Kräfte in sich bergen, welche das Ferment von seiner Vorstufe abspalten. Der Fermententwickelung sind hier allerdings, nach Maassgabe des Geschehens im Aderlassblute beurtheilt, sehr enge Grenzen gezogen; dies entspricht aber gerade dem langsamen Gange des Organumsatzes und weist auf hemmende, die chemischen Affinitäten zweckmässig regulierende Kräfte hin. Wir gelangen hiermit in das dunkele Gebiet der Ernährung, und ich will es auch nur als Vermuthung ausgesprochen haben, dass die fibrinogene Substanz, die zymoplastischen Substanzen, das Prothrombin und das Thrombin bei den betreffenden Vorgängen in irgend einer Weise mitspielen. Hier von einer Gerinnung zu reden, würde ich aber doch für falsch halten, weil dieses Wort nun einmal geschaffen ist für den besonders gearteten Vorgang, wie er sich uns im Aderlassblute darstellt. Wir haben gesehen, in wie mannigfacher Weise der Organismus in die Geschehnisse im cirkulierenden Blute eingreift; einen noch grösseren Unterschied scheint es mir zu machen, ob die funktionierende Organzelle wirkt oder das farblose Blutkörperchen in dem vom Organismus losgerissenen Blute. Mag der erwähnte Schwund dieser Elemente auch nur auf einer Zermalmung durch äussere, mechanische Kräfte beruhen, der innere Zusammensturz ihres Protoplasmas, welchen sie ebenso wie die Muskelfibrille erleiden, erfolgt schon früher, und die hierbei freiwerdenden chemischen Kräfte wirken ungebändigt, mit elementarer Gewalt die Regel durchbrechend, wie ein zerstörendes Naturereigniss. So erscheint die Faserstoffgerinnung als ein ausgearteter Assimilationsvorgang.

Findet nun eine solche Verwendung der eiweissartigen Spaltungsprodukte der Zelle zur Regeneration statt, so muss doch auch zugleich, zum Ersatz für das während dieses Assimilationskreislaufs gänzlichem Verbrauch und Zerfall unterliegende Material, für eine beständige Eiweisszufuhr gesorgt sein, und zwar in Gestalt eines der Glieder dieser in sich zurücklaufenden Kette, wie mir am wahrscheinlichsten erscheint, in Gestalt eines der Blutglobuline. Der Or-

17*

ganismus benutzt also den bereits vorhandenen Stoff zur Regeneration, bildet sich ihn aber auch zugleich von Neuem, ganz wie die Pflanze mit gewissen organischen Säuren bei der Herstellung des Eiweisses verführt. Dass es im Blute an Material nicht fehlt, aus welchem dieser in den Assimilationskreislauf mündende Eiweissstrom seinen Ursprung nehmen könnte, liegt auf der Hand; mehr kann in dieser Hinsicht aber für's Erste nicht gesagt werden. —

Was die Frage nach der Proplasticität des cirkulierenden Blutes anbetrifft, so hängt die Beantwortung derselben vor Allem davon ab, was und wieviel wir von der Blutgerinnung wissen. In dieser Hinsicht halte ich mich auf Grund der vorliegenden Untersuchungen für berechtigt, den nachfolgenden Satz auszusprechen.

Die farblosen Blutkörperchen sind nicht die alleinige Ursache der Blutgerinnung, sondern sie beschleunigen in eminentem Grade durch eine erst extra corpus von ihnen ausgehende Wirkung einen bereits im Gange befindlichen Process, welcher auch ohne sie in dem vom Organismus getrennten Blute mit der Faserstoffausscheidung abschliessen würde.

Dieser Satz wäre unrichtig und die farblosen Blutkörperchen als die alleinige Ursache der Blutgerinnung anzusehen nur in dem Falle, dass das Plasma des cirkulierenden Blutes entweder gar kein Prothrombin enthielte oder gar keinen Gehalt an zymoplastischen Substanzen besässe, resp. dass beides zugleich der Fall wäre; dann wüssten wir, je nachdem die eine oder die andere dieser Annahmen der Wirklichkeit entspräche, worin die Bedeutung der farblosen Blutkörperchen für die Faserstoffgerinnung bestände, denn nach Beendigung derselben treffen wir jene beiden, sie bedingenden Blutbestandtheile in der zum Serum gewordenen Blutflüssigkeit an. Die Sache liegt aber anders, wir begegnen diesen Stoffen auch im Serum des von allen körperlichen Elementen durch Filtrieren in der Kälte befreiten Blutes, und zwar in nicht geringerer Menge, als in demjenigen des normalen, körperchenreichen Blutes. Dem Einwand, dass dieselben in der Zeit vom Augenblick der Blutentziehung bis zu dem des beendeten Filtrierens, trotz der Kälte, aus den Zellen in die umgebende Flüssigkeit gelangt sein könnten, ist entgegenzuhalten, dass in solchem Falle nicht verständlich wäre, warum das filtrierte Plasma überhaupt eine geringere, geschweige eine um so viel geringere, Gerinnungstendenz besitzt als das nicht filtrierte. Ausserdem kommt noch etwas anderes in Betracht. Vom Prothrombin können wir freilich nicht angeben, wie gross seine Masse ist; wir können nur sagen, dass sie, mag sie, nach Gewichtsmaass beurtheilt, auch noch so klein sein, gegenüber den spaltenden, fermenterzeugenden Kräften stets überschüssig ist. Dass aber der ganze Gehalt des Blutserums an zymoplastischen Substanzen aus den farblosen Elementen stammen sollte und zwar durch einen erst extra corpus stattfindenden Übergang, erscheint, wie ich bereits betont habe, nach den betreffenden quantitativen Verhältnissen ganz unmöglich. Ich habe allerdings gefunden, dass das Blutplasma viel reicher an farblosen Elementen ist, als das Blutserum, dies ist aber, wie ich mich durch vielfache Zählungen der farblosen Blutkörperchen im ungeronnenen und im geronnenen Blute überzeugt habe, doch nicht in dem Sinne richtig, dass das erstere viel reicher, sondern in dem, dass das letztere viel ärmer an diesen Elementen ist, als gewöhnlich angenommen wird.

Es könnte sich also höchstens nur um einen unbedeutenden, aus den farblosen Elementen stammenden Zuwachs an den die Fermententwickelung bedingenden Stoffen handeln. Aber eine Vermehrung des Prothrombins, als eines in Bezug auf die von ihm abhängigen Leistungen schon überschüssig vorhandenen Körpers, könnte überhaupt nicht zur Erklärung der enormen Wirkung der farblosen Elemente verwerthet werden. Was die zymoplastischen Substanzen anbetrifft, so wird durch Hinzufügen derselben zum zellenfreien Plasma dessen Gerinnung allerdings beschleunigt, aber hierbei handelt es sich um wägbare Massen und es herrscht Proportionalität zwischen Ursache und Wirkung; eine Vermehrung derselben von Seiten der farblosen Blutkörperchen kann gegenüber den in der Blutflüssigkeit präexistierenden Massen nur eine minimale sein und erweist sich auch durch die Wage als solche; sie kann unmöglich bewirken, dass ein Process, welcher an sich eine Zeit von 24 Stdn. und mehr beansprucht, nun im Laufe von Minuten zum Abschluss gelangt. Da die betreffenden Spaltungen, wenn das Blut den Organismus verlässt, schon im Gange sind, so wirken die farblosen Blutkörperchen nicht auslösend, nicht wie ein Stoss, der ein im labilen Gleichgewicht befindliches Gebäude zum Umsturz bringt, sondern wie ein solcher, welcher die Bewegung einer bereits im Rollen befindlichen Kugel beschleunigt und die Beschleunigung, welche sie dem Gerinnungsprocesse ertheilen, ist zu gross, als dass sie dem Stoss entspräche, welcher von dem zymoplastisch wirkenden Bestandtheile der farblosen Blutkörperchen ausgeübt werden könnte.

So habe ich mich genöthigt gesehen, diejenigen Erklärungsver-

suche für die coagulierende Wirkung der farblosen Elemente, welche
mir anfangs die nächstliegenden zu sein schienen, fallen zu lassen
und andere stehen mir nicht zu Gebote; deshalb kann ich auf die
Frage, warum die farblosen Blutkörperchen in solcher Weise nicht
auch innerhalb der Gefässbahn wirken, nur antworten: das macht
der Zusammenhang des Blutes mit dem Organismus. Übrigens erscheint es mir durchaus wahrscheinlich, dass die farblosen Blutkörperchen intravasculär dem gleichen Schicksale unterliegen, wie im
Aderlassblute, und zwar stetig, aber in minimalem Maassstabe, so
dass es den regulierenden Kräften trotzdem gelingt, den proplastischen Charakter des Blutes aufrecht zu erhalten.

Es ist sehr leicht, das langsame Fortschreiten der Gerinnung im
zellenfreien, ganz klaren und durchsichtigen Pferdeblutplasma mit
den Augen zu verfolgen. Das Gestehen der Flüssigkeit zu einer der
Glaswand fest anhaftenden Masse findet bei Zimmertemperatur oft
schon nach einer Stunde statt; aber das Coagulum ist vollkommen
durchsichtig und beim Zerdrücken zwischen den Fingern bleibt kaum
etwas von ihm übrig; überlässt man es nun aber weiter sich selbst,
so trübt es sich ganz allmählich, die Trübung wird immer stärker,
bis völlige Undurchsichtigkeit eintritt, wobei natürlich das ursprünglich gelbe Coagulum schliesslich weisslich erscheint. Dabei bleibt,
da der Faserstoff des filtrierten Plasmas gar kein Contraktionsvermögen besitzt, das Coagulum fest an der Wandung des Gefässes
haften. Nicht auf Verdichtung der Masse durch Zusammenziehung
beruht also das Undurchsichtigwerden, sondern auf Wachsthum derselben durch Intussusception, was sehr leicht mit Hülfe der Wage
zu beweisen ist. Nach einiger Zeit kann zwar das Auge das weitere Anwachsen der Masse nicht mehr wahrnehmen, es findet aber
doch noch statt und dauert häufig länger als 24 Stunden. Während
dieser langsam sich fortschleppenden, auf einer ebenso langsam vor
sich gehenden Spaltung des Prothrombins beruhenden Faserstoffausscheidung wächst zwar der Thrombingehalt an, erreicht aber niemals die Höhe, wie bei der schnellen, unter Mitwirkung der farblosen Blutkörperchen stattfindenden Gerinnung. Dass diese Differenz
auf einer in Summa geringeren Fermenterzeugung beruht, bezweifle ich durchaus, weil die beschleunigende Wirkung der farblosen Blutkörperchen offenbar nicht auf ihrem Gehalte an zymoplastischen Substanzen beruht; viel wahrscheinlicher ist es, dass in
beiden Fällen in Summa die gleichen Mengen des Ferments entwickelt worden sind, nur dass während der langdauernden Gerinnung
des körperchenfreien Plasmas die freigewordenen Fermentmoleküle,

nachdem sie gewirkt, grossentheils wieder zerfallen. Wartet man mit der Prüfung des Fermentgehalts im Serum des unter den gewöhnlichen Bedingungen geronnenen Blutes ebenso lange, wie man es bei der körperchenfreien Flüssigkeit zu thun gezwungen ist, so findet man ihn dort meist sogar noch geringer als hier; dies erklärt sich aus dem Umstande, dass hier wegen mangelnder Contraktionsfähigkeit des Faserstoffes der flüssige Theil vollkommen im Faserstoffe eingeschlossen bleibt, was, wahrscheinlich wegen behinderten Luftzutrittes, auf das Thrombin relativ erhaltend wirkt.

Aus der Art und Weise, wie die Faserstoffgerinnung im zellenfreien Plasma vor sich geht, lässt sich ableiten, was in dieser Hinsicht im cirkulierenden Blute geschieht, denn wenn wir dort die körperlichen Elemente auf mechanischem Wege entfernt haben, so haben wir sie uns hier, als für den Vorgang indifferent oder nahezu indifferent, einfach wegzudenken. Also zunächst eine stetig, aber sehr allmählich vor sich gehende Spaltung des Prothrombins unter beständiger Überwindung derselben Spaltungswiderstände, welche auch ausserhalb des Organismus wirken; dann ein ebenso stetiger Zerfall des freigewordenen Thrombins. Aus dem Umstande aber, dass die im cirkulierenden Blute des Pferdes präformierten Fermentmengen noch bedeutend geringer sind, als diejenigen, welche sich im zellenfreien Plasma während seiner allmählichen Gerinnung ansammeln, ist zu schliessen, dass die Bedingungen für den Zerfall des Thrombins dort bedeutend günstiger sind, als hier, ein Schluss, der ja auch an sich plausibel erscheint.

Nur in Einer Beziehung besteht ein wesentlicher Unterschied zwischen dem cirkulierenden Blute und dem zellenfreien Plasma: der letzte Akt dieser Umsetzung, die Faserstoffbildung und -Ausscheidung, fällt dort weg. Es ist unmöglich, diese Thatsache durch den fortdauernden intravasculären Zerfall des Ferments zu erklären; denn die ebenso feststehende Thatsache des constanten vitalen Fermentgehalts des Bluts beweist andrerseits, dass die betreffenden Moleküle, ehe sie zerfallen, doch e i n e Z e i t l a n g im Blute bestehen, wenn ihre Existenzdauer auch wohl eine viel kürzere ist, als im filtrierten Plasma. Das zu Grunde gehende Thrombinmolekül aber wird von dem neuentstehenden abgelöst, das die von ihm geleistete Arbeit fortsetzt und das schliessliche Ende müsste dann doch die Gerinnung sein. Ausserdem ist bei manchen Thieren der vitale Thrombingehalt gar nicht so gering, bei Hunden z. B. ca. $1/30$ derjenigen Thrombinmengen, welche sich im Aderlassblute entwickeln; das will, bei genauerer Überlegung, doch etwas heissen.

Es muss im cirkulierenden Blute also noch etwas hinzukommen, was das Thrombin hindert, dieses Ende herbeizuführen. Hierbei kommt nun aber nicht bloss dieses selbst in Betracht, sondern auch das Objekt seiner Wirkung, die Globuline; diese halten doch auch nicht einfach dem Ferment her, wie im Reagensglase, sondern haben ihre eignen Schicksale. Nun denke man an die relativ geringe fermentative Kraft, welche durch die kleinen im Blute präformierten Thrombinmengen repräsentiert wird; vom Pferdeblut kann ich mit Bezug auf das aus ihm gewonnene zellenfreie Plasma dreist behaupten, dass die Gerinnung des letzteren, wenn es möglich wäre, die in ihm sich entwickelnden Fermentmoleküle eben so rasch zu zerstören, wie es intravasculär der Fall ist, nicht in 24—36 Stunden, sondern erst in mindestens der dreifachen Zeit ihr Ende erreichen würde. Was kann nun aber alles, wenn man diese Vorstellung auf das cirkulierende Blut überträgt, in dieser Zeit mit den Globulinen geschehen sein; das vom Ferment angegriffene Globulinmolekül geht seinem Untergang entgegen oder wird anderwärts verwerthet, es kommt ein neues an die Reihe, das dem gleichen Schicksal unterliegt, kurz die Arbeit des Ferments fängt ewig wieder von Neuem an und findet nie ihr Ende.

Das ist freilich eine blosse Deduktion; mehr als eine solche lässt sich aber bieten in Bezug auf die Frage, ob nicht Etwas existiert, was ausserdem die coagulierende Wirkung des Thrombins innerhalb des Gefässsystems hindert; denn es ist eine Thatsache, dass es Zellenbestandtheile giebt, welchen eine solche Wirksamkeit zukommt. Fasst man ins Auge, dass diese Zellenbestandtheile durch ihre Spaltungsprodukte einerseits das eiweissartige Material hergeben zur Faserstoffbildung, während andere Spaltungsprodukte aus ihnen dargestellt werden können, an welchen ihre Kraft, das Blut flüssig zu erhalten, haften bleibt, so ist es schwer sich vorzustellen, dass dies alles von keiner Bedeutung für die Frage vom Gerinnen und Nichtgerinnen des Blutes sein sollte. Wo wir aber die eine Reihe von Spaltungsprodukten antreffen, da wird wohl die andere auch nicht ganz fehlen; sie ist ihrer Natur nach nur schwerer nachweisbar. Aus dem Umstande, dass es sehr grosser Mengen dieser Zellenbestandtheile resp. -derivate, wie sie intravasculär gewiss nicht vorkommen, bedarf, um dem Aderlassblut den proplastischen Charakter zu erhalten, folgt nicht, dass dasselbe für das cirkulierende Blut gilt; denn wo geringe Kräfte wirken, da genügen auch geringe Widerstände, um sie zu paralysieren. Eine vollständige Lahmlegung des Thrombins kann ich übrigens nach meiner Vorstellung über die Entstehung der fibrinogenen Substanz aus Paraglobulin nicht annehmen; nur die weitere Wirkung desselben ist verhütet, wobei vielleicht der Umstand, dass diese Substanz ihre eignen Schicksale hat, im eben angegebenen Sinne zur Geltung kommt. Es kommt hinzu, dass das Blut seine Proplasticität fort und fort, mit jedem Kreislauf, erneuert; es wohnt ja gewissermaassen in den Capillargefässgebieten und eilt im Sturmschritt durch die übrigen Abschnitte des Gefässsystems, wie durch verbindende Corridore. Es hat also jedes Mal nur so viel an gerinnungshemmenden Kräften auf den Weg mitzunehmen, als nöthig ist, um sich die Proplasticität während der wenigen Sekunden seines Durchgangs durch die grösseren Gefässe zu erhalten und dazu reicht unter den hier herrschenden Bedingungen gewiss sehr wenig hin. Auch nach Entfernung des Blutes aus dem Körper hat man, wenigstens bei Hunden und Katzen, meist 5—10 Minuten zu warten, bis die Faserstoffausscheidung beginnt, trotzdem dass jetzt die farblosen Blutkörperchen ihre coagulierende Kraft entfalten.[1]) In derselben Zeit aber hätte

---

1) Momentangerinnungen des Aderlassbluts habe ich nur als unmittelbare Folge von Zelleninjektionen beobachtet; sie äussern sich keineswegs immer durch ein sofortiges festes Gestehen des Blutes, weil die im Augenblick des Ausfliessens ausgeschiedenen, ein dünnes Gewebe darstellenden Fibrinmengen dazu noch zu klein sind, man erkennt sie aber daran, dass es schon während des Ausfliessens unmöglich ist, mit einer Pipette Blut aus dem Auffangegefäss aufzusaugen, weil sie sich sofort verstopft. Solche Momentangerinnungen kann man künstlich herbeiführen, indem man salzfreie alkalische Lösungen der Blutglobuline der Einwirkung des Fibrinferments unterwirft; über Kurz oder Lang ist die Veränderung so weit vorgeschritten, dass ein Tropfen Kochsalzlösung die Flüssigkeit fast im Moment der Berührung gestehen macht, was in solchen Präparaten wegen ihrer Durchsichtigkeit besonders gut wahrzunehmen ist. Nach Injektion von Wasser oder verdünnter Kochsalzlösung ist die Gerinnungszeit des unmittelbar darauf dem Organismus entzogenen Blutes zwar immer sehr verkürzt, aber nur Ein Mal habe ich hier eine Momentangerinnung beobachtet. Wo sie auch vorkommen mag, sie beweist meiner Meinung nach, dass auch schon die Bildung des löslichen Zwischenprodukts der Faserstoffgerinnung im Kreislauf begonnen hat und somit die Thrombosis vor der Thür steht. Wenn das cirkulierende Blut dieser Eventualität trotzdem sehr häufig vorzubeugen vermag, so scheint mir daraus zu folgen, dass es unter Mitwirkung des Organismus bis zu einem gewissen Grade auch der fällenden Wirkung der Salze Widerstand leistet, um im günstig verlaufenden Falle das gebildete Produkt wieder zu eliminieren; mit der Entfernung des Blutes aus dem Körper aber würden die Blutsalze im Moment wirksam werden und ebenso wirken, wie der Tropfen Kochsalzlösung in der ebenerwähnten, künstlich hergestellten Lösung des flüssigen Faserstoffs.

Unter physiologischen Verhältnissen habe ich nie eine Momentangerinnung

das betreffende Blutquantum, wenn es im Gefässsystem geblieben
wäre, ca. 15—30 Mal die Capillaren passiert. Es kommt hinzu,
dass dieselben Zellenderivate, welche der Wirkung des Ferments,
die wir soeben allein in Betracht gezogen haben, Grenzen ziehen,
ja auch, nach unseren Versuchen zu schliessen, seine Erzeugung,
den Vorgang der Spaltung des Prothrombins beschränken müssen.
Nichtgerinnen und Gerinnen des Blutes hängen nach meiner
Vorstellung eng mit einander zusammen; denn sie sind Zellenfunktionen. Nur im materiellen Verkehr, im Austausch mit den Organen
und Geweben, wird das Blut regeneriert und ist im Stande, ihnen
den gleichen Dienst zu leisten. Je weniger die Zellen die Kraft
haben das Blut proplastisch zu erhalten, desto weniger haben sie
ihm auch zu geben, woraus es den Faserstoff bildet. Im absterbenden Organismus erhält das Blut sich auffallend lange flüssig, und
gerinnt es schliesslich, so bilden sich eben nur schlaffe, an Menge
wenig bedeutende Gerinnsel; aus der Leiche entfernt, gerinnt es
etwas besser, wenigstens etwas schneller, aber wiederum um so
langsamer, je später die Herausnahme aus der Leiche stattfand.
Die Höhlenflüssigkeiten der meisten unserer Hausthiere gerinnen
mehr oder weniger schnell nach der Entfernung aus dem Körper;
man lasse aber nach der Tötung nur einige Stunden vergehen, bevor man die betreffende Höhle ansticht, und man wird die Abnahme
der spontanen Gerinnbarkeit der Flüssigkeit an der Verlängerung
der Gerinnungszeit erkennen. Dieses alles beweist die Abhängigkeit der Faserstoffgerinnung von der normalen, gesunden Wechsel-
beziehung zwischen Blut und Geweben. Mangelnde Gerinnungsfähigkeit des Blutes bedeutet deshalb eine Allgemeinerkrankung des Organismus, mag die krankmachende Ursache zunächst das Blut oder
die Gewebe erfasst haben. Wenn das in irgend einem Abschnitt

eintreten sehen. Sie sollen bei Vögeln vorkommen. Meine bezüglichen Erfahrungen betreffen aber nur das Huhn und sind durchaus negativer Art. Ich
habe das Hühnerblut zuweilen sogar sehr langsam gerinnen sehen. Ich erinnere
mich, dass ein berühmter Fachgenosse vor vielen Jahren mir mittheilte, er habe
Momentangerinnungen zu wiederholten Malen am Taubenblut beobachtet. Hieraus würde folgen, dass es Thiere giebt, bei welchen die intravasculäre Wirkung
des Thrombins physiologisch bis zur Bildung von flüssigem Fibrin geht, ohne
dass sich hieran die Überführung in die unlösliche Modifikation schlösse. Ich
bin aber überzeugt, dass es sich bei diesen Gerinnungen nur um einen Bruchtheil des gesammten im Blute enthaltenen faserstoffgebenden Materials handelt,
dass also die Momentangerinnung nur den Anfang eines Processes darstellt, in
dessen weiterem Verlauf die Masse des Faserstoffs in Folge des Fortgangs der
betreffenden Spaltungen durch Intussusception noch weiter anwächst.

des Gefässsystems stagnierende Blut flüssig bleibt, so kommt in
Betracht, dass es, indem seine Gerinnungsenergie herunterkommt,
zugleich sehr kohlensäurereich wird; unter solchen Umständen
muss aber die Kohlensäure ein relativ bedeutendes Gerinnungshinderniss abgeben. BRÜCKE hatte es in seinen berühmten Versuchen
sicherlich mit solchem im Verkehr mit der Substanz der absterbenden Herzen heruntergekommenen Blute zu thun, und es ist sehr
möglich, dass die Kohlensäure hier zuweilen sogar, so lange das
aus dem Herzen genommene Blut unter Luftabschluss blieb, als absolutes Gerinnungshinderniss wirkte, oder wenigstens als ein solches,
welches den Eintritt der Gerinnung in dem über Quecksilber oder
unter Öl befindlichen Blute über eine längere Zeit hinaus verschleppt
hätte, als BRÜCKE, welcher das letztere zuletzt wieder an die Luft
brachte, der Beobachtung gönnte. BRÜCKE's Angabe, dass die at-
mosphärische Luft in vielen Fällen die Gerinnung beschleunigt und
dass Froschblut, das durch die andauernde Einwirkung des sich
contrahierenden Herzens seines freien Sauerstoffes beraubt ist, „bisweilen" der atmosphärischen Luft bedarf, um zu gerinnen,[1]) ist
richtig; aber nicht auf den Sauerstoff der Atmosphäre kommt es
hierbei an, sondern auf die Befreiung des Blutes vom Überschuss
an Kohlensäure. BRÜCKE selbst beobachtete, dass das der andauern-
den Einwirkung des lebenden, resp. absterbenden Froschherzens
ausgesetzt gewesene und dabei flüssig gebliebene Blut in reinem
Wasserstoffgas, ohne alle Berührung mit der atmosphärischen Luft,
gerann.[2]) Eine Wiederholung der BRÜCKE'schen Versuche, namentlich mit Rücksicht auf das Prothrombin und das Thrombin' wäre
sehr wünschenswerth; leider sind die hiesigen Frösche ihrer Kleinheit wegen dazu nicht geeignet. Wenn ich gesagt habe, das Blut
erhält sich im absterbenden Organismus oder in absterbenden Organen sehr lange flüssig, so meine ich darunter nicht die Art von
Flüssigbleiben; welche ich als den proplastischen Zustand des Blutes
bezeichnet habe, denn derselbe ist dadurch charakterisiert,
dass er die Voraussetzung ist für eine unter den geeigneten Bedingungen sich einstellende energische und
fruchtbare Gerinnung, deren wirkenden Kräften gegenüber
Luftzutritt oder Luftabschluss nicht von Belang ist. Das gilt nach
meinen Erfahrungen und nach BRÜCKE's Zeugniss [3]) auch vom nor-

---

1) Über die Ursachen der Gerinnung des Blutes. VIRCHOW's Archiv. Bd.
XII. 1857. S. 92.

2) A. a. O. S. 91.

3) A. a. O. S. 92.

malen Froschblut. Die Art von flüssigem Zustand aber, welche dem in absterbenden Organismen oder Organen befindlichen Blut eignet, ist, wie gleichfalls aus Brücke's Versuchen hervorgeht, dadurch charakterisiert, dass die allerelendesten Gerinnungen ihre Consequenz bilden. Deshalb lautet, meiner Ansicht nach, die Frage jetzt: was ist bei den Brücke'schen Versuchen aus dem Thrombin und namentlich aus dem Prothrombin geworden? —

Nach meiner Auffassung besitzt also das cirkulierende Blut zwar eine gewisse Gerinnungstendenz, aber sie ist ein Minimum; sie wird erst ausserhalb des Körpers maximal. Die grosse, die farblosen Blutkörperchen betreffende Frage: was hindert innerhalb der Gefässbahn den jähen Zusammensturz (man gestatte die Wiederholung dieses Wortes) ihres Protoplasmas, beantworte ich mit der Gegenfrage: was schützt die im Zusammenhange mit dem Organismus befindliche Muskelfibrille vor dem Einbruch der uns als Starre bekannten Katastrophe? In Bezug auf die farblosen Blutkörperchen kann man noch hinzufügen, dass das Schicksal, das sie im Aderlassblute ereilt, bedingt ist durch ihren Contakt mit dem Blutplasma; theilweise entgehen sie aber demselben und bleiben alsdann im Blutserum noch lange bewegungsfähig; sammelt man sie nun und vertheilt sie in zellenfreiem Plasma, so wirken sie auf dasselbe ganz ebenso, wie früher ihre Genossen und unterliegen auch dem gleichen Schicksal wie diese; aber es bleibt wieder ein unverbrauchter Rest derselben im Serum zurück, mit welchem der Versuch mit dem gleichen Erfolge wiederholt werden kann. Es scheint also, dass die Widerstandsfähigkeit der farblosen Elemente eine sehr verschiedene ist. Ist aber der Zusammenhang mit dem Organismus für die Erhaltung der farblosen Blutelemente maassgebend, so werden wir diese Bedingung wohl als wesentlich durch den Aufenthalt des Blutes in den Capillargefässgebieten erfüllt ansehen dürfen.

Wenn ein flüssiges Bluttheilchen an einer Stelle der Gefässwand, etwa wegen veränderter Adhäsionsverhältnisse durch irgend eine Alteration derselben, haften bleibt und damit der Möglichkeit, seine Proplasticität im Gebiet der Capillargefässe zu erneuern, beraubt wird, so muss es gerinnen; denn es birgt die Kräfte dazu in sich; es ändert dadurch seinerseits an der betreffenden Stelle die Adhäsionsverhältnisse, so dass neue Ablagerungen entstehen und so fort. Man stelle sich nun vor, welchen Einfluss es haben muss, wenn auch farblose Blutkörperchen hier festgehalten werden, resp. wenn sie primär an der veränderten Stelle der Gefässwand kleben bleiben. Theoretisch könnte das Ankleben eines farblosen Blutkörperchens an eine Stelle der Gefässwand aber auch die Folge einer Alteration seiner selbst sein, ohne irgend eine Veränderung der letzteren. Trägheit des Blutlaufes bewirkt einen in Summa ver- längerten Aufenthalt des Blutes in den Verbindungsgängen, was mit der Zeit nicht ohne Einfluss bleiben dürfte auf die Beschaffenheit sowohl der Blutflüssigkeit als der farblosen Elemente, und begünstigt ausserdem mechanisch das Anhaften der letzteren an der Gefäss- wand. Aber die Gerinnungen, welche hier stattfinden, haben es mit den mächtigen Widerständen zu thun, welche von den vorbeiströ- menden, sich immer wieder regenerierenden Blutmassen ausgehen. Auch von Seiten des farblosen Blutkörperchens werden unter diesen Umständen wohl kaum solche Kräfte entwickelt werden können, wie in dem dem gesunden Organismus entzogenen Blute; denn die Wirkungen, die es hier entfaltet, sind die Consequenz seiner intakt gebliebenen physiologischen Leistungsfähigkeit; es muss einen Un- terschied machen für ihre bez. Wirkungen, ob eine normale Zelle raschem Untergang anheimfällt, oder ob sie Zeit hat sich zu ver- ändern, zu erkranken, um dann allmählich abzusterben. —

Indem ich hiermit diese Arbeit abschliesse, verhehle ich mir keineswegs, dass sie in vieler Hinsicht noch sehr verbesserungsbe- dürftig sein mag; ich hoffe aber auch, dass sie verbesserungsfähig ist. Die in ihr enthaltenen dunklen Punkte und schwer mit ein- ander in Einklang zu bringenden Beobachtungen habe ich, soweit ich sie sehe, selbst angedeutet. Die grössten Schwierigkeiten hat man natürlich bei dem Versuch zu überwinden, in das innere Ge- triebe des funktionierenden Blutes zu blicken, und es mögen des- halb die ausführlichen Erörterungen meiner bezüglichen Versuchs- ergebnisse manchem Leser zu viel sein. Ich bin aber andererseits der Meinung, dass die consequente Beschränkung der Untersuchung auf das vom Organismus losgelöste Blut schliesslich in eine Sackgasse führt, und zwar auch in Betreff der Faserstoffgerinnung. Und zu- letzt wird man sich doch immer fragen müssen: was hat das alles eigentlich zu bedeuten? und mit dieser Frage wendet man sich schon vom Glasgefäss ab und dem Organismus zu. Wer die unendlichen Schwierigkeiten, welche hierbei zu überwinden sind, billig beurtheilt, wird die Beschränktheit der in dieser Richtung gewonnenen Resultate hinnehmen und vielleicht auch anerkennen, dass sie doch immer we- nigstens Angriffspunkte für weitere Forschungen enthalten.

Meinen Untersuchungen ist der Umstand sehr zu statten gekom- men, dass das Pferd hier nicht den Werth repräsentiert, wie im westlichen Europa. Dadurch ist es mir möglich geworden, mir Pferdeblut und somit auch filtrirtes Pferdeblutplasma in grossen Quantitäten zu beschaffen. Zu gewissen Zeiten des Jahres werden hier Pferde in grosser Menge von Händlern, besonders der Felle wegen, aufgekauft und in der Nähe von Dorpat abgeschlachtet; bei diesen Gelegenheiten habe ich die proplastischen Transsudate liter-weise bezogen. So günstig für Blutuntersuchungen liegen im west-lichen Europa die Verhältnisse sicherlich nicht. Indess giebt es dort doch Städte mit Pferdeschlächtereien, und ich hoffe, dass auf Grund-lage der vorliegenden Untersuchungen Andere mit einem geringeren Quantum an Material auskommen werden, als ich zu denselben ver-braucht habe. Die Methode, körperchenfreies Blutplasma sich zu verschaffen,[1] habe ich schon vor ca. 15 Jahren veröffentlicht; sie ist aber meines Wissens wenig beachtet worden. In dem Lehrbuch der Physiologie von L. HERMANN (9. Aufl. 1889. S. 41) wird noch gesagt, dass die zur Aufklärung der Gerinnung erforderliche Trennung des Plasmas von den Blutkörperchen durch Filtriren „nur bei sehr grossen Blutkörperchen, z. B. beim Froschblut" gelingt, „wenn man das Blut mit einer 2procentigen Zuckerlösung verdünnt". Unterdess habe ich viele Liter körperchenfreies Säugethierplasma ohne Verunreinigung mit irgend einer Zuthat verbraucht.

Der Weg der Blutuntersuchung ist nicht mit Rosen bepflanzt; das haben auch die Vielen unter meinen Schülern an sich erfahren, welche sich der Bearbeitung der von mir gestellten Fragen unter-zogen. Wenn man im Dunkel immer nur Einen Schritt weit vor sich sehen kann, so ist es kein Wunder, dass man im Zickzack geht und nur mit Mühe die allgemeine Richtung einhält. Manches in jenen Arbeiten ist durch die nachfolgenden verbessert oder überholt wor-den; manches auch hat sich als Irrthum erwiesen. Was ich von meinem jetzigen Standpunkt aus für diese Arbeit verwerthen konnte, habe ich in sie aufgenommen. Sie enthalten aber doch auch noch manches, was einer eventuellen späteren Aufnahme überlassen bleiben muss oder Handhaben zu weiteren Untersuchungen darbietet. Ich will nicht schliessen, ohne allen meinen jungen Mitarbeitern für den Eifer, mit welchem sie sich den ihnen gestellten Aufgaben und für das Vertrauen, mit welchem sie sich meiner Leitung hingegeben haben, hiermit meinen wärmsten Dank auszusprechen.

---

1) Die Lehre von den fermentativen Gerinnungserscheinungen u. s. w. Dorpat 1876.

Berichtigungen.

Seite 51, Zeile 18 v. u. lies Gewinnung statt Gerinnung.

= 69, = 8 = o. = nun statt nur.

= 73, = 19 = = = reichlich versehenes Blutserum statt reichlich Blutserum.

= 179, = 8 v. o. lies Sofern also statt Sofern als.

= 192, = 10 = u. = nun statt nur.

= 206, = 20 = o. = mit diesen Flüssigkeiten statt mit dieser Flüssigkeit.

= 231, = 11 v. o. lies fern sind statt fern waren.

= 249, = 15 = = = übrigen statt gewöbnlichen.

= 250, = 16 = u. = kleinsten statt kleineren.

———————

www.ingramcontent.com/pod-product-compliance
Lightning Source LLC
Chambersburg PA
CBHW021516210326
41599CB00012B/1275